"十三五"国家重点出版物出版规划项目

名校名家基础学科系列

北京理工大学"特立"系列

北京理工大学"十三五"规划

微积分（经济管理）下册

徐厚宝　闫晓霞　编

机械工业出版社

本书根据高等学校普通本科经管类专业微积分课程教学的基本要求，以及最新研究生入学考试《数学考试大纲（数学三）》中对微积分部分的要求编写而成. 本书包含了多元函数微分学、二重积分、微分方程与差分方程以及无穷级数等内容.

　　本书着重于以"问题驱动"的方式引出微积分学中的相关概念，注重对学生"数学思维"的训练，并结合经管类学生的特点，以通俗易懂的方式讲解相关概念和定理，注重数学在经济分析中的应用，以培养和锻炼学生应用微积分知识解决实际问题的能力.

　　本书结构严谨、逻辑清晰、内容充实，可作为高等院校经济管理类等非数学专业本科的数学课程教材或硕士研究生入学考试数学（三）的参考用书，也可作为经济管理领域读者的参考用书.

图书在版编目（CIP）数据

微积分：经济管理. 下册/徐厚宝，闫晓霞编. —北京：机械工业出版社，2020.10（2021.10 重印）

（名校名家基础学科系列）

"十三五"国家重点出版物出版规划项目　北京理工大学"特立"系列教材　北京理工大学"十三五"规划教材

ISBN 978-7-111-66708-7

Ⅰ.①微…　Ⅱ.①徐…②闫…　Ⅲ.①微积分－高等学校－教材　Ⅳ.①O172

中国版本图书馆 CIP 数据核字（2020）第 188192 号

机械工业出版社（北京市百万庄大街22号　邮政编码100037）
策划编辑：韩效杰　责任编辑：韩效杰
责任校对：闫玥红　封面设计：鞠　杨
责任印制：郜　敏
北京盛通商印快线网络科技有限公司印刷
2021 年 10 月第 1 版第 2 次印刷
184mm×260mm・13.75 印张・354 千字
标准书号：ISBN 978-7-111-66708-7
定价：39.90 元

电话服务　　　　　　　　　网络服务
客服电话：010-88361066　机　工　官　网：www.cmpbook.com
　　　　　010-88379833　机　工　官　博：weibo.com/cmp1952
　　　　　010-68326294　金　书　网：www.golden-book.com
封底无防伪标均为盗版　机工教育服务网：www.cmpedu.com

前　言

　　本书根据高等学校普通本科经管类专业微积分课程教学的基本要求，以及最新研究生入学考试《数学考试大纲（数学三）》中对微积分部分的要求编写而成．本书包含了多元函数微分学、二重积分、微分方程与差分方程以及无穷级数等内容．

　　本书是北京理工大学"十三五"规划教材，作为"双一流"建设项目的成果之一，是编者在长期的教学实践过程中，不断总结教学经验编写而成的．本书在编写过程中，遵循"突出特色、锤炼精品"的要求，将数学与经济学、管理学有机结合，在强调数学基础的同时，以案例的形式，突出数学在经济学中的应用，满足了当前经济管理类专业微积分课程教学的需求．

　　本书的特色主要体现在以下几个方面：

　　1）对重要的微积分相关概念，如二重积分、常微分方程等，均是先从实际问题出发，以引例的形式引出问题，然后给出概念或定义．这体现了本书编写过程中以"问题驱动"为牵引，逐步抽象出相应的数学概念的特色．

　　2）适当降低解题技巧的要求，加强数学思想方面的训练．例如，通过介绍数学家对无穷级数的认识过程，学生可以掌握级数收敛与级数求和之间的逻辑关系，并内化成数学意识．这突出了本书重注"数学思维"训练的特色．

　　3）对微积分学中涉及的一些概念和内容做了详尽细致的推敲．例如，对二元函数连续、偏导存在、可微等概念之间的关系以理论证明和给出反例的形式进行阐述，力求对这些概念及其关系的描述准确且通俗易懂，以突出本书"可读性强"的特色．

　　4）在定义、定理形成过程中，充分借助几何图形来帮助学生直观理解，在例题分析中，将经济分析问题与微积分相关定理的应用相结合，使得数学与几何图形、数学建模与经济分析紧密结合，突出了本书"数学为本、突出应用"的特色．

　　本书结构严谨、逻辑清晰、内容充实，可作为高等院校经济类、管理类等非数学专业本科的数学课程教材或硕士研究生入学考试数学（三）的参考用书，也可作为经济管理领域读者的参考用书．

　　由于编者水平、经验有限，书中难免存在问题和不妥之处，欢迎广大读者批评指正．

编者

目　录

第 7 章

多元函数微分学

我们已经掌握了一元函数微积分学的相关知识. 然而，在实际应用中，很多问题往往受多个因素的共同影响，反映到数学上，就是一个变量与其他多个变量之间的关系，即多元函数. 因此，本章和第 8 章将研究多元函数的微积分学.

空间解析几何是研究多元函数微积分学必不可少的工具. 空间解析几何的基本思想是引进"坐标"，即对一个几何对象标上数，从而完全刻画这个对象. 这样就使得每一个几何对象和每一个几何运算都能纳入到数的领域，也就使得人们可以用代数方法研究几何问题.

为了研究多元函数的微积分学，本章首先简要介绍空间解析几何的一些基本概念，包括空间直角坐标系，柱面以及二次曲面.

7.1 空间直角坐标系

7.1.1 空间直角坐标系

在平面解析几何中，通过建立平面直角坐标系，把平面上的几何对象"点"与有序数组[即坐标(x,y)]建立了一一对应的关系. 在空间解析几何中，为了能够用代数的方法研究几何问题，需要把空间的几何对象"点"与有序数组建立一一对应的关系，而这就可以通过建立**空间直角坐标系**（space rectangular coordinates）来实现.

过空间一定点 O，作三条相互垂直且具有相同单位长度的数轴，就构成了空间直角坐标系. 如图 7-1-1 所示. 点 O 称为坐标原点，三条数轴依次记为 x 坐标轴（x 轴或横轴）、y 坐标轴（y 轴或纵轴）、z 坐标轴（z 轴或竖轴）. 它们构成的空间直角坐标系，记为 $Oxyz$.

空间直角坐标系有右手系和左手系两种，本章使用的空间直角坐标系都满足右手系，其坐标轴的正向规定方式为：先任意确定相互垂直的 x 轴和 y 轴的正向，然后用右手握住 z 轴，右手的四个手指由 x 轴正向经过 90° 转向 y 轴正向时，右手大拇指所指方

向就是 z 轴正向,如图 7-1-2 所示.

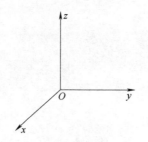

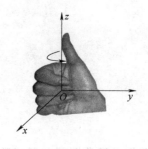

图 7-1-1　空间直角坐标系　　　　图 7-1-2　空间直角坐标系
　　　　　　　　　　　　　　　　　　　　　　　　　正向确定方法

　　有了空间直角坐标系,就可以用一组有序数组 (x,y,z) 来描述空间点的位置. 设 M 为空间中任意一个点,如图 7-1-3 所示. 过 M 分别作垂直于三个坐标轴的平面,这三个平面与 x 轴、y 轴、z 轴分别交于 P,Q,R 三点,这三点在三个坐标轴上的坐标分别为 x,y,z. 这样,空间的点 M 就唯一确定了一个有序数组 (x,y,z). 另一方面,任意给定一个有序数组 (x,y,z),则可以分别在 x 坐标轴、y 坐标轴、z 坐标轴上找到坐标为 x,y,z 的点 P、Q、R,过这三点分别作垂直于 x、y、z 坐标轴的平面,这三个平面的交点就是由有序数组 (x,y,z) 唯一确定的点 M. 这样就建立了空间的点与有序数组之间一一对应的关系. 我们把这个有序数组 (x,y,z) 称为点 M 的坐标. 其中,x、y、z 分别称为点 M 的 x 坐标(或横坐标)、y 坐标(或纵坐标)、z 坐标(或竖坐标). 点 M 通常也记为 $M(x,y,z)$.

　　在空间直角坐标系下,每两条坐标轴所确定的平面称为坐标面,这样一共确定了三个坐标面,分别记为 xOy 坐标面、yOz 坐标面以及 zOx 坐标面.

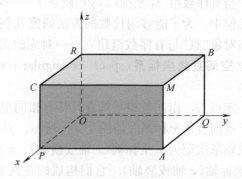

图 7-1-3　空间点与有序数组 (x,y,z) 关系

　　整个空间相应地被三个坐标面分成了八个部分,每个部分称为一个卦限,共八个卦限. xOy 坐标面上方的四个卦限依次称为第Ⅰ、Ⅱ、Ⅲ、Ⅳ卦限,按逆时针方向确定,如图 7-1-4 所示.

其中第 I 卦限由 $x>0$，$y>0$，$z>0$ 唯一确定. 即点 $P(x,y,z)$ 属于第 I 卦限的充分必要条件是 $x>0$，$y>0$，$z>0$.

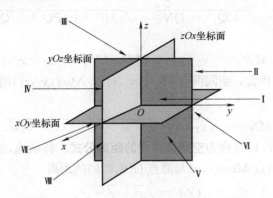

图 7-1-4　空间直角坐标系确定的八个卦限

xOy 坐标面下方的四个卦限依次称为第 V、VI、VII、VIII 卦限，同样按逆时针方向确定，其中第 V 卦限位于第 I 卦限的下方.

在空间直角坐标系下，原点、坐标轴上的点、坐标面上的点以及各卦限中的点，尽管它们的坐标都是用有序数组表示，但各自具备一定的特征. 例如，原点 O 的坐标为 $(0,0,0)$，x 轴上点 P 的坐标为 $(x,0,0)$，y 轴上点 Q 的坐标为 $(0,y,0)$，z 轴上点 R 的坐标为 $(0,0,z)$. xOy 坐标面上点的坐标为 $(x,y,0)$，yOz 坐标面上点的坐标为 $(0,y,z)$ 以及 zOx 坐标面上点的坐标为 $(x,0,z)$. 而在每个卦限中，点的坐标的符号可表示为：I$(+,+,+)$；II$(-,+,+)$；III$(-,-,+)$；IV$(+,-,+)$；V$(+,+,-)$；VI$(-,+,-)$；VII$(-,-,-)$；VIII$(+,-,-)$.

7.1.2　空间两点间的距离

在空间直角坐标系中有两点 $M(x_1,y_1,z_1)$，$N(x_2,y_2,z_2)$. 过这两点分别作垂直于坐标轴的平面，形成的 6 个平面围成一个以 MN 为体对角线的长方体，如图 7-1-5 所示. 同时在各坐标面上形成矩形，例如，在 xOy 平面形成矩形 $M'P'Q'R'$.

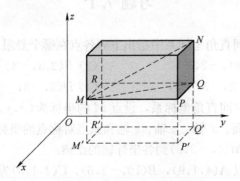

图 7-1-5　空间两点间的距离

由于 $\triangle MQN$ 和 $\triangle MPQ$ 均为直角三角形，所以，由勾股定理，点 M 和点 N 的距离为

$$|MN| = \sqrt{|MQ|^2 + |QN|^2} = \sqrt{|MP|^2 + |PQ|^2 + |QN|^2}.$$
$$\text{(7.1.1)}$$

而 $|MP| = |M'P'| = |y_2 - y_1|$，同理，$|PQ| = |x_2 - x_1|$，$|QN| = |z_2 - z_1|$. 因此，空间两点 $M(x_1, y_1, z_1)$，$N(x_2, y_2, z_2)$ 的距离可表示为：

$$|MN| = \sqrt{(x_2 - x_1)^2 + (y_2 - y_1)^2 + (z_2 - z_1)^2}. \quad \text{(7.1.2)}$$

公式 (7.1.2) 称为**空间两点间的距离公式**. 特别地，利用该公式可以得到点 $M(x, y, z)$ 与原点 $O(0, 0, 0)$ 的距离

$$|OM| = \sqrt{x^2 + y^2 + z^2}. \quad \text{(7.1.3)}$$

例 7.1.1　设点 P 在 yOz 坐标面上，且点 P 到点 $A(3, 2, 1)$ 的距离 $|PA|$ 等于点 P 到点 $B(2\sqrt{3}, 1, 3)$ 的距离 $|PB|$，也等于点 P 到原点 $O(0, 0, 0)$ 的距离 $|PO|$. 求点 P 的坐标.

解　因为点 P 在 yOz 坐标面上，所以，设 P 点的坐标为 $(0, y, z)$.

$$|PA| = \sqrt{(0 - 3)^2 + (y - 2)^2 + (z - 1)^2}$$
$$= \sqrt{y^2 + z^2 - 4y - 2z + 14}.$$
$$|PB| = \sqrt{(0 - 2\sqrt{3})^2 + (y - 1)^2 + (z - 3)^2}$$
$$= \sqrt{y^2 + z^2 - 2y - 6z + 22}.$$
$$|PO| = \sqrt{y^2 + z^2}.$$

因为 $|PA| = |PO|$，所以 $\sqrt{y^2 + z^2 - 4y - 2z + 14} = \sqrt{y^2 + z^2}$，即 $2y + z = 7$.

因为 $|PB| = |PO|$，所以 $\sqrt{y^2 + z^2 - 2y - 6z + 22} = \sqrt{y^2 + z^2}$，即 $y + 3z = 11$.

从而解出 $y = 2$，$z = 3$. 所求点 P 的坐标为 $(0, 2, 3)$.

习题 7.1

1. 在空间直角坐标系中指出下列各点在哪个卦限.

(1) $A(-1, -2, 3)$　　　　　(2) $B(2, 3, -4)$

(3) $C(-2, -3, -4)$　　　　(4) $D(2, -3, -1)$

2. 给定空间直角坐标系，设点 M 的坐标为 (x, y, z)，求它分别对于 xOy 面、x 轴、y 轴、z 轴和原点对称点的坐标.

3. 求点 $M(4, -3, 5)$ 到各坐标轴的距离.

4. 求证以 $A(4, 1, 9)$，$B(10, -1, 6)$，$C(2, 4, 3)$ 为顶点的三角形是一个等腰三角形.

7.2 曲面方程与几种常见曲面

7.2.1 曲面方程

生活中，我们经常见到各种曲面(surface)，如汽车的风窗玻璃表面、篮球和足球的表面等等. 在空间解析几何中，我们把曲面看作满足一定条件的动点的几何轨迹. 也就是说，曲面上的点都满足条件，不在曲面上的点都不满足条件.

若设点(x, y, z)为曲面 S 上任意一点，则该点满足某一特定条件，如果这个特定条件能够用 x, y, z 的一个三元方程来表示，即

$$F(x, y, z) = 0. \tag{7.2.1}$$

则当曲面 S 与三元方程 $F(x, y, z) = 0$ 有下述关系成立时，就称方程 $F(x, y, z) = 0$ 为曲面 S 的方程，曲面 S 为方程 $F(x, y, z) = 0$ 的图形：

(1) 曲面 S 上任意一点的坐标都满足方程(7.2.1)；

(2) 不在曲面 S 上的点的坐标都不满足方程(7.2.1).

例 7.2.1　求球心为$M_0(x_0, y_0, z_0)$，半径为 R 的球面方程.

解　设 $M(x, y, z)$ 为球面上的任意一点，则该点满足到球心 M_0 的距离等于 R 这一特定条件，即

$$|MM_0| = \sqrt{(x-x_0)^2 + (y-y_0)^2 + (z-z_0)^2} = R.$$

所以要求的球面方程为

$$(x-x_0)^2 + (y-y_0)^2 + (z-z_0)^2 = R^2. \tag{7.2.2}$$

特别地，当球心在原点时，球面方程为

$$x^2 + y^2 + z^2 = R^2. \tag{7.2.3}$$

此外，平面是空间曲面的一种特殊且常见的形式，可以证明空间中任一平面的方程都可以用三元一次方程(A，B，C 不全为 0)

$$Ax + By + Cz + D = 0. \tag{7.2.4}$$

来表示. 同样可以证明，任何一个三元一次方程表示的空间图形都是一个平面.

以下是几个位置较为特殊的平面方程：

(1) $Ax + By + Cz = 0$ 表示经过坐标原点的平面.

(2) $Ax + By + D = 0$ 表示平行于 z 轴的平面.

$Ax + Cz + D = 0$ 表示平行于 y 轴的平面.

$By + Cz + D = 0$ 表示平行于 x 轴的平面.

(3) $Cz + D = 0$ 表示平行于 xOy 坐标面的平面；特别地，$z = 0$ 表示 xOy 坐标面.

$By+D=0$ 表示平行于 zOx 坐标面的平面；特别地，$y=0$ 表示 zOx 坐标面.

$Ax+D=0$ 表示平行于 yOz 坐标面的平面；特别地，$x=0$ 表示 yOz 坐标面.

例 7.2.2   描述方程 $z=c$ 在空间直角坐标系中表示的图形.

解 由于方程 $z=c$ 中不含 x，y，即对于点 (x,y,z)，不论 x，y 如何取值，只要 $z=c$，则该点一定满足方程，反之，只要 $z\neq c$，则该点一定不满足方程. 因此，方程 $z=c$ 表示的图形就是点的集合：$\{(x,y,z)|z=c,x\in\mathbf{R},y\in\mathbf{R}\}$，即通过点 $(0,0,c)$ 且平行于 xOy 坐标面的平面，或者说是通过点 $(0,0,c)$ 且垂直于 z 轴的平面.

事实上，方程 $z=c$ 表示的图形如图 7-2-1 所示. 其他常见的平面，如 $x+y+z=1$，由于点 $(1,0,0)$、点 $(0,1,0)$ 和点 $(0,0,1)$ 均在平面上，所以其表示的图形如图 7-2-2 所示.

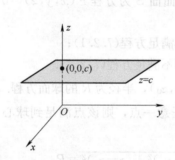

图 7-2-1 平面 $z=c$ 表示的图形

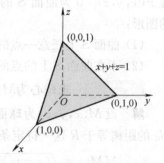

图 7-2-2 平面 $x+y+z=1$ 表示的图形

7.2.2 曲线方程

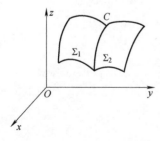

图 7-2-3 空间曲线示意图

空间**曲线**(curve)可以看作是两个空间曲面的交线. 设曲面 Σ_1 的方程为 $F(x,y,z)=0$，曲面 Σ_2 的方程为 $G(x,y,z)=0$，则这两个曲面的交线 C(见图 7-2-3)就可以用两个曲面方程构成的方程组表示：

$$\begin{cases} F(x,y,z)=0, \\ G(x,y,z)=0. \end{cases} \qquad (7.2.5)$$

这是因为曲线 C 既在曲面 Σ_1 上，又在曲面 Σ_2 上，因此曲线 C 上的点同时满足两个曲面方程.

这里，我们把方程组(7.2.5)称为空间曲线 C 的一般方程. 关于空间曲线的一般方程，有两点需要注意：

(1) 空间曲线 C 的一般方程形式不唯一，同一条曲线可以是两组不同曲面的交线.

(2) 若方程组(7.2.5)中的两个曲面都是平面，且不平行，则

其交线为空间直线，即

$$\begin{cases} A_1x + B_1y + C_1z + D_1 = 0, \\ A_2x + B_2y + C_2z + D_2 = 0. \end{cases} \tag{7.2.6}$$

方程组(7.2.6)称为空间直线的一般方程.

空间曲线上点(x,y,z)的三个坐标如果可以表示成变量t的函数，即

$$\begin{cases} x = x(t), \\ y = y(t), t \in I. \\ z = z(t), \end{cases} \tag{7.2.7}$$

则方程组(7.2.7)称为空间曲线的参数方程，其中t为参数，取值范围为I.

7.2.3　几种常见曲面

1. 柱面

一直线L沿一给定的曲线C平行移动所形成的曲面称为**柱面**(cylinder). 曲线C称为柱面的准线，沿C移动的直线称为柱面的母线，如图 7-2-4 所示.

较为常见的柱面是准线C在坐标面上，母线L平行于坐标轴的曲面. 例如，准线C为xOy坐标面上的抛物线，其方程为$\begin{cases} y = x^2, \\ z = 0, \end{cases}$母线$L$平行于$z$轴，这样形成的柱面称为**抛物柱面**(parabolic cylinder)，如图 7-2-5 所示.

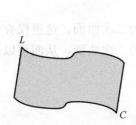
图 7-2-4　柱面示意图

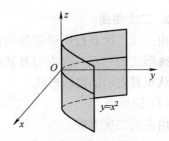
图 7-2-5　抛物柱面

事实上，在平面解析几何中，$y = x^2$表示一条曲线，但在空间解析几何中，$y = x^2$表示空间中母线平行于z轴的柱面. 更一般地，设以xOy坐标面上的曲线C为准线，其方程为$\begin{cases} f(x,y) = 0, \\ z = 0, \end{cases}$则母线平行于$z$轴的柱面方程为：$f(x,y) = 0$.

反之，只含x，y而缺z的方程$f(x,y) = 0$，在空间直角坐标系中表示母线平行于z轴的柱面；同理，只含x，z而缺y的方程$f(x,z) = 0$，在空间直角坐标系中表示母线平行于y轴的柱面；只含y，z而缺x的方程$f(y,z) = 0$，在空间直角坐标系中表示母线平行于x轴的柱面.

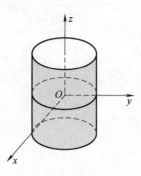

图 7-2-6　椭圆柱面

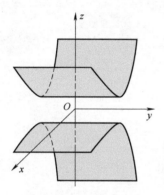

图 7-2-7　双曲柱面

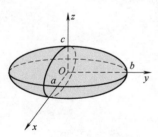

图 7-2-8　椭球面

例 7.2.3　描述方程 $\dfrac{x^2}{4}+\dfrac{y^2}{9}=1$ 在空间直角坐标系中表示的图形.

解　因为方程中只含 x,y 而缺 z,因此该方程表示母线平行于 z 轴的柱面. 该柱面与 xOy 面的交线为

$$\begin{cases}\dfrac{x^2}{4}+\dfrac{y^2}{9}=1,\\ z=0.\end{cases}$$

显然该交线为椭圆. 因此,方程 $\dfrac{x^2}{4}+\dfrac{y^2}{9}=1$ 在空间直角坐标系中表示的柱面也称为**椭圆柱面**(elliptic cylinder),如图 7-2-6 所示.

例 7.2.4　描述方程 $-\dfrac{x^2}{a^2}+\dfrac{z^2}{b^2}=1$ 在空间直角坐标系中表示的图形.

解　因为方程中只含 x,z 而缺 y,因此该方程表示母线平行于 y 轴的柱面. 该柱面与 zOx 面的交线为

$$\begin{cases}-\dfrac{x^2}{a^2}+\dfrac{z^2}{b^2}=1,\\ y=0.\end{cases}$$

显然该交线为双曲线. 因此,方程 $-\dfrac{x}{a^2}+\dfrac{z^2}{b^2}=1$ 在空间直角坐标系中表示的柱面也称为**双曲柱面**(hyperbolic cylinder),如图 7-2-7 所示.

2. 二次曲面

由三元二次方程所确定的曲面称为二次曲面,这里仅介绍几种特殊形式的三元二次方程及其确定的二次曲面,从而可以通过方程认识其表示的曲面形状.

(1) 椭球面

由三元二次方程

$$\dfrac{x^2}{a^2}+\dfrac{y^2}{b^2}+\dfrac{z^2}{c^2}=1(a>0,b>0,c>0) \qquad(7.2.8)$$

确定的曲面称为**椭球面**(ellipsoid),如图 7-2-8 所示.

椭球面关于三个坐标面均对称,且与三个坐标面的交线均为椭圆. 例如,与 xOy 面的交线为 $\begin{cases}\dfrac{x^2}{a^2}+\dfrac{y^2}{b^2}+\dfrac{z^2}{c^2}=1,\\ z=0,\end{cases}$ 或者等价地写成 $\begin{cases}\dfrac{x^2}{a^2}+\dfrac{y^2}{b^2}=1,\\ z=0.\end{cases}$

椭球面与 x 轴的交点为 $(a,0,0)$ 和 $(-a,0,0)$,与 y 轴的交点为 $(0,b,0)$ 和 $(0,-b,0)$,与 z 轴的交点为 $(0,0,c)$ 和 $(0,0,-c)$.

特别地，若 $a=b=c=R>0$，则方程(7.2.8)可写为：
$$x^2+y^2+z^2=R^2,\qquad(7.2.9)$$
表示以坐标原点为球心，以 R 为半径的球面.

（2）椭圆抛物面

由三元二次方程
$$\frac{x^2}{2p}+\frac{y^2}{2q}=z(p\cdot q>0)\qquad(7.2.10)$$
确定的曲面称为**椭圆抛物面**(elliptic paraboloid)，当 $p>0$，$q>0$ 时，椭圆抛物面开口向上，如图 7-2-9a 所示；当 $p<0$，$q<0$ 时，椭圆抛物面开口向下，如图 7-2-9b 所示.

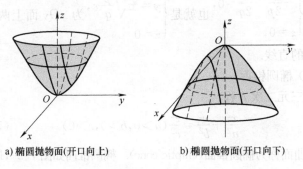

a) 椭圆抛物面(开口向上)　　b) 椭圆抛物面(开口向下)

图 7-2-9

式(7.2.10)所示椭圆抛物面以原点为顶点，关于 yOz 以及 zOx 坐标面对称，且与 yOz 以及 zOx 坐标面的交线均为抛物线. 例如，与 yOz 面的交线为 $\begin{cases}\frac{x^2}{2p}+\frac{y^2}{2q}=z,\\x=0,\end{cases}$ 或者等价地写成

$\begin{cases}\frac{y^2}{2q}=z,\\x=0.\end{cases}$ 椭圆抛物面与平行于 xOy 坐标面的平面的交线为椭圆.

例如，当 $p>0$，$q>0$ 时，椭圆抛物面与平面 $z=h(h>0)$ 的交线

为 $\begin{cases}\frac{x^2}{2p}+\frac{y^2}{2q}=z,\\z=h,\end{cases}$ 或者等价地写成 $\begin{cases}\frac{x^2}{2p}+\frac{y^2}{2q}=h,\\z=h.\end{cases}$

（3）双曲抛物面

由三元二次方程
$$-\frac{x^2}{2p}+\frac{y^2}{2q}=z(p\cdot q>0)\qquad(7.2.11)$$
确定的曲面称为**双曲抛物面**(hyperbolic paraboloid). 以 $p>0$，$q>0$ 为例，双曲抛物面如图 7-2-10 所示. 由于其图像与马鞍相似，所以双曲抛物面也称为马鞍面.

式(7.2.11)所示双曲抛物面关于 yOz 以及 zOx 坐标面对称，且与 yOz 以及 zOx 坐标面的交线均为抛物线. 例如，与 yOz 面的

交线为 $\begin{cases} -\dfrac{x^2}{2p}+\dfrac{y^2}{2q}=z, \\ x=0, \end{cases}$ 或者等价地写成 $\begin{cases} \dfrac{y^2}{2q}=z, \\ x=0. \end{cases}$

双曲抛物面与平行于 xOy 坐标面的平面的交线为双曲线. 例

如,双曲抛物面与平面 $z=h(h\neq 0)$ 的交线为 $\begin{cases} -\dfrac{x^2}{2p}+\dfrac{y^2}{2q}=z, \\ z=h, \end{cases}$ 或者

等价地写成 $\begin{cases} -\dfrac{x^2}{2p}+\dfrac{y^2}{2q}=h, \\ z=h. \end{cases}$ 当 $h=0$ 时,即双曲抛物面与 xOy 面的

交线为 $\begin{cases} -\dfrac{x^2}{2p}+\dfrac{y^2}{2q}=0, \\ z=0, \end{cases}$ 也就是 $\begin{cases} y=\pm\sqrt{\dfrac{p}{q}}x, \\ z=0 \end{cases}$ 为 xOy 面上两条相交

于原点的直线.

(4) 椭圆锥面

由三元二次方程

$$\frac{x^2}{a^2}+\frac{y^2}{b^2}=\frac{z^2}{c^2}(a>0,b>0,c>0) \tag{7.2.12}$$

确定的曲面称为**椭圆锥面**(elliptic cone). 椭圆锥面如图 7-2-11 所示.

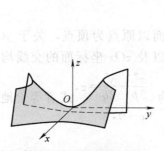

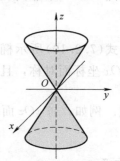

图 7-2-10 双曲抛物面　　　　图 7-2-11 椭圆锥面
　　　($p>0$, $q>0$)

公式(7.2.12)所示椭圆锥面经过原点,且关于三个坐标面均
对称. 与 yOz 以及 zOx 坐标面的交线均为两条相交直线. 例如,

与 yOz 面的交线为 $\begin{cases} \dfrac{x^2}{a^2}+\dfrac{y^2}{b^2}=\dfrac{z^2}{c^2}, \\ x=0, \end{cases}$ 或者等价地写成 $\begin{cases} y=\pm\dfrac{b}{c}z, \\ x=0. \end{cases}$

椭圆锥面与平行于 xOy 坐标面的平面 $z=h(h\neq 0)$ 的交线为椭

圆 $\begin{cases} \dfrac{x^2}{a^2}+\dfrac{y^2}{b^2}=\dfrac{z^2}{c^2}, \\ z=h, \end{cases}$ 或者等价地写成 $\begin{cases} \dfrac{x^2}{a^2}+\dfrac{y^2}{b^2}=\dfrac{h^2}{c^2}, \\ z=h. \end{cases}$

(5) 单叶双曲面

由三元二次方程

$$\frac{x^2}{a^2}+\frac{y^2}{b^2}-\frac{z^2}{c^2}=1(a>0,b>0,c>0) \tag{7.2.13}$$

确定的曲面称为**单叶双曲面**(hyperbolic of one sheet). 单叶双曲面如图 7-2-12 所示.

式(7.2.13)所示单叶双曲面关于三个坐标面均对称,且与 yOz 以及 zOx 坐标面的交线均为双曲线. 例如,与 yOz 面的交线

为 $\begin{cases} \dfrac{x^2}{a^2}+\dfrac{y^2}{b^2}-\dfrac{z^2}{c^2}=1, \\ x=0, \end{cases}$ 或者等价地写成 $\begin{cases} \dfrac{y^2}{b^2}-\dfrac{z^2}{c^2}=1, \\ x=0. \end{cases}$ 单叶双曲面与

xOy 坐标面的交线为椭圆 $\begin{cases} \dfrac{x^2}{a^2}+\dfrac{y^2}{b^2}-\dfrac{z^2}{c^2}=1, \\ z=0, \end{cases}$ 或者等价地写

成 $\begin{cases} \dfrac{x^2}{a^2}+\dfrac{y^2}{b^2}=1, \\ z=0. \end{cases}$

(6) 双叶双曲面

由三元二次方程

$$\frac{x^2}{a^2}+\frac{y^2}{b^2}-\frac{z^2}{c^2}=-1(a>0,b>0,c>0) \qquad (7.2.14)$$

确定的曲面称为**双叶双曲面**(hyperbolic of two sheets). 双叶双曲面如图 7-2-13 所示.

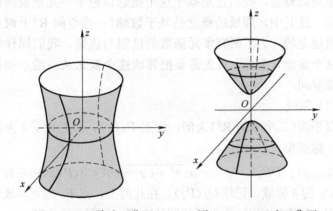

图 7-2-12　单叶双曲面　　　图 7-2-13　双叶双曲面

式(7.2.14)所示双叶双曲面关于三个坐标面均对称,且与 yOz 以及 zOx 坐标面的交线均为双曲线. 例如,与 yOz 面的交线

为 $\begin{cases} \dfrac{x^2}{a^2}+\dfrac{y^2}{b^2}-\dfrac{z^2}{c^2}=-1, \\ x=0, \end{cases}$ 或者等价地写成 $\begin{cases} \dfrac{y^2}{b^2}-\dfrac{z^2}{c^2}=-1, \\ x=0. \end{cases}$ 双叶双曲面

与平行于 xOy 坐标面的平面 $z=h(|h|>c)$ 的交线为椭圆

$\begin{cases} \dfrac{x^2}{a^2}+\dfrac{y^2}{b^2}-\dfrac{z^2}{c^2}=-1, \\ z=h, \end{cases}$ 或者等价地写成 $\begin{cases} \dfrac{x^2}{a^2}+\dfrac{y^2}{b^2}=\dfrac{h^2}{c^2}-1, \\ z=h. \end{cases}$ 双叶双曲面

与 z 轴交于两点 $(0,0,c)$ 和 $(0,0,-c)$.

习题 7.2

1. 描述方程 $x+y=0$ 在空间直角坐标系中表示的图形.

2. 描述方程 $z=2\sqrt{x^2+y^2}$ 在空间直角坐标系中表示的图形.

3. 描述方程 $x^2+y^2=4x$ 在空间直角坐标系中表示的图形.

4. 求以点 $O(2,-2,1)$ 为球心，且通过原点的球面方程.

5. 指出下列三元二次方程所示曲面的名称.

(1) $x^2+y^2+z^2=1$;　　　　(2) $x^2+y^2=4z$;

(3) $x^2-\dfrac{y^2}{4}+z^2=1$;　　　(4) $\dfrac{x^2+y^2}{9}-\dfrac{z^2}{16}=-1$.

7.3 多元函数的极限与连续

7.3.1 多元函数的概念

1. 平面区域

研究一元函数的极限与连续时，**邻域**（neighborhood）是一个非常重要的概念，我们正是基于这个概念讨论了一元函数的极限及连续. 这其中，邻域的概念是基于数轴(一维空间 $\mathbf{R}$)上两点间的距离建立的. 为了研究多元函数的极限与连续，我们同样需要邻域这个概念，为此，首先需要把邻域这个概念从一维空间推广到多维空间.

(1) 邻域

以平面(二维空间 $\mathbf{R}^2$)为例，设点 $P_0(x_0,y_0)\in\mathbf{R}^2$，$\delta$ 为某一正数，称点集

$$\{P(x,y)\ |\ |PP_0|=\sqrt{(x-x_0)^2+(y-y_0)^2}<\delta, P(x,y)\in\mathbf{R}^2\}$$

为点 P_0 的 δ 邻域，记作 $U_\delta(P_0)$，在几何上，点 P_0 的 δ 邻域就是以点 P_0 为圆心，以 δ 为半径的圆的内部，如图 7-3-1 所示.

如果在 $U_\delta(P_0)$ 中去掉点 P_0，则剩下的点集称为点 P_0 的去心 δ 邻域，记作 $\mathring{U}_\delta(P_0)$，或者记作 $U_\delta(P_0)\backslash\{P_0\}$.

邻域的概念很容易从二维平面 $\mathbf{R}^2$ 推广到三维空间 $\mathbf{R}^3$，甚至更高维空间，例如，在三维空间 $\mathbf{R}^3$ 中，点 P_0 的 δ 邻域就表示以 P_0 为球心，以 δ 为半径的球的内部.

(2) 区域

在一元函数相关性态的研究中，开区间和闭区间的概念起到了重要的作用，为了研究多元函数，同样需要把开区间和闭区间的概念从一维空间推广到多维空间.

以二维空间为例，设 E 是平面上的一个点集，P 是平面上的一个点. 如果存在某个 $\delta>0$，使得点 P 的 δ 邻域 $U_\delta(P)\subset E$，则

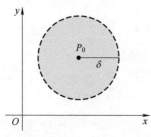

图 7-3-1 平面上点的邻域

称 P 为 E 的**内点**(interior point)，如图 7-3-2 所示的点 P_0. 显然 E 的内点属于 E.

如果存在某个 $r>0$，使得点 P 的 r 邻域与 E 的交集为空集，即 $U_r(P)\bigcap E=\varnothing$，则称 P 为 E 的**外点**(external point)，如图 7-3-2 所示的点 P_1. 显然 E 的外点一定不属于 E.

如果点 P 的任何一个邻域 $U_\beta(P)$，$\beta>0$ 既有属于 E 的点，又有不属于 E 的点，则称 P 为 E 的**边界点**(Boundary point)，如图 7-3-2所示的点 P_2. 显然，E 的边界点可能属于 E，也可能不属于 E.

这样，一旦在平面 R^2 内给定了一个点集 E，则 E 就将平面内的所有点分为了三类：内点、外点和边界点.

如果点集 E 内的每一点都是 E 的内点，则称点集 E 为**开集**(open set). 例如，点集

$$K=\{(x,y)\,|\,x^2+y^2<9\}$$

中的每一点都是内点，所以该点集 K 为开集.

更进一步，设点集 $E\subset R^2$，如果 E 中任意两点 P_0，P_1，都至少存在 E 中的弧 $\Gamma\subset E$，以起点为 P_0 终点为 P_1 的方式将两点连接，则称点集 E 是连通的. 如图 7-3-3 所示点集 E 就是连通的.

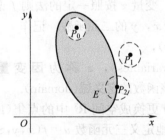

图 7-3-2　内点、外点、
边界点示意图

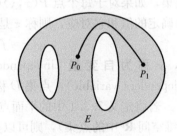

图 7-3-3　连通的点集

连通的开集称为区域或者开区域，如图 7-3-4a 所示. 开区域连同其全体边界点构成的集合称为闭区域，如图 7-3-4b 所示.

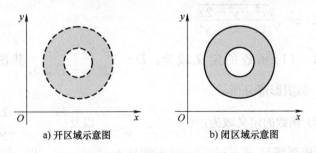

a) 开区域示意图　　　　b) 闭区域示意图

图 7-3-4　开区域和闭区域

事实上，平面 $\mathbf{R}^2$ 中，开区域的概念就是一维空间 $\mathbf{R}^1$ 中开区

间概念的推广，并且还可以进一步推广到三维空间 $\mathbf{R}^3$，甚至更高维空间中.

由于在一元函数的讨论中，涉及的闭区间一般是指有界闭区间，因此，为了将闭区间的概念进行推广，需要知道有界集合的概念.

对于点集 E，如果存在某个 $r>0$，使得 $E \subset U_r(O)$，其中 $U_r(O)$ 表示中心为原点的 r 邻域，则称 E 为**有界集**（boundary set）. 否则称 E 为**无界集**（unbounded set）. 例如，点集 $M = \{(x,y) \mid 0 \leqslant x \leqslant 1, 0 \leqslant y \leqslant 1\}$ 就是有界集合，如图 7-3-5 所示. 不仅如此，点集 M 还是有界的闭区域.

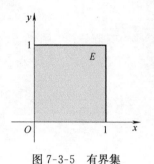

图 7-3-5　有界集

事实上，平面 $\mathbf{R}^2$ 中有界闭区域的概念就是一维空间 $\mathbf{R}^1$ 中闭区间概念的推广，并且还可以进一步推广到三维空间 $\mathbf{R}^3$，甚至更高维空间中. 这样，闭区间上连续函数的性质就可以推广到有界闭区域上的连续函数.

2. 多元函数的概念

许多实际问题需要考虑多于一个自变量的函数，即多元函数. 然而，一般来说，二元函数的微积分学与三元函数甚至更多元函数的微积分学无实质性差异，因此，我们介绍多元函数时，大多以二元函数的情形为主. 首先来看二元函数的定义.

定义 7.3.1　设 x，y，z 是三个变量，D 是平面上的一非空点集，如果对于每个点 $P(x,y) \in D$，变量 z 按照一定的法则 f 总有确定的值和它对应，则称 z 是变量 x，y 的二元函数. 记作

$$z = f(x,y),$$

x，y 称为**自变量**（independent variables），z 称为**因变量**（dependent variable），点集 D 称为该函数的**定义域**（domain）.

若将定义 7.3.1 中的平面点集 D 更换成空间 $\mathbf{R}^3$ 中的点集（或 n 维空间 $\mathbf{R}^n$ 中的点集），则可以类似地定义三元函数 $u = f(x,y,z)$（或 n 元函数 $y = f(x_1, x_2, \cdots, x_n)$）. 二元及二元以上函数均称为多元函数.

例 7.3.1　求下列函数的定义域并画出定义域的图形.

(1) $z = \ln(y - x^2) + \sqrt{2 - y - x^2}$；

(2) $z = \sqrt{\dfrac{x^2 + y^2 - 2x}{4x - x^2 - y^2}}$.

解　(1) 函数的定义域为：$D = \begin{cases} y - x^2 > 0, \\ 2 - y - x^2 \geqslant 0, \end{cases}$ 其图形如图 7-3-6a 阴影部分所示.

(2) 函数的定义域为：$\begin{cases} x^2 + y^2 - 2x \geqslant 0, \\ 4x - x^2 - y^2 > 0, \end{cases}$ 以及 $\begin{cases} x^2 + y^2 - 2x \leqslant 0, \\ 4x - x^2 - y^2 < 0. \end{cases}$ 而后者既要满足 $x^2 + y^2 \leqslant 2x$ 又要满足 $4x < x^2 + y^2$，即 $x^2 + y^2 \leqslant 2x < \dfrac{1}{2}(x^2 + y^2)$，显然无解. 因此，函数 $z = \sqrt{\dfrac{x^2 + y^2 - 2x}{4x - x^2 - y^2}}$ 的定

义域为：$D=\begin{cases} x^2+y^2-2x\geqslant0, \\ 4x-x^2-y^2>0, \end{cases}$ 即 $D=\begin{cases} (x-1)^2+y^2\geqslant1, \\ (x-2)^2+y^2<4, \end{cases}$ 其图形如图 7-3-6b 阴影部分所示.

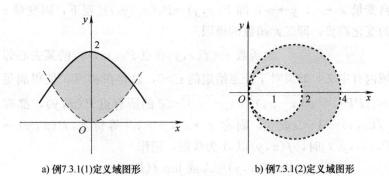

a) 例7.3.1(1)定义域图形　　　　b) 例7.3.1(2)定义域图形

图 7-3-6　定义域图形

7.3.2　二元函数的几何意义

设二元函数 $z=f(x,y)$，其定义域为 D，则对于任意取定的点 $P(x,y)\in D$，都有唯一的 $z=f(x,y)$ 与之对应，这样，以 x 为横坐标，以 y 为纵坐标，以 z 为竖坐标，就在空间直角坐标系中确定了一个点 $M(x,y,z)$，当 $P(x,y)$ 取遍定义域 D 上的所有点，就得到了由二元函数 $z=f(x,y)$ 确定的空间点集

$$S=\{(x,y,z)\,|\,z=f(x,y),(x,y)\in D\}.$$

该点集通常构成三维空间中的一个曲面，如图 7-3-7 所示. 而空间曲面在 xOy 坐标面的投影正是这个二元函数的定义域 D.

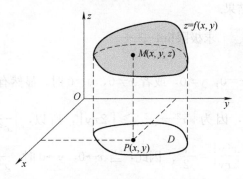

图 7-3-7　二元函数的几何意义

某些具体的二元函数，其图形为一些常见的曲面. 例如，函数 $z=\sqrt{1-x^2-y^2}$ 表示以原点为球心，以 1 为半径的半球面. 该球面在 xOy 面上的投影即为该函数的定义域 D，是以原点为圆心的单位圆面，如图 7-3-8 所示.

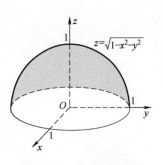

图 7-3-8　半球面的图形

7.3.3 二元函数的极限

与一元函数的极限类似，二元函数 $z=f(x,y)$ 也可以讨论在自变量 $x \to x_0$，$y \to y_0$，即 $P(x,y) \to P_0(x_0,y_0)$ 过程下，因变量 z 的变化趋势，即二元函数的极限.

定义 7.3.2 设函数 $z=f(x,y)$ 在点 $P_0(x_0,y_0)$ 的某去心邻域内有定义，如果对于任意给定的 $\varepsilon>0$，总存在 $\delta>0$，使得满足 $0<|PP_0|=\sqrt{(x-x_0)^2+(y-y_0)^2}<\delta$ 的所有点 $P(x,y)$，都有 $|f(x,y)-A|<\varepsilon$ 成立，则称 $x \to x_0$，$y \to y_0$［等价地，$P(x,y) \to P_0(x_0,y_0)$］时，$f(x,y)$ 以 A 为极限，记作

$$\lim_{\substack{x \to x_0 \\ y \to y_0}} f(x,y)=A \text{ 或 } \lim_{P \to P_0} f(P)=A.$$

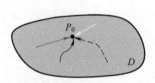

图 7-3-9 P 趋于 P_0
方式的任意性

定义 7.3.2 可以简单理解为：当动点 $P(x,y)$ 趋于 $P_0(x_0,y_0)$ 时，$f(x,y)$ 趋于某个实数 A. 不过，这里需要注意的是，由于动点 $P(x,y)$ 是二维平面上的点，$P(x,y)$ 趋于 $P_0(x_0,y_0)$ 的方式在平面内是任意的，如图 7-3-9 所示，即，$P(x,y)$ 可沿着平面内的任意直线或任意曲线趋于 $P_0(x_0,y_0)$ 时，都有 $f(x,y) \to A$.

这同时也为我们证明极限不存在提供了方法，即，如果当 $P(x,y)$ 以不同的方式(如沿不同的直线或曲线)趋于 $P_0(x_0,y_0)$ 时，极限值不存在，或者尽管存在但趋于不同的值，即可得出函数 $f(x,y)$ 在点 $P_0(x_0,y_0)$ 处极限不存在.

另外，二元函数的极限与一元函数的极限具有相同的性质和运算法则. 因此，在计算二元函数的极限时，可利用一元函数的某些方法和结果.

例 7.3.2 求极限 $\lim\limits_{\substack{x \to 0 \\ y \to 0}} \dfrac{x^2 y}{x^2+y^2}$.

解 当 $x=0$，$y \neq 0$，或者 $x \neq 0$，$y=0$ 时，显然有 $\dfrac{x^2 y}{x^2+y^2}=0$.

当 $xy \neq 0$ 时，因为 $|x^2+y^2| \geqslant |2xy|$，所以，$\left| \dfrac{x^2 y}{x^2+y^2}-0 \right| = \left| \dfrac{x^2 y}{x^2+y^2} \right| \leqslant \left| \dfrac{x^2 y}{2xy} \right| = \dfrac{|x|}{2}$. 因此，当 $x \to 0$，$y \to 0$ 时，$\dfrac{x^2 y}{x^2+y^2} \to 0$.

即，$\lim\limits_{\substack{x \to 0 \\ y \to 0}} \dfrac{x^2 y}{x^2+y^2}=0$.

例 7.3.3 求极限 $\lim\limits_{\substack{x \to 0 \\ y \to 0}} \dfrac{xy}{\sqrt{x^2+y^2}}$.

解 利用极坐标与平面直角坐标的变换公式，令 $\begin{cases} x=\rho\cos\theta, \\ y=\rho\sin\theta, \end{cases}$ 则 $\rho=\sqrt{x^2+y^2}$，显然 $x \to 0$，$y \to 0$ 等价于 $\rho \to 0$，因此，

$$\lim_{\substack{x\to 0\\y\to 0}}\frac{xy}{\sqrt{x^2+y^2}}=\lim_{\rho\to 0}\frac{\rho^2\cos\theta\sin\theta}{\rho}=\lim_{\rho\to 0}\rho\cos\theta\sin\theta=0.$$

例 7.3.4　证明极限 $\displaystyle\lim_{\substack{x\to 0\\y\to 0}}\frac{x+y}{x-y}$ 不存在.

证明　当动点 (x,y) 沿着直线 $y=kx$ 趋于点 $(0,0)$ 时，有

$$\lim_{\substack{x\to 0\\y\to 0}}\frac{x+y}{x-y}=\lim_{\substack{x\to 0\\y\to 0}}\frac{x+kx}{x-kx}=\frac{1+k}{1-k}.$$

该值随着 k 的不同而不同，与极限的唯一性（极限若存在则唯一）相矛盾，因此极限不存在.

例 7.3.5　证明极限 $\displaystyle\lim_{\substack{x\to 0\\y\to 0}}\frac{x^3 y}{x^6+y^2}$ 不存在.

证明　当动点 (x,y) 沿着曲线 $y=kx^3$ 趋于点 $(0,0)$ 时，有

$$\lim_{\substack{x\to 0\\y\to 0}}\frac{x^3 y}{x^6+y^2}=\lim_{\substack{x\to 0\\y\to 0}}\frac{kx^6}{x^6+k^2 x^6}=\frac{k}{1+k^2}.$$

该值随着 k 的不同而不同，与极限的唯一性（极限若存在则唯一）相矛盾，因此极限不存在.

7.3.4　二元函数的连续性

与一元函数在某点连续的定义类似，我们可以给出二元函数在某点连续的定义.

定义 7.3.3　设函数 $z=f(x,y)$ 在点 $P_0(x_0,y_0)$ 的某邻域内有定义，若 $\displaystyle\lim_{\substack{x\to x_0\\y\to y_0}}f(x,y)=f(x_0,y_0)$，则称函数 $z=f(x,y)$ 在点 $P_0(x_0,y_0)$ 处连续.

注意，在定义 7.3.3 中，若记 $\Delta x=x-x_0$，$\Delta y=y-y_0$，$\Delta z=f(x,y)-f(x_0,y_0)$，则条件 $\displaystyle\lim_{\substack{x\to x_0\\y\to y_0}}f(x,y)=f(x_0,y_0)$ 等价于 $\displaystyle\lim_{\substack{\Delta x\to 0\\\Delta y\to 0}}\Delta z=0$.

例 7.3.6　讨论函数 $f(x,y)=\begin{cases}\dfrac{\sin(xy)}{y(x^2+1)},&y\ne 0,\\[2mm]0,&y=0\end{cases}$ 在点 $(0,0)$ 处的连续性.

解　因为 $f(0,0)=0$，$f(x,0)=0$，且当 $y\ne 0$ 时，

若 $x=0$，则 $\displaystyle\lim_{\substack{x\to 0\\y\to 0}}f(x,y)=\lim_{\substack{x\to 0\\y\to 0}}\frac{\sin(xy)}{y(x^2+1)}=\lim_{\substack{x\to 0\\y\to 0}}\frac{\sin 0}{y}=0=f(0,0)$；

若 $x\ne 0$，则 $\displaystyle\lim_{\substack{x\to 0\\y\to 0}}f(x,y)=\lim_{\substack{x\to 0\\y\to 0}}\left(\frac{\sin(xy)}{xy}\cdot\frac{x}{x^2+1}\right)=\lim_{\substack{x\to 0\\y\to 0}}\frac{\sin(xy)}{xy}\cdot$

$\displaystyle\lim_{\substack{x\to 0\\y\to 0}}\frac{x}{x^2+1}=1\times 0=0=f(0,0)$. 所以，$\displaystyle\lim_{\substack{x\to 0\\y\to 0}}f(x,y)=0=f(0,0)$. 即，题设函数在点 $(0,0)$ 处连续.

由于二元函数 $z=f(x,y)$ 的定义域 D 一般为平面上的区域，如何定义二元函数在区域 D 上的连续性呢？这就需要明确如何定义二元函数在区域 D 边界点的连续性.

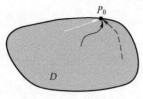

图 7-3-10　边界点
的连续性

如图 7-3-10 所示，$P_0(x_0,y_0)$ 是 D 的边界点. 如果在 $P_0(x_0,y_0)$ 的任意去心邻域内都有属于 D 的点，且当动点 $P(x,y)\in D$ 以任何方式趋于 P_0 时，都有：

$$\lim_{\substack{x\to x_0 \\ y\to y_0}} f(x,y)=f(x_0,y_0)$$

则称函数 $z=f(x,y)$ 在点 P_0 处(有条件地)连续.

若函数 $z=f(x,y)$ 在区域 D 内的每一个内点都连续，则称该函数在区域 D 内连续；若函数 $z=f(x,y)$ 在区域 D 内连续，并在 D 的每一个边界点处(有条件地)连续，则称该函数在闭区域 D 上连续.

与一元函数类似，二元函数的不连续点称为间断点. 同样地，二元连续函数经过四则运算(商的运算时分母处不为零)和复合运算后仍为连续函数. 由具有两个不同变量(如 x,y)的一元初等函数经过有限次的四则运算及有限次的复合运算而得到的函数称为二元初等函数. 例如，$x^2+\sin(xy)+2$；$(x+y^3)\cdot e^{x+y}$，$\dfrac{\sin(xy)}{\sqrt{x^2+y^2+1}}$.

因此，二元初等函数在其定义区域内是连续的. 该结论同样可以推广到三元及以上函数.

7.3.5　有界闭区域上连续函数的性质

闭区间上一元连续函数的性质，可相应地推广到有界闭区域上的多元函数. 这里，我们仍以二元函数为例，以定理的形式给出有界闭区域上二元连续函数的性质.

定理 7.3.1　（有界性定理）　若二元函数 $z=f(x,y)$ 在有界闭区域 D 上连续，则该函数在 D 上有界，即 $\exists M>0$，使得 $\forall(x,y)\in D$，有 $|f(x,y)|\leqslant M$.

定理 7.3.2　（最值定理）　若二元函数 $z=f(x,y)$ 在有界闭区域 D 上连续，则该函数在 D 上必存在最大值 M 和最小值 m，即 $\exists(x_1,y_1)\in D$，使得 $f(x_1,y_1)=M$，以及 $\exists(x_2,y_2)\in D$，使得 $f(x_2,y_2)=m$.

定理 7.3.3　（介值定理）　若二元函数 $z=f(x,y)$ 在有界闭区域 D 上连续，M 为其最大值，m 为其最小值，则对满足 $m\leqslant\mu\leqslant M$ 的任意实数 μ，$\exists(x_0,y_0)\in D$，使得 $f(x_0,y_0)=\mu$.

习题 7.3

1. 求下列函数的定义域并画出定义域的图形.

(1) $z = \arccos(2 - x^2 - y^2)$;

(2) $z = \sqrt{x - \sqrt{y}}$;

(3) $u = \dfrac{xyz}{\sqrt{x^2 + y^2 + z^2 - 9}}$.

2. 求下列极限.

(1) $\lim\limits_{\substack{x \to 1 \\ y \to 2}} \dfrac{x + y}{xy}$;

(2) $\lim\limits_{\substack{x \to 0 \\ y \to 0}} \dfrac{x + y}{\sqrt{1 + x + y} - 1}$;

(3) $\lim\limits_{\substack{x \to 1 \\ y \to 0}} \dfrac{\sin(xy^2)}{y^2}$;

(4) $\lim\limits_{\substack{x \to 0 \\ y \to 0}} (1 - 2xy)^{\frac{1}{xy}}$.

3. 证明下列极限不存在.

(1) $\lim\limits_{\substack{x \to 0 \\ y \to 0}} \dfrac{x - y}{x + y}$;

(2) $\lim\limits_{\substack{x \to 0 \\ y \to 0}} \dfrac{x^2 y}{x^4 + y^2}$.

4. 讨论函数 $f(x, y) = \begin{cases} \dfrac{x^2 y}{x^2 + y^2}, & (x, y) \neq (0, 0), \\ 1, & (x, y) = (0, 0) \end{cases}$ 在点 $(0, 0)$ 的连续性.

5. 讨论函数 $f(x, y) = \begin{cases} \dfrac{\sin(xy)}{x}, & x \neq 0, \\ 0, & x = 0 \end{cases}$ 在其定义域上的连续性.

7.4 偏导数

一元函数的导数刻画了因变量对自变量的变化率. 在多元函数中, 由于自变量的个数不止一个, 当我们要研究因变量对某一指定自变量的变化率时, 就需要在其他变量固定不变的情况下, 单独研究因变量对指定变量的变化率, 这就是**偏导数**(partial derivative).

7.4.1 偏导数的定义与计算

定义 7.4.1 设函数 $z = f(x, y)$ 在点 (x_0, y_0) 的某一邻域内有定义, 当 y 固定在 y_0, 而 x 在 x_0 处有增量 Δx 时, 相应地函数有增量 $f(x_0 + \Delta x, y_0) - f(x_0, y_0)$, 也称为关于 x 的偏增量, 记作 $\Delta_x z$. 如果

$$\lim_{\Delta x \to 0} \frac{\Delta_x z}{\Delta x} = \lim_{\Delta x \to 0} \frac{f(x_0 + \Delta x, y_0) - f(x_0, y_0)}{\Delta x} \qquad (7.4.1)$$

存在, 则称此极限为函数 $z = f(x, y)$ 在点 (x_0, y_0) 处对 x 的偏导数,

记为: $\dfrac{\partial z}{\partial x}\Big|_{(x_0, y_0)}, \dfrac{\partial f}{\partial x}\Big|_{(x_0, y_0)}, z'_x\big|_{(x_0, y_0)}, f'_x(x_0, y_0)$ 或 $f'_1(x_0, y_0)$.

类似地,可定义函数 $z=f(x,y)$ 在点 (x_0,y_0) 处对 y 的偏导数,记关于 y 的**偏增量** $\Delta_y z=f(x_0,y_0+\Delta y)-f(x_0,y_0)$,如果

$$\lim_{\Delta y\to 0}\frac{\Delta_y z}{\Delta y}=\lim_{\Delta y\to 0}\frac{f(x_0,y_0+\Delta y)-f(x_0,y_0)}{\Delta y} \qquad (7.4.2)$$

存在,则称此极限为函数 $z=f(x,y)$ 在点 (x_0,y_0) 处对 y 的偏导数,

记为: $\left.\dfrac{\partial z}{\partial y}\right|_{(x_0,y_0)}$, $\left.\dfrac{\partial f}{\partial y}\right|_{(x_0,y_0)}$, $z_y'|_{(x_0,y_0)}$, $f_y'(x_0,y_0)$ 或 $f_2'(x_0,y_0)$.

如果函数 $z=f(x,y)$ 在区域 D 内任一点 (x,y) 处对 x 的偏导数都存在,那么这个偏导数就是 x,y 的函数,我们就把它称为函数 $z=f(x,y)$ 对自变量 x 的偏导函数(简称偏导数),记作:

$$\frac{\partial z}{\partial x},\frac{\partial f}{\partial x},z_x',f_x',f_1'.$$

同理可以定义函数 $z=f(x,y)$ 对自变量 y 的偏导数,记作:

$$\frac{\partial z}{\partial y},\frac{\partial f}{\partial y},z_y',f_y',f_2'.$$

注意,在函数 $z=f(x,y)$ 偏导数的定义中,尽管没有用 x_0 和 y_0 表示自变量 x 和 y 的固定值,但在计算函数 $z=f(x,y)$ 关于某个自变量偏导数时,应该把其他变量看作常数.

例 7.4.1　设 $z=(x+1)^2+y^2\cos x+2$,求 $\dfrac{\partial z}{\partial x}$,$\dfrac{\partial z}{\partial y}$ 及 $\left.\dfrac{\partial z}{\partial x}\right|_{(1,0)}$.

解　$\dfrac{\partial z}{\partial x}=2(x+1)-y^2\sin x$,$\dfrac{\partial z}{\partial y}=2y\cos x$,

在有了 $\dfrac{\partial z}{\partial x}$ 的一般表达式之后,$\left.\dfrac{\partial z}{\partial x}\right|_{(1,0)}$ 的值就是将点 $(1,0)$ 代入到 $\dfrac{\partial z}{\partial x}$ 的一般表达式中.即,

$$\left.\frac{\partial z}{\partial x}\right|_{(1,0)}=(2(x+1)-y^2\sin x)|_{(1,0)}=4.$$

另外,因为是计算 $(1,0)$ 点处关于变量 x 的偏导,因此也可以先将 $y=0$ 代入到 z 的表达式中,$z=(x+1)^2+0+2=(x+1)^2+2$,然后再对 x 求其在 $x=1$ 处的导数,即

$$\left.\frac{\partial z}{\partial x}\right|_{(1,0)}=2(x+1)|_{x=1}=4.$$

例 7.4.2　设 $z=x^y(x>0,y>0)$,求证 $\dfrac{x}{y}\dfrac{\partial z}{\partial x}+\dfrac{1}{\ln x}\dfrac{\partial z}{\partial y}=2z$.

证明　当把 y 看作常数时,$z=x^y$ 是 x 的幂函数,所以,$\dfrac{\partial z}{\partial x}=yx^{y-1}$,

当把 x 看作常数时,$z=x^y$ 是 y 的指数函数,所以,$\dfrac{\partial z}{\partial y}=x^y\ln x$,

因此,$\dfrac{x}{y}\dfrac{\partial z}{\partial x}+\dfrac{1}{\ln x}\dfrac{\partial z}{\partial y}=x^y+x^y=2x^y=2z.$

从上述两个例子可以看出，二元函数对某个变量求偏导时，只需要把其余变量看作常数，利用一元函数求导公式和求导法则对该变量求导即可.

对于三元函数及三元以上函数，求偏导的方法与二元函数求偏导的方法完全类似.

例 7.4.3　设 $u=\ln(x^2+y^2+z^2)+\mathrm{e}^y\sin z$，求 $\dfrac{\partial u}{\partial x}$，$\dfrac{\partial u}{\partial y}$，$\dfrac{\partial u}{\partial z}$.

解　$\dfrac{\partial u}{\partial x}=\dfrac{2x}{x^2+y^2+z^2}$，

$\dfrac{\partial u}{\partial y}=\dfrac{2y}{x^2+y^2+z^2}+\mathrm{e}^y\sin z$，

$\dfrac{\partial u}{\partial z}=\dfrac{2z}{x^2+y^2+z^2}+\mathrm{e}^y\cos z$.

例 7.4.4　已知理想气体的状态方程 $PV=RT$，计算 $\dfrac{\partial P}{\partial V}\cdot\dfrac{\partial V}{\partial T}\cdot\dfrac{\partial T}{\partial P}$.

解　$P=\dfrac{RT}{V}$，$\dfrac{\partial P}{\partial V}=-\dfrac{RT}{V^2}$，

$V=\dfrac{RT}{P}$，$\dfrac{\partial V}{\partial T}=\dfrac{R}{P}$，

$T=\dfrac{PV}{R}$，$\dfrac{\partial T}{\partial P}=\dfrac{V}{R}$，

所以，$\dfrac{\partial P}{\partial V}\cdot\dfrac{\partial V}{\partial T}\cdot\dfrac{\partial T}{\partial P}=-\dfrac{RT}{V^2}\cdot\dfrac{R}{P}\cdot\dfrac{V}{R}=-1$.

从例 7.4.4 可以发现，偏导符号，如 $\dfrac{\partial z}{\partial x}$，是一个整体符号，不能像一元函数的导数 $\dfrac{\mathrm{d}y}{\mathrm{d}x}$ 那样看作微分的商.

7.4.2　偏导数与连续的关系

在一元函数微分学中，若函数 $y=f(x)$ 在某点可导，则函数在该点一定连续. 然而，这个性质在多元函数中，却是不成立的. 具体来说就是，多元函数在某点即使关于每一个变量的偏导数都存在，也不足以保证多元函数在该点连续. 我们看一个例子.

例 7.4.5　设 $f(x,y)=\begin{cases}\dfrac{xy}{x^2+y^2}, & (x,y)\neq(0,0),\\[2mm] 0, & (x,y)=(0,0),\end{cases}$　求函数 $f(x,y)$ 在点 $(0,0)$ 的偏导数 $f'_x(0,0)$ 和 $f'_y(0,0)$，并判断函数 $f(x,y)$ 在点 $(0,0)$ 处的连续性.

解　$f'_x(0,0)=\lim\limits_{\Delta x\to 0}\dfrac{f(0+\Delta x,0)-f(0,0)}{\Delta x}=\lim\limits_{\Delta x\to 0}\dfrac{f(\Delta x,0)-0}{\Delta x}=$

$\lim\limits_{\Delta x\to 0}\dfrac{0-0}{\Delta x}=0$，

同理可得 $f'_y(0,0)=0$. 即函数 $f(x,y)$ 在点 $(0,0)$ 的偏导数存在.

然而,当动点 (x,y) 沿着直线 $y=kx$ 趋于点 $(0,0)$ 时,

$$\lim_{\substack{x \to 0 \\ y \to 0}}\frac{xy}{x^2+y^2}=\lim_{\substack{x \to 0 \\ y \to 0}}\frac{kx^2}{(1+k^2)x^2}=\frac{k}{1+k^2}.$$

该值随着 k 的不同而不同,因此 $x \to 0$,$y \to 0$ 时,函数 $f(x,y)$ 的极限不存在. 所以,函数在点 $(0,0)$ 处不连续.

7.4.3　偏导数的几何意义

设图 7-4-1 所示曲面对应的二元函数为 $z=f(x,y)$. 点 M_0 $(x_0,y_0,f(x_0,y_0))$ 是该曲面上的一点. 平面 $y=y_0$ 在曲面上截得一过 M_0 的曲线(此时,曲线上每一点的纵坐标均为常数 y_0),偏导数 $\dfrac{\partial z}{\partial x}\Big|_{(x_0,y_0)}$ 就是这条曲线在 $x=x_0$ 处切线与 x 轴正向夹角 α 的正切值,即,$\tan\alpha=\dfrac{\partial z}{\partial x}\Big|_{(x_0,y_0)}$. 同样可从几何上对偏导数 $\dfrac{\partial z}{\partial y}\Big|_{(x_0,y_0)}$ 作相应几何解释.

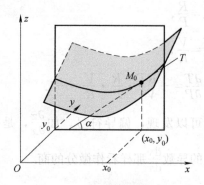

图 7-4-1　偏导数的几何意义

7.4.4　偏导数的经济学意义

与一元经济函数导数具有经济学意义类似,多元经济函数的偏导数也有其经济学意义,并能以此建立多元经济函数的边际分析和弹性分析,经济学中称之为偏边际和偏弹性. 这里,我们以需求函数为例,说明偏导数的经济学意义.

设产品的需求量 Q 不仅与产品的价格 p 有关,还与消费者收入 y 有关,即 $Q=Q(p,y)$.

在价格为 p,消费者收入为 y 时,固定 y,而价格 p 有增量 Δp,则需求量 Q 关于价格 p 的偏增量可表示为:

$$\Delta_p Q=Q(p+\Delta p,y)-Q(p,y).$$

显然,$\dfrac{\Delta_p Q}{\Delta p}$ 表示在消费者收入为 y 的情况下,价格从 p 变化

到 $p+\Delta p$ 时，需求量 Q 关于价格 p 的平均变化率.

由偏导数的定义，有 $\dfrac{\partial Q}{\partial p}=\lim\limits_{\Delta p\to 0}\dfrac{\Delta_p Q}{\Delta p}$. 它表示在价格为 p，消费者收入为 y 时，需求量 Q 关于价格 p 的变化率，也称为需求函数关于价格 p 的偏边际需求. 它表示消费者收入 y 固定，价格变化 1 个单位时，商品需求量 Q 的近似改变量.

同样地，$\dfrac{\partial Q}{\partial y}=\lim\limits_{\Delta y\to 0}\dfrac{\Delta_y Q}{\Delta y}$ 表示在价格为 p，消费者收入为 y 时，需求量 Q 关于消费者收入 y 的变化率，也称为需求函数关于消费者收入 y 的偏边际需求.

与一元经济函数中的需求价格弹性定义类似，称

$$E_p=\lim_{\Delta p\to 0}\frac{\Delta_p Q/Q}{\Delta p/p}=\frac{\partial Q}{\partial p}\cdot\frac{p}{Q}$$

为需求量 Q 对价格 p 的偏弹性，它表示消费者收入 y 固定时，价格 p 每改变 1%，需求将改变 E_p%.

同样可以在价格 p 固定的情况下，建立需求量 Q 对消费者收入 y 的偏弹性

$$E_y=\lim_{\Delta y\to 0}\frac{\Delta_y Q/Q}{\Delta y/y}=\frac{\partial Q}{\partial y}\cdot\frac{y}{Q}.$$

在经济活动中，经常考虑这样一个生产模型：柯布-道格拉斯生产函数模型(Cobb-Douglas production function model). 该生产函数模型最初是美国数学家柯布(C. W. Cobb)和经济学家道格拉斯(P. H. Douglas)共同探讨投入和产出的关系时创造的生产函数，是在生产函数的一般形式上作了改进，引入了技术资源这一因素，并研究了美国的资本和劳动力对生产的影响，认为在技术、经济条件不变的情况下，生产总值与投入的劳动力及资本的关系可表示为.

$$P(x,y)=cx^\alpha y^\beta,\ c>0,0<\alpha,\beta<1. \tag{7.4.3}$$

公式(7.4.3)也称为柯布-道格拉斯生产函数模型的一般形式，其中，P 为生产总值，它由投入的人力数量 x 和投入的资本数量 y 共同决定，c 为技术水平，一般和时间有关. 相应地，偏导数 $\dfrac{\partial P}{\partial x}$ 和 $\dfrac{\partial P}{\partial y}$ 分别称为劳动力的边际生产力和资本的边际生产力.

例 7.4.6　已知某地区某年的生产总值 P(单位：万亿元)与投入的劳动力 x(单位：亿人)和投入的资本 y(单位：万亿元)的关系如下：

$$P(x,y)=2.18x^{0.22}y^{0.78},$$

求：(1) 当劳动力投入为 4 亿人，资本投入为 2 万亿元时的生产总值；

(2) 分别求劳动力的边际生产力和资本的边际生产力；

(3) 计算当劳动力投入为 4 亿人，资本投入为 2 万亿元时，劳动力的边际生产力和资本的边际生产力.

解　(1) $P(x,y)=2.18 \cdot 4^{0.22} \cdot 2^{0.78} \approx 5.078$；

(2) $\dfrac{\partial P}{\partial x}=2.18 \cdot 0.22 \cdot x^{-0.78}y^{0.78}=0.4796x^{-0.78}y^{0.78}$，

$\dfrac{\partial P}{\partial y}=2.18 \cdot 0.78 \cdot x^{0.22}y^{-0.22}=1.7004x^{0.22}y^{-0.22}$；

(3) $\left.\dfrac{\partial P}{\partial x}\right|_{(4,2)}=0.4796 \cdot 4^{-0.78} \cdot 2^{0.78} \approx 0.2793, \left.\dfrac{\partial P}{\partial y}\right|_{(4,2)}=$
$1.7004 \cdot 4^{0.22} \cdot 2^{-0.22} \approx 1.9805$.

这些边际生产力说明，当资本投入为 2 万亿元时，如果劳动力的投入从 4 亿人增加(或减少)1 亿人，则生产总值将增加(或减少)0.2793 万亿元. 当劳动力投入为 4 亿人时，如果资本的投入从 4 万亿元增加(或减少)1 万亿元，则生产总值将增加(或减少)1.9805 万亿元.

7.4.5　高阶偏导数

设函数 $z=f(x,y)$ 在平面区域 D 内有偏导数 $\dfrac{\partial z}{\partial x}$，$\dfrac{\partial z}{\partial y}$. 假如这两个偏导数在区域 D 内仍有偏导数存在，即

$$\frac{\partial}{\partial x}\left(\frac{\partial z}{\partial x}\right), \frac{\partial}{\partial y}\left(\frac{\partial z}{\partial x}\right), \frac{\partial}{\partial x}\left(\frac{\partial z}{\partial y}\right), \frac{\partial}{\partial y}\left(\frac{\partial z}{\partial y}\right)$$

存在，则称它们为 $f(x,y)$ 的二阶偏导数，这四个二阶偏导数也分别记作，

$$\frac{\partial}{\partial x}\left(\frac{\partial z}{\partial x}\right), \frac{\partial}{\partial x}\left(\frac{\partial f}{\partial x}\right), \frac{\partial^2 z}{\partial x^2}, f''_{xx}(x,y), f''_{11}(x,y), z''_{xx};$$

$$\frac{\partial}{\partial y}\left(\frac{\partial z}{\partial x}\right), \frac{\partial}{\partial y}\left(\frac{\partial f}{\partial x}\right), \frac{\partial^2 z}{\partial x \partial y}, f''_{xy}(x,y), f''_{12}(x,y), z''_{xy};$$

$$\frac{\partial}{\partial x}\left(\frac{\partial z}{\partial y}\right), \frac{\partial}{\partial x}\left(\frac{\partial f}{\partial y}\right), \frac{\partial^2 z}{\partial y \partial x}, f''_{yx}(x,y), f''_{21}(x,y), z''_{yx};$$

$$\frac{\partial}{\partial y}\left(\frac{\partial z}{\partial y}\right), \frac{\partial}{\partial y}\left(\frac{\partial f}{\partial y}\right), \frac{\partial^2 z}{\partial y^2}, f''_{yy}(x,y), f''_{22}(x,y), z''_{yy}.$$

其中，$f''_{xy}(x,y)$，$f''_{yx}(x,y)$ 称为混合偏导数，$f''_{xx}(x,y)$，$f''_{yy}(x,y)$ 称为纯偏导数. $f''_{xy}(x,y)$ 表示函数 $f(x,y)$ 先对 x 求偏导，然后再对 y 求偏导，而 $f''_{yx}(x,y)$ 表示 $f(x,y)$ 先对 y 求偏导，然后再对 x 求偏导. $f''_{xx}(x,y)$ 表示函数 $f(x,y)$ 对 x 求两次偏导，$f''_{yy}(x,y)$ 表示函数 $f(x,y)$ 对 y 求两次偏导. 用同样的方法可定义三阶及以上偏导数.

二阶及二阶以上偏导数统称为高阶偏导数. 类似地，我们还可以定义三元及三元以上函数的高阶偏导数.

例 7.4.7　求函数 $z=\mathrm{e}^x \cos(x+y)$ 的各二阶偏导数.

解 $\dfrac{\partial z}{\partial x}=e^x\cos(x+y)-e^x\sin(x+y),\dfrac{\partial z}{\partial y}=-e^x\sin(x+y),$

$$\begin{aligned}\frac{\partial^2 z}{\partial x^2}&=e^x\cos(x+y)-e^x\sin(x+y)-e^x\sin(x+y)-e^x\cos(x+y)\\&=-2e^x\sin(x+y),\end{aligned}$$

$$\frac{\partial^2 z}{\partial x\partial y}=-e^x\sin(x+y)-e^x\cos(x+y),$$

$$\frac{\partial^2 z}{\partial y\partial x}=-e^x\sin(x+y)-e^x\cos(x+y),$$

$$\frac{\partial^2 z}{\partial y^2}=-e^x\cos(x+y).$$

从例 7.4.7 可以看出，两个混合偏导数恰好相等，即 $\dfrac{\partial^2 z}{\partial x\partial y}=$ $\dfrac{\partial^2 z}{\partial y\partial x}$. 这个现象不是偶然，但也不是一般性的规律．下面的定理给出了混合偏导数相等的一个充分条件：

定理 7.4.1 设函数 $z=f(x,y)$ 的两个混合偏导数 $\dfrac{\partial^2 z}{\partial x\partial y}$，$\dfrac{\partial^2 z}{\partial y\partial x}$ 在平面区域 D 内连续，则在区域 D 内有

$$\frac{\partial^2 z}{\partial x\partial y}=\frac{\partial^2 z}{\partial y\partial x}.$$

注 定理 7.4.1 的结论表明，在二阶混合偏导数连续的情况下，可以改变求偏导的次序，而混合偏导的结果是相同的，这在一定程度上能给混合偏导数的计算带来方便．同时，该结论对三元及以上函数也适用．不仅如此，它还可以推广到三阶及以上混合偏导数的情形．例如，函数 $u=f(x,y,z)$，若它的三阶混合偏导数在空间区域 V 内都是连续的，则有，

$$\frac{\partial^3 u}{\partial x^2\partial y}=\frac{\partial^3 u}{\partial x\partial y\partial x}=\frac{\partial^3 u}{\partial y\partial x^2},\frac{\partial^3 u}{\partial x\partial y\partial z}=\frac{\partial^3 u}{\partial x\partial z\partial y}$$

$$=\frac{\partial^3 u}{\partial y\partial x\partial z}=\frac{\partial^3 u}{\partial y\partial z\partial x}=\cdots.$$

例 7.4.8 设函数 $u=u(x,y),v=v(x,y)$ 在平面区域 D 内有连续二阶偏导数，且满足方程组（柯西-黎曼方程）：

$$\frac{\partial u}{\partial x}=\frac{\partial v}{\partial y},\frac{\partial u}{\partial y}=-\frac{\partial v}{\partial x},$$

证明 $u=u(x,y)$ 和 $v=v(x,y)$ 在平面区域 D 内满足拉普拉斯方程：

$$\frac{\partial^2 u}{\partial x^2}+\frac{\partial^2 u}{\partial y^2}=0,\frac{\partial^2 v}{\partial x^2}+\frac{\partial^2 v}{\partial y^2}=0.$$

证明 因为

$$\frac{\partial^2 u}{\partial x^2}=\frac{\partial}{\partial x}\left(\frac{\partial u}{\partial x}\right)=\frac{\partial}{\partial x}\left(\frac{\partial v}{\partial y}\right)=\frac{\partial^2 v}{\partial y\partial x},\frac{\partial^2 u}{\partial y^2}=\frac{\partial}{\partial y}\left(\frac{\partial u}{\partial y}\right)=$$

$\dfrac{\partial}{\partial y}\left(-\dfrac{\partial v}{\partial x}\right)=-\dfrac{\partial^2 v}{\partial x \partial y}$，而函数 $v=v(x,y)$ 在平面区域 D 内有连续

二阶偏导数，即 $\dfrac{\partial^2 v}{\partial y \partial x}=\dfrac{\partial^2 v}{\partial x \partial y}$. 所以，有 $\dfrac{\partial^2 u}{\partial x^2}+\dfrac{\partial^2 u}{\partial y^2}=0$. 同理可证

$\dfrac{\partial^2 v}{\partial x^2}+\dfrac{\partial^2 v}{\partial y^2}=0$.

习题 7.4

1. 求下列函数的一阶偏导数.

(1) $z=x^2+3xy+y^2$；　　　　(2) $z=\mathrm{e}^{xy}(x+y)$；

(3) $z=\ln\left(\tan\dfrac{x}{y}\right)$；　　　　(4) $z=\sin(xy)+\cos^2(xy)$.

2. 设 $z=\mathrm{e}^{3x}\ln(2y)$，求 $\dfrac{\partial z}{\partial x}\big|_{(0,1)}$，$\dfrac{\partial z}{\partial y}\big|_{(0,e^{-1})}$.

3. 设 $f(x,y)=2x+\arcsin\sqrt{\dfrac{y}{x}}$，求 $f'_x(2,1)$.

4. 设 $f(x,y)=\begin{cases}\dfrac{x^2+y^2}{x+y}, & (x,y)\neq(0,0), \\ 0, & (x,y)=(0,0),\end{cases}$ 求 $f'_x(0,0)$，$f'_y(0,0)$.

5. 设 $f(x,y)=\begin{cases}\dfrac{2x^3-3y^3}{x^2+y^2}, & (x,y)\neq(0,0), \\ 0, & (x,y)=(0,0),\end{cases}$ 求 $f'_x(0,0)$，

$f'_y(0,0)$.

6. 若某一商品的需求量 Q_1 与其价格 P_1 和另一相关商品的价格 P_2 及消费者收入 y 有函数关系 $Q_1=Q_1(P_1,P_2,y)$，记 $\Delta_{P_1}Q_1=Q_1(P_1+\Delta P_1,P_2,y)-Q_1(P_1,P_2,y)$，$\Delta_{P_2}Q_1=Q_1(P_1,P_2+\Delta P_2,y)-Q_1(P_1,P_2,y)$，$\Delta_y Q_1=Q_1(P_1,P_2,y+\Delta y)-Q_1(P_1,P_2,y)$，

则称 $E_{11}=\lim\limits_{\Delta P_1\to 0}\dfrac{\dfrac{\Delta_{P_1}Q_1}{Q_1}}{\dfrac{\Delta P_1}{P_1}}=\dfrac{\partial Q_1}{\partial P_1}\cdot\dfrac{P_1}{Q_1}$ 为需求量 Q_1 对价格 P_1 的直接价

格偏弹性；称 $E_{12}=\lim\limits_{\Delta P_2\to 0}\dfrac{\dfrac{\Delta_{P_2}Q_1}{Q_1}}{\dfrac{\Delta P_2}{P_2}}=\dfrac{\partial Q_1}{\partial P_2}\cdot\dfrac{P_2}{Q_1}$ 为需求量 Q_1 对价格 P_2

的交叉价格偏弹性；称 $E_{1y}=\lim\limits_{\Delta y\to 0}\dfrac{\dfrac{\Delta_y Q_1}{Q_1}}{\dfrac{\Delta y}{y}}=\dfrac{\partial Q_1}{\partial y}\cdot\dfrac{y}{Q_1}$ 为需求量 Q_1 对

收入 y 的需求收入偏弹性. 现已知商品的需求量 Q_1 与 P_1，P_2，y 的关系为：$Q_1=CP_1^{-\alpha}P_2^{-\beta}y^\gamma$，其中 C，α，β，γ 是正常数，求直接价格偏弹性 E_{11}，交叉价格偏弹性 E_{12} 及需求收入偏弹性 E_{1y}.

7. 求下列函数的二阶偏导数 $\dfrac{\partial^2 z}{\partial x^2}, \dfrac{\partial^2 z}{\partial x \partial y}, \dfrac{\partial^2 z}{\partial y^2}$.

(1) $z = x^4 + y^4 - 4x^2 y^2$；　　　　(2) $z = x^{2y}$.

8. 设 $u = x^2 - 2bxy + cy^2$，且 $\left.\dfrac{\partial u}{\partial x}\right|_{(2,1)} = 6, \left.\dfrac{\partial u}{\partial y}\right|_{(2,1)} = 0$，计算 $\left.\dfrac{\partial^2 u}{\partial y \partial x}\right|_{(2,1)}$.

9. 设 $f(x,y) = \begin{cases} \dfrac{x^3 y}{x^2 + y^2}, & (x,y) \neq (0,0), \\ 0, & (x,y) = (0,0), \end{cases}$ 求 $f''_{xy}(0,0)$，$f''_{yx}(0,0)$.

7.5　全微分

多元函数偏导数研究的是因变量对某一自变量在其他自变量固定时的变化率. 然而当所有自变量分别都有增量，则若要研究因变量的增量与自变量增量之间的关系，就需要研究全微分. 以下以二元函数为主，研究多元函数的全微分.

7.5.1　全微分的概念

设二元函数 $z = f(x,y)$ 在点 $P(x,y)$ 某邻域内有定义，当自变量 x，y 在点 (x,y) 处分别有增量 Δx，Δy，则函数取得的增量
$$\Delta z = f(x + \Delta x, y + \Delta y) - f(x,y), \tag{7.5.1}$$
称为函数在点 P 对应于自变量增量 Δx，Δy 的全增量.

二元函数的全增量，能否像可微的一元函数一样，用自变量增量的线性函数来近似表示呢？事实上，关于二元函数，我们也有可微的概念，其定义如下.

定义 7.5.1　如果函数 $z = f(x,y)$ 在点 (x,y) 的全增量 $\Delta z = f(x + \Delta x, y + \Delta y) - f(x,y)$ 可以表示为
$$\Delta z = A\Delta x + B\Delta y + o(\rho), \tag{7.5.2}$$
其中 A，B 不依赖于 Δx，Δy 而仅与 x，y 有关，$\rho = \sqrt{(\Delta x)^2 + (\Delta y)^2}$，则称函数 $z = f(x,y)$ 在点 (x,y) 可微分，$A\Delta x + B\Delta y$ 称为函数 $z = f(x,y)$ 在点 (x,y) 的全微分，记为 $\mathrm{d}z$，即：
$$\mathrm{d}z = A\Delta x + B\Delta y. \tag{7.5.3}$$

由于当 x，y 固定时，A，B 为常数，故 $A\Delta x + B\Delta y$ 是 Δx 和 Δy 的线性函数，而由式 (7.5.2) 可知，Δz 与 $A\Delta x + B\Delta y$ 的差是 $(\Delta x, \Delta y) \to (0,0)$（或者等价地 $\rho \to 0$）过程下 ρ 的高阶无穷小，因此，全微分 $\mathrm{d}z = A\Delta x + B\Delta y$ 是全增量 Δz 关于 Δx，Δy 的线性主要部分，简称线性主部.

若二元函数在区域 D 内的每一点都可微分，则称函数在区域 D 内是可微分的.

7.5.2 可微的必要条件

由 7.4 节的例 7.4.5,我们知道二元函数在某点偏导数存在并不能保证函数在该点连续,但若二元函数在某点可微分,能否保证函数在该点连续呢? 事实上,我们有以下定理:

定理 7.5.1 如果函数 $z=f(x,y)$ 在点 (x,y) 可微分,则函数在点 (x,y) 连续.

证明 因为函数 $z=f(x,y)$ 在点 (x,y) 可微分,所以函数在点 (x,y) 处的全增量 $\Delta z=A\Delta x+B\Delta y+o(\rho)$. 显然,

$$\lim_{\substack{\Delta x\to 0\\ \Delta y\to 0}} f(x+\Delta x,y+\Delta y)=\lim_{\substack{\Delta x\to 0\\ \Delta y\to 0}} (f(x,y)+\Delta z)$$

$$=f(x,y)+\lim_{\substack{\Delta x\to 0\\ \Delta y\to 0}} \Delta z$$

$$=f(x,y)+\lim_{\substack{\Delta x\to 0\\ \Delta y\to 0}} (A\Delta x+B\Delta y+o(\rho))$$

$$=f(x,y)+0$$

$$=f(x,y),$$

因此,函数 $z=f(x,y)$ 在点 (x,y) 连续.

定理 7.5.1 同时也表明,若二元函数在某点不连续,则在该点一定不可微分.

可微不仅和连续有关系,可微和偏导数存在也存在如下关系:

定理 7.5.2 如果函数 $z=f(x,y)$ 在点 (x,y) 可微分,即存在不依赖于 Δx,Δy 而仅与 x,y 有关的数 A 和 B,使得 $\rho\to 0$ 时,$\Delta z=A\Delta x+B\Delta y+o(\rho)$,则函数在点 (x,y) 的偏导数 $\dfrac{\partial z}{\partial x}$,$\dfrac{\partial z}{\partial y}$ 必存在,且 $\dfrac{\partial z}{\partial x}=A$,$\dfrac{\partial z}{\partial y}=B$.

证明 因为 $f(x+\Delta x,y+\Delta y)-f(x,y)=\Delta z=A\Delta x+B\Delta y+o(\rho)$,所以,当 $\Delta y=0$ 时,利用 $\rho=\sqrt{(\Delta x)^2+(\Delta y)^2}$,知 $\rho=|\Delta x|$.
因此,

$$f(x+\Delta x,y)-f(x,y)=A\Delta x+o(\rho)=A\Delta x+o(|\Delta x|),$$

由偏导数的定义,知

$$\frac{\partial z}{\partial x}=\lim_{\Delta x\to 0}\frac{f(x+\Delta x,y)-f(x,y)}{\Delta x}=\lim_{\Delta x\to 0}\frac{A\Delta x+o(\rho)}{\Delta x}$$

$$=\lim_{\Delta x\to 0}\frac{A\Delta x+o(|\Delta x|)}{\Delta x}=A+0=A.$$

同理可证:$\dfrac{\partial z}{\partial y}=B$. 这样就完成了定理 7.5.2 的证明.

注 1 基于定理 7.5.2,可微函数 $z=f(x,y)$ 在点 (x,y) 的全增量可表示为

$$\Delta z=\frac{\partial z}{\partial x}\Delta x+\frac{\partial z}{\partial y}\Delta y+o(\rho), \tag{7.5.4}$$

相应地，全微分可表示为：

$$dz = \frac{\partial z}{\partial x}\Delta x + \frac{\partial z}{\partial y}\Delta y. \tag{7.5.5}$$

习惯上，我们把 (7.5.5) 式记作

$$dz = \frac{\partial z}{\partial x}dx + \frac{\partial z}{\partial y}dy. \tag{7.5.6}$$

注 2　定理 7.5.2 的结论还可以推广到三元及三元以上函数，例如，若三元函数 $u = u(x, y, z)$ 可微，则

$$du = \frac{\partial u}{\partial x}dx + \frac{\partial u}{\partial y}dy + \frac{\partial u}{\partial z}dz. \tag{7.5.7}$$

例 7.5.1　计算函数 $z = e^{xy}$ 在点 $(2, 1)$ 处的全微分.

解　$\dfrac{\partial z}{\partial x} = ye^{xy}$，$\dfrac{\partial z}{\partial y} = xe^{xy}$，所以，$\dfrac{\partial z}{\partial x}\Big|_{(2,1)} = e^2$，$\dfrac{\partial z}{\partial y}\Big|_{(2,1)} = 2e^2$. 因此，所求全微分为

$$dz\big|_{(2,1)} = e^2 dx + 2e^2 dy.$$

例 7.5.2　计算函数 $u = x + \sin\dfrac{y}{2} + \ln(1 + x^2 + z^2)$ 的全微分.

解　$\dfrac{\partial u}{\partial x} = 1 + \dfrac{2x}{1 + x^2 + z^2}$，$\dfrac{\partial u}{\partial y} = \dfrac{1}{2}\cos\dfrac{y}{2}$，$\dfrac{\partial u}{\partial z} = \dfrac{2z}{1 + x^2 + z^2}$. 因此，所求全微分为：

$$du = \left(1 + \frac{2x}{1 + x^2 + z^2}\right)dx + \frac{1}{2}\cos\frac{y}{2}dy + \frac{2z}{1 + x^2 + z^2}dz.$$

定理 7.5.2 给出了函数在某点可微则在该点偏导数存在的结论，一个自然的问题是，若函数在某点偏导数存在，则函数在该点是否可微呢？对一元函数而言，函数在某点可导与在该点可微是等价的. 然而，这个结论对多元函数是不成立的. 例如，二元函数在某点的各偏导数存在仅是函数在该点可微的必要条件，而非充分条件. 为了说明这一点，我们看一个例子.

例 7.5.3　讨论函数 $f(x, y) = \begin{cases} \dfrac{xy}{\sqrt{x^2 + y^2}}, & (x, y) \neq (0, 0), \\ 0, & (x, y) = (0, 0) \end{cases}$ 在点 $(0, 0)$ 处偏导数是否存在，是否可微.

解　$\dfrac{\partial f}{\partial x}\Big|_{(0,0)} = \lim\limits_{\Delta x \to 0}\dfrac{f(0 + \Delta x, 0) - f(0, 0)}{\Delta x} = \lim\limits_{\Delta x \to 0}\dfrac{0 - 0}{\Delta x} = 0$，同理有 $\dfrac{\partial f}{\partial y}\Big|_{(0,0)} = 0$. 即，函数 $f(x, y)$ 在点 $(0, 0)$ 处的两个偏导数都存在.

另一方面，假设函数 $f(x, y)$ 在点 $(0, 0)$ 可微，结合 $\dfrac{\partial f}{\partial x}\Big|_{(0,0)} = \dfrac{\partial f}{\partial y}\Big|_{(0,0)} = 0$，由公式 (7.5.4) 可知，函数 $f(x, y)$ 在点 $(0, 0)$ 处的全增量 Δf 可表示为

$$\Delta f = \frac{\partial f}{\partial x}\Delta x + \frac{\partial f}{\partial y}\Delta y + o(\rho) = 0 \cdot \Delta x + 0 \cdot \Delta y + o(\rho) = o(\rho).$$

而事实上,利用函数的表达式,

$$\Delta f = f(0+\Delta x, 0+\Delta y) - f(0,0) = \frac{\Delta x \cdot \Delta y}{\sqrt{(\Delta x)^2 + (\Delta y)^2}}.$$

但当$(\Delta x, \Delta y) \to (0,0)$时,利用$\rho = \sqrt{(\Delta x)^2 + (\Delta y)^2}$,可以发现,

$$\lim_{\substack{\Delta x \to 0 \\ \Delta y \to 0}} \frac{\dfrac{\Delta x \cdot \Delta y}{\sqrt{(\Delta x)^2 + (\Delta y)^2}}}{\rho} = \lim_{\substack{\Delta x \to 0 \\ \Delta y \to 0}} \frac{\Delta x \cdot \Delta y}{(\Delta x)^2 + (\Delta y)^2}$$

不存在. 这说明$\dfrac{\Delta x \cdot \Delta y}{\sqrt{(\Delta x)^2 + (\Delta y)^2}}$不是$(\Delta x, \Delta y) \to (0,0)$时$\rho$的高

阶无穷小. 这与假设函数$f(x,y)$在点$(0,0)$可微矛盾. 因此,函数$f(x,y)$在点$(0,0)$不可微.

例 7.5.3 说明,即使二元函数的各个偏导数都存在,函数也不一定可微. 因此,需要更强的条件才能保证函数的可微性.

7.5.3 可微的充分条件

定理 7.5.3 如果函数$z = f(x,y)$的偏导数$f'_x(x,y)$,$f'_y(x,y)$存在且在点(x,y)处连续,则函数$z = f(x,y)$在点(x,y)处可微.

证明 函数$z = f(x,y)$在点(x,y)的全增量可表示为,
$$\Delta z = f(x+\Delta x, y+\Delta y) - f(x,y)$$
$$= [f(x+\Delta x, y+\Delta y) - f(x, y+\Delta y)] + [f(x, y+\Delta y) - f(x,y)].$$
$$(7.5.8)$$
在第一个方括号内,应用拉格朗日中值定理,有
$$f(x+\Delta x, y+\Delta y) - f(x, y+\Delta y) = f'_x(x+\theta_1\Delta x, y+\Delta y)\Delta x, (0 < \theta_1 < 1)$$
$$= f'_x(x,y)\Delta x + \varepsilon_1\Delta x.$$
这是利用偏导数$f'_x(x,y)$的连续性得到的,这里$f'_x(x+\theta_1\Delta x, y+\Delta y) = f'_x(x,y) + \varepsilon_1$,其中,$\varepsilon_1 = \varepsilon_1(\Delta x, \Delta y)$为$\Delta x$,$\Delta y$的函数,且
$$\lim_{\substack{\Delta x \to 0 \\ \Delta y \to 0}} \varepsilon_1(\Delta x, \Delta y) = 0.$$
同理,在公式(7.5.8)的第二个方括号内,应用拉格朗日中值定理,有$f(x, y+\Delta y) - f(x,y) = f'_y(x,y)\Delta y + \varepsilon_2\Delta y$,且
$$\lim_{\substack{\Delta x \to 0 \\ \Delta y \to 0}} \varepsilon_2 = \lim_{\substack{\Delta x \to 0 \\ \Delta y \to 0}} \varepsilon_2(\Delta x, \Delta y) = 0.$$
所以,当$\Delta x \to 0$,$\Delta y \to 0$时,
$$\Delta z = f(x+\Delta x, y+\Delta y) - f(x,y)$$
$$= f'_x(x,y)\Delta x + \varepsilon_1\Delta x + f'_y(x,y)\Delta y + \varepsilon_2\Delta y$$
$$= f'_x(x,y)\Delta x + f'_y(x,y)\Delta y + \varepsilon_1\Delta x + \varepsilon_2\Delta y.$$

由于，$\left|\dfrac{\varepsilon_1\Delta x+\varepsilon_2\Delta y}{\rho}\right|\leqslant|\varepsilon_1|\cdot\left|\dfrac{\Delta x}{\rho}\right|+|\varepsilon_2|\cdot\left|\dfrac{\Delta y}{\rho}\right|\leqslant|\varepsilon_1|+|\varepsilon_2|.$

因此有，$\lim\limits_{\substack{\Delta x\to 0\\\Delta y\to 0}}\left|\dfrac{\varepsilon_1\Delta x+\varepsilon_2\Delta y}{\rho}\right|=0$，即 $\varepsilon_1\Delta x+\varepsilon_2\Delta y$ 是当 $(\Delta x,\Delta y)\to$

$(0,0)$ 时 ρ 的高阶无穷小. 因此，由可微的定义可知，函数 $z=f(x,y)$ 在点 (x,y) 处可微.

注 定理 7.5.3 是函数可微的充分条件，而不是必要条件，也就是说，存在函数在某点可微，但偏导函数在该点不连续的情形，例如

例 7.5.4 证明函数 $f(x,y)=\begin{cases}(x^2+y^2)\sin\dfrac{1}{x^2+y^2},&(x,y)\neq(0,0),\\0,&(x,y)=(0,0)\end{cases}$

在点 $(0,0)$ 连续且偏导数存在，但偏导数在点 $(0,0)$ 不连续，而 $f(x,y)$ 在点 $(0,0)$ 可微.

证明 (1) 因为 $x\to 0$，$y\to 0$ 时，$(x^2+y^2)\to 0$，而 $\sin\dfrac{1}{x^2+y^2}$ 为有界量，所以，

$$\lim_{\substack{x\to 0\\y\to 0}}(x^2+y^2)\sin\frac{1}{x^2+y^2}=0=f(0,0),$$

即题设函数 $f(x,y)$ 在点 $(0,0)$ 连续.

(2) $f'_x(0,0)=\lim\limits_{\Delta x\to 0}\dfrac{(\Delta x)^2\sin\dfrac{1}{(\Delta x)^2}}{\Delta x}=\lim\limits_{\Delta x\to 0}\Delta x\sin\dfrac{1}{(\Delta x)^2}=0,$

同理，有 $f'_y(0,0)=0.$

即，题设函数 $f(x,y)$ 在点 $(0,0)$ 偏导数存在，且均等于 0.

(3) 当 $(x,y)\neq(0,0)$ 时，

$$f'_x(x,y)=2x\sin\frac{1}{x^2+y^2}-(x^2+y^2)\left(\cos\frac{1}{x^2+y^2}\right)\frac{2x}{(x^2+y^2)^2}$$

$$=2x\sin\frac{1}{x^2+y^2}-\left(\cos\frac{1}{x^2+y^2}\right)\frac{2x}{x^2+y^2}.$$

$$\lim_{\substack{x\to 0\\y\to 0}}f'_x(x,y)=\lim_{\substack{x\to 0\\y\to 0}}\left(2x\sin\frac{1}{x^2+y^2}-\left(\cos\frac{1}{x^2+y^2}\right)\frac{2x}{x^2+y^2}\right).$$

可以发现 $\lim\limits_{\substack{x\to 0\\y\to 0}}2x\sin\dfrac{1}{x^2+y^2}=0$. 而沿着 x 轴 (即 $y=0$)，让 $(x,y)\to$

$(0,0)$ 时，$\lim\limits_{\substack{x\to 0\\y\to 0}}\left(\cos\dfrac{1}{x^2+y^2}\right)\dfrac{2x}{x^2+y^2}=\lim\limits_{x\to 0}\left(\cos\dfrac{1}{x^2}\right)\dfrac{2}{x}$，显然该极限

是不存在的. 这就说明 $\lim\limits_{\substack{x\to 0\\y\to 0}}f'_x(x,y)$ 不存在. 同理可证 $\lim\limits_{\substack{x\to 0\\y\to 0}}f'_y(x,y)$

不存在. 因此，题设函数 $f(x,y)$ 的偏导数在点 $(0,0)$ 不连续.

(4) 记 $z=f(x,y)$，则函数 $f(x,y)$ 在点 $(0,0)$ 的全增量：

$$\Delta z=f(0+\Delta x,0+\Delta y)-f(0,0)$$

$$= ((\Delta x)^2 + (\Delta y)^2) \sin \frac{1}{(\Delta x)^2 + (\Delta x)^2}.$$

由于 $f_x'(0,0) = f_y'(0,0) = 0$，所以，如果

$$\Delta z - f_x'(0,0) \cdot \Delta x - f_y'(0,0) \cdot \Delta y = ((\Delta x)^2 + (\Delta y)^2)$$

$$\sin \frac{1}{(\Delta x)^2 + (\Delta x)^2}$$

是当 $(\Delta x, \Delta y) \to (0,0)$ 时 ρ 的高阶无穷小，其中 $\rho = \sqrt{(\Delta x)^2 + (\Delta y)^2}$，则函数 $f(x,y)$ 在点 $(0,0)$ 处可微. 事实上，

$$\lim_{\substack{\Delta x \to 0 \\ \Delta y \to 0}} \frac{((\Delta x)^2 + (\Delta y)^2) \sin \frac{1}{(\Delta x)^2 + (\Delta y)^2}}{\rho} = \lim_{\rho \to 0} \frac{\rho^2 \sin \frac{1}{\rho^2}}{\rho}$$

$$= \lim_{\rho \to 0} \rho \sin \frac{1}{\rho^2} = 0.$$

因此，题设函数 $f(x,y)$ 在点 $(0,0)$ 处可微.

基于二元函数在点 (x,y) 处可微的必要条件和充分条件，可建立二元函数连续、偏导数存在、可微、偏导数连续之间关系的直观框图，并且这种关系可以推广到三元及以上函数，如图 7-5-1 所示.

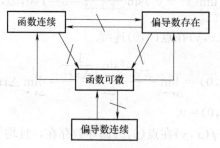

图 7-5-1　多元函数连续、偏导数存在、
可微、偏导数连续关系图

7.5.4　全微分的几何意义

由公式 (7.5.5) 可知，若二元函数 $z = f(x,y)$ 在点 $P_0(x_0,y_0)$ 可微，则函数在该点的微分可表示为：

$$dz = f_x'(x_0,y_0)\Delta x + f_y'(x_0,y_0)\Delta y$$
$$= f_x'(x_0,y_0)(x-x_0) + f_y'(x_0,y_0)(y-y_0).$$

而其对应的三元一次方程

$$z - f(x_0,y_0) = f_x'(x_0,y_0) \cdot (x-x_0) + f_y'(x_0,y_0) \cdot (y-y_0).$$

(7.5.9)

恰好表示空间中通过点 $(x_0, y_0, f(x_0,y_0))$ 的平面. 并且该平面上两条直线

$$\begin{cases} z - f(x_0,y_0) = f_x'(x_0,y_0) \cdot (x-x_0), \\ y = y_0 \end{cases}$$ 与

$$\begin{cases} z-f(x_0,y_0)=f'_y(x_0,y_0)\cdot(y-y_0), \\ x=x_0 \end{cases}$$ 恰巧是二元函数 $z=f(x,y)$

所表示的空间曲面在点 $(x_0,y_0,f(x_0,y_0))$ 处两条相交的切线. 因此,平面 (7.5.9) 也称为曲面 $z=f(x,y)$ 在点 $(x_0,y_0,f(x_0,y_0))$ 的切平面. 如图 7-5-2 所示.

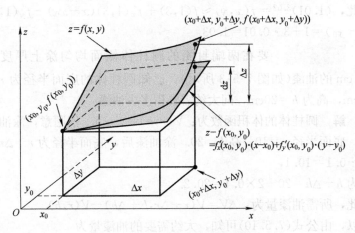

图 7-5-2　全微分的几何意义

而全增量 Δz 与全微分 $\mathrm{d}z$ 的差 $(\Delta z-\mathrm{d}z)$ 就是图 7-5-2 所示的点 $(x_0+\Delta x,y_0+\Delta y)$ 所对应的曲面 $z=f(x,y)$ 上的点与切平面上的点的竖坐标之差. 且这个差当 $(\Delta x,\Delta y)\to(0,0)$ 时, 是 $\rho=\sqrt{(\Delta x)^2+(\Delta y)^2}$ 的高阶无穷小.

7.5.5　全微分在近似计算中的应用

设二元函数 $z=f(x,y)$ 在点 $P_0(x_0,y_0)$ 可微, 则全增量可表示为,

$$\begin{aligned} \Delta z &= f(x,y)-f(x_0,y_0) \\ &= f'_x(x_0,y_0)\Delta x+f'_y(x_0,y_0)\Delta y+o(\rho). \end{aligned}$$

当 $|\Delta x|=|x-x_0|$, $|\Delta y|=|y-y_0|$ 都比较小时, $o(\rho)=o(\sqrt{(\Delta x)^2+(\Delta y)^2})$ 近似为 0. 因此, 有下列近似表达式成立:

$$\begin{aligned} \Delta z &= f(x,y)-f(x_0,y_0) \\ &\approx \mathrm{d}z \\ &= f'_x(x_0,y_0)\Delta x+f'_y(x_0,y_0)\Delta y, \end{aligned} \tag{7.5.10}$$

或者等价地表示成

$$f(x,y)\approx f(x_0,y_0)+f'_x(x_0,y_0)\Delta x+f'_y(x_0,y_0)\Delta y. \tag{7.5.11}$$

利用公式 (7.5.11) 可以计算函数 $f(x,y)$ 的近似值.

例 7.5.5　计算 $(1.01)^{3.02}$ 的近似值.

解　设 $z=f(x,y)=x^y$, 则要计算 $(1.01)^{3.02}$ 的近似值, 就是计算函数 $z=x^y$ 在点 $x=1.01$, $y=3.02$ 处函数值的近似值. 为

此，设 $x_0=1$，$y_0=3$. 则由公式(7.5.11)知，

$$f(x,y)\approx f(x_0,y_0)+f'_x(x_0,y_0)\Delta x+f'_y(x_0,y_0)\Delta y$$
$$=f(x_0,y_0)+f'_x(x_0,y_0)(x-x_0)+f'_y(x_0,y_0)(y-y_0)$$

因为 $f'_x(x,y)=y\cdot x^{y-1}$，$f'_y(x,y)=x^y\cdot\ln x$，所以，$f'_x(1,3)=3$，$f'_y(1,3)=0$.

因此，$(1.01)^{3.02}=f(x,y)\approx f(1,3)+f'_x(1,3)(x-x_0)+f'_y(1,3)$ $(y-y_0)=1+3\cdot 0.01=1.03$.

例 7.5.6　要在两端封闭的圆柱体侧面均匀涂上厚度为 0.1cm 的油漆(如图 7-5-3 所示)，已知圆柱体的底面半径为 $r=10$cm，高为 $h=20$cm，问大约需要用多少油漆.

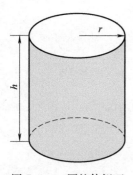

图 7-5-3　圆柱体侧面涂油漆问题示意图

解　圆柱体的体积函数为：$V(r,h)=\pi r^2 h$. 依题意，涂油漆前，底面半径 $r=10$，高 $h=20$. 涂油漆后，底面半径为 $r+\Delta r=10+0.1=10.1$，

高为 $h+\Delta h=20+2\times 0.1=20.2$.

因此，所需油漆量为：$\Delta V=V(r+\Delta r,h+\Delta h)-V(r,h)$.

所以，由公式(7.5.10)可知，大约需要的油漆量为

$$\Delta V\approx V'_r(r,h)\Delta r+V'_h(r,h)\Delta h=2\pi rh\cdot\Delta r+\pi r^2\cdot\Delta h$$
$$=\pi\times(2\times 10\times 20\times 0.1+10^2\times 0.2)$$
$$=60\pi.$$

从例 7.5.5 和例 7.5.6 可以发现，若函数可微，则计算因变量的增量(如 ΔV)时，可用自变量增量($\Delta r,\Delta h$)的线性函数($2\pi rh\cdot\Delta r+\pi r^2\cdot\Delta h$)来近似. 事实上，这正反映了微分的主要思想.

习题 7.5

1. 求下列函数的全微分

(1) $z=xy+\dfrac{x}{y}$；　　　(2) $z=e^{\frac{y}{x}}$；

(3) $z=\arctan(xy)$；　　　(4) $z=\ln(1+x^2+y^2)$.

2. 求 $z=x^2 y^3$ 当 $x=2$，$y=-1$，$\Delta x=0.02$，$\Delta y=-0.01$ 时的全增量与全微分.

3. 设函数 $z=\left(1+\dfrac{x}{y}\right)^{\frac{x}{y}}$，计算 $\mathrm{d}z|_{(1,1)}$.

4. 设二元函数 $f(x,y)=\begin{cases} xy\sin\dfrac{1}{\sqrt{x^2+y^2}},(x,y)\neq(0,0),\\ 0,(x,y)=(0,0), \end{cases}$ 证明：

(1) 在点 $(0,0)$ 处 $f'_x(x,y)$，$f'_y(x,y)$ 存在.

(2) 在点 $(0,0)$ 处 $f'_x(x,y)$，$f'_y(x,y)$ 不连续.

(3) 在点 $(0,0)$ 处 $f(x,y)$ 可微.

5. 求 $\sin 31°\tan 44°$ 的近似值.

6. 设矩形的边长 $x=6\mathrm{m}$，$y=8\mathrm{m}$. 若 x 增加 2mm，而 y 减少 5mm，求矩形的对角线和面积变化的近似值.

7.6　复合函数与隐函数的微分法

7.6.1　复合函数微分法

设函数 $z=f(u,v)$ 在区域 G 内有定义，又设函数 $u=\varphi(x,y)$，$v=\psi(x,y)$ 是定义在区域 D 内的函数，且当 $(x,y)\in D$ 时，$(\varphi(x,y),\psi(x,y))\in G$. 这样，由
$$z=f(\varphi(x,y),\psi(x,y))$$
就确定了区域 D 内的一个复合函数.

一个自然的问题是，如何计算复合函数 $z=f(\varphi(x,y),\psi(x,y))$ 关于自变量 x 的偏导数 $\dfrac{\partial z}{\partial x}$ 以及关于自变量 y 的偏导数 $\dfrac{\partial z}{\partial y}$ 呢？以下，我们以定理的形式给出如何利用 $f(u,v)$，$\varphi(x,y)$，$\psi(x,y)$ 的偏导数表示 $\dfrac{\partial z}{\partial x}$ 和 $\dfrac{\partial z}{\partial y}$.

定理 7.6.1　（**链式法则**）　如果函数 $u=\varphi(x,y)$ 及 $v=\psi(x,y)$ 在点 (x,y) 处的各偏导数都存在，且函数 $z=f(u,v)$ 在对应点 (u,v) 可微，则复合函数 $z=f(\varphi(x,y),\psi(x,y))$ 在对应点 (x,y) 的两个偏导数存在，且可用下列公式计算：

$$\frac{\partial z}{\partial x}=\frac{\partial z}{\partial u}\cdot\frac{\partial u}{\partial x}+\frac{\partial z}{\partial v}\cdot\frac{\partial v}{\partial x},\qquad(7.6.1)$$

$$\frac{\partial z}{\partial y}=\frac{\partial z}{\partial u}\cdot\frac{\partial u}{\partial y}+\frac{\partial z}{\partial v}\cdot\frac{\partial v}{\partial y}.\qquad(7.6.2)$$

公式(7.6.1)和公式(7.6.2)通常被称为求复合函数偏导数的**链式法则**(chain rule).

证明　设自变量 x 在点 (x,y) 获得增量 Δx，y 保持不变. 则 u，v 相应的产生增量，记为 $\Delta_x u$，$\Delta_x v$. 则 $z=f(u,v)$ 在点 (u,v) 产生增量 $\Delta_x z$. 由于 $z=f(u,v)$ 在点 (u,v) 可微，故：

$$\Delta_x z=\frac{\partial z}{\partial u}\Delta_x u+\frac{\partial z}{\partial v}\Delta_x v+o(\rho),$$

其中，$\rho=\sqrt{(\Delta_x u)^2+(\Delta_x v)^2}$. 两边同除 Δx 有

$$\frac{\Delta_x z}{\Delta x}=\frac{\partial z}{\partial u}\cdot\frac{\Delta_x u}{\Delta x}+\frac{\partial z}{\partial v}\cdot\frac{\Delta_x v}{\Delta x}+\frac{o(\rho)}{\Delta x}.\qquad(7.6.3)$$

因为 $u=\varphi(x,y)$ 及 $v=\psi(x,y)$ 在点 (x,y) 的各偏导数都存在，所以当 $\Delta x\to0$ 时，$\Delta_x u\to0$，$\Delta_x v\to0$，因此 $\rho\to0$，即 $\lim\limits_{\Delta x\to0}\rho=0$，且 $\lim\limits_{\Delta x\to0}\dfrac{\Delta_x u}{\Delta x}=\dfrac{\partial u}{\partial x}$，$\lim\limits_{\Delta x\to0}\dfrac{\Delta_x v}{\Delta x}=\dfrac{\partial v}{\partial x}$，这样就有：

$$\lim_{\Delta x \to 0} \frac{o(\rho)}{|\Delta x|} = \lim_{\Delta x \to 0} \frac{o(\rho)}{\rho} \cdot \frac{\rho}{|\Delta x|}$$

$$= \lim_{\Delta x \to 0} \left[\frac{o(\rho)}{\rho} \cdot \frac{\sqrt{(\Delta_x u)^2 + (\Delta_x v)^2}}{|\Delta x|} \right]$$

$$= \lim_{\Delta x \to 0} \left[\frac{o(\rho)}{\rho} \cdot \sqrt{\left(\frac{\Delta_x u}{\Delta x}\right)^2 + \left(\frac{\Delta_x v}{\Delta x}\right)^2} \right]$$

$$= \lim_{\Delta x \to 0} \frac{o(\rho)}{\rho} \cdot \lim_{\Delta x \to 0} \sqrt{\left(\frac{\Delta_x u}{\Delta x}\right)^2 + \left(\frac{\Delta_x v}{\Delta x}\right)^2}$$

$$= 0.$$

因此，在公式(7.6.3)两边同时让 $\Delta x \to 0$，有：

$$\lim_{\Delta x \to 0} \frac{\Delta_x z}{\Delta x} = \frac{\partial z}{\partial u} \cdot \lim_{\Delta x \to 0} \frac{\Delta_x u}{\Delta x} + \frac{\partial z}{\partial v} \cdot \lim_{\Delta x \to 0} \frac{\Delta_x v}{\Delta x} + \lim_{\Delta x \to 0} \frac{o(\rho)}{\Delta x}$$

$$= \frac{\partial z}{\partial u} \cdot \frac{\partial u}{\partial x} + \frac{\partial z}{\partial v} \cdot \frac{\partial v}{\partial x}.$$

即，公式(7.6.1)成立. 同理可证公式(7.6.2)成立.

为了便于记忆定理 7.6.1 中复合函数求偏导的链式法则，我们将链式法则中变量间的关系进行分解，如图 7-6-1 所示.

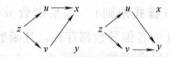

图 7-6-1 复合函数偏导数计算的链式法则图

链式法则在多元函数微分学中是十分基本的运算法则，它不仅适用于两个中间变量与两个自变量的情形，也适用于多个中间变量和一个或多个自变量的情形.

例如，设函数 $u = \varphi(t)$ 及 $v = \psi(t)$ 都在点 t 可导，函数 $z = f(u,v)$ 在对应点 (u,v) 处可微，则复合函数 $z = f(\varphi(t),\psi(t))$ 在对应点 t 可导，且其导数可用下列公式计算：

$$\frac{\mathrm{d}z}{\mathrm{d}t} = \frac{\partial z}{\partial u} \cdot \frac{\mathrm{d}u}{\mathrm{d}t} + \frac{\partial z}{\partial v} \cdot \frac{\mathrm{d}v}{\mathrm{d}t} \tag{7.6.4}$$

公式(7.6.4)称为全导数公式. 其中，称 $\dfrac{\mathrm{d}z}{\mathrm{d}t}$ 为全导数. 该公式事实上也是链式法则，可用图 7-6-2 的形式将中间变量和自变量进行分离，以便于记忆. 并且该结论还可推广到中间变量多于两个的情形. 例如，设函数 $u = u(t), v = v(t), w = w(t)$ 都在点 t 可导，函数 $z = f(u,v,w)$，在对应点 (u,v,w) 处可微，则复合函数 $z = f(u(t),v(t),w(t))$ 在对应点 t 可导，且其导数可用下列公式计算：

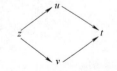

图 7-6-2 全导数公式的链式法则图

$$\frac{\mathrm{d}z}{\mathrm{d}t} = \frac{\partial z}{\partial u} \cdot \frac{\mathrm{d}u}{\mathrm{d}t} + \frac{\partial z}{\partial v} \cdot \frac{\mathrm{d}v}{\mathrm{d}t} + \frac{\partial z}{\partial w} \cdot \frac{\mathrm{d}w}{\mathrm{d}t}. \tag{7.6.5}$$

再例如，设函数 $z=f(u,v,w)$ 可微，$u=u(x,y)$，$v=v(x,y)$，$w=w(x,y)$ 的各偏导都存在，则 $\dfrac{\partial z}{\partial x}$，$\dfrac{\partial z}{\partial y}$ 可利用下列链式法则计算：

$$\frac{\partial z}{\partial x}=\frac{\partial z}{\partial u}\cdot\frac{\partial u}{\partial x}+\frac{\partial z}{\partial v}\cdot\frac{\partial v}{\partial x}+\frac{\partial z}{\partial w}\cdot\frac{\partial w}{\partial x},\quad \frac{\partial z}{\partial y}=\frac{\partial z}{\partial u}\cdot\frac{\partial u}{\partial y}+\frac{\partial z}{\partial v}\cdot\frac{\partial v}{\partial y}+\frac{\partial z}{\partial w}\cdot\frac{\partial w}{\partial y}.$$

该计算公式可用图 7-6-3 所示链式法则图形象表示.

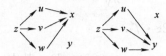

图 7-6-3　三个中间变量的复合函数偏导数计算链式法则图

例 7.6.1　设 $z=\mathrm{e}^u\sin v$，而 $u=xy$，$v=x+y$，求 $\dfrac{\partial z}{\partial x}$ 和 $\dfrac{\partial z}{\partial y}$.

解
$$\begin{aligned}\frac{\partial z}{\partial x}&=\frac{\partial z}{\partial u}\cdot\frac{\partial u}{\partial x}+\frac{\partial z}{\partial v}\cdot\frac{\partial v}{\partial x}=\mathrm{e}^u\sin v\cdot y+\mathrm{e}^u\cos v\\
&=\mathrm{e}^u(y\cdot\sin v+\cos v)\\
&=\mathrm{e}^{xy}(y\cdot\sin(x+y)+\cos(x+y)),\\
\frac{\partial z}{\partial y}&=\frac{\partial z}{\partial u}\cdot\frac{\partial u}{\partial y}+\frac{\partial z}{\partial v}\cdot\frac{\partial v}{\partial y}\\
&=\mathrm{e}^u\sin v\cdot x+\mathrm{e}^u\cos v\\
&=\mathrm{e}^{xy}(x\cdot\sin(x+y)+\cos(x+y)).\end{aligned}$$

例 7.6.2　设 $z=u^2v+t$，而 $u=\ln(1+t^2)$，$v=\arctan t$，求 $\dfrac{\mathrm{d}z}{\mathrm{d}t}$.

解
$$\begin{aligned}\frac{\mathrm{d}z}{\mathrm{d}t}&=\frac{\partial z}{\partial u}\cdot\frac{\mathrm{d}u}{\mathrm{d}t}+\frac{\partial z}{\partial v}\cdot\frac{\mathrm{d}v}{\mathrm{d}t}+\frac{\partial z}{\partial t}\cdot\frac{\mathrm{d}t}{\mathrm{d}t}\\
&=2uv\cdot\frac{2t}{1+t^2}+u^2\cdot\frac{1}{1+t^2}+1\\
&=\frac{4t\cdot\ln(1+t^2)\cdot\arctan t+(\ln(1+t^2))^2}{1+t^2}+1.\end{aligned}$$

例 7.6.3　设 $h=f(x^2,xyz,y^2+z^2)$，其中 f 是可微函数，求 $\dfrac{\partial h}{\partial x},\dfrac{\partial h}{\partial y},\dfrac{\partial h}{\partial z}$.

解　设 $u=x^2$，$v=xyz$，$w=y^2+z^2$，则 $h=f(u,v,w)$，且
$$\begin{aligned}\frac{\partial h}{\partial x}&=\frac{\partial h}{\partial u}\cdot\frac{\partial u}{\partial x}+\frac{\partial h}{\partial v}\cdot\frac{\partial v}{\partial x}+\frac{\partial h}{\partial w}\cdot\frac{\partial w}{\partial x}=f_u'\cdot 2x+f_v'\cdot yz+f_w'\cdot 0\\
&=2x\cdot f_u'+yz\cdot f_v'.\\
\frac{\partial h}{\partial y}&=\frac{\partial h}{\partial u}\cdot\frac{\partial u}{\partial y}+\frac{\partial h}{\partial v}\cdot\frac{\partial v}{\partial y}+\frac{\partial h}{\partial w}\cdot\frac{\partial w}{\partial y}=f_u'\cdot 0+f_v'\cdot xz+f_w'\cdot 2y\\
&=xz\cdot f_v'+2y\cdot f_w'.\\
\frac{\partial h}{\partial z}&=\frac{\partial h}{\partial u}\cdot\frac{\partial u}{\partial z}+\frac{\partial h}{\partial v}\cdot\frac{\partial v}{\partial z}+\frac{\partial h}{\partial w}\cdot\frac{\partial w}{\partial z}=f_u'\cdot 0+f_v'\cdot xy+f_w'\cdot 2z\\
&=xy\cdot f_v'+2z\cdot f_w'.\end{aligned}$$

在例 7.6.3 中，由于 $u=x^2$ 是函数 f 的第一个变量，因此，f'_u 通常记为 f'_1；同样地，f'_v 通常记为 f'_2；f'_w 通常记为 f'_3. 这样，在求解该题的过程中，我们就可以不必写出中间变量的代换公式，而直接把 x^2、xyz 和 y^2+z^2 分别看作第一、第二和第三个中间变量，从而有以下简化的计算过程和结果：

$$\frac{\partial h}{\partial x}=2x \cdot f'_1+yz \cdot f'_2, \frac{\partial h}{\partial y}=xz \cdot f'_2+2y \cdot f'_3,$$

$$\frac{\partial h}{\partial z}=xy \cdot f'_2+2z \cdot f'_3.$$

例 7.6.4 设 $z=\ln x \cdot f(x+y^2)$，其中 f 是可微函数，求 $\dfrac{\partial z}{\partial x}, \dfrac{\partial z}{\partial y}$.

解 $\dfrac{\partial z}{\partial x}=\dfrac{1}{x} \cdot f(x+y^2)+\ln x \cdot f'(x+y^2) \cdot 1$

$$=\frac{1}{x} \cdot f(x+y^2)+\ln x \cdot f'(x+y^2)$$

$$\frac{\partial z}{\partial y}=\ln x \cdot f'(x+y^2) \cdot 2y=2y \cdot \ln x \cdot f'(x+y^2).$$

例 7.6.5 设 $z=f(x+y, xy)$，其中 f 具有二阶连续偏导数，求 $\dfrac{\partial^2 z}{\partial x^2}, \dfrac{\partial^2 z}{\partial x \partial y}$.

解 $\dfrac{\partial z}{\partial x}=f'_1(x+y, xy)+y \cdot f'_2(x+y, xy).$

因为，

$$\frac{\partial f'_1(x+y,xy)}{\partial x}=\frac{\partial f'_1(x+y,xy)}{\partial(x+y)} \cdot \frac{\partial(x+y)}{\partial x}+\frac{\partial f'_1(x+y,xy)}{\partial(xy)} \cdot$$

$$\frac{\partial(xy)}{\partial x}=f''_{11} \cdot 1+f''_{12} \cdot y=f''_{11}+y \cdot f''_{12},$$

$$\frac{\partial f'_2(x+y,xy)}{\partial x}=\frac{\partial f'_2(x+y,xy)}{\partial(x+y)} \cdot \frac{\partial(x+y)}{\partial x}+\frac{\partial f'_2(x+y,xy)}{\partial(xy)} \cdot$$

$$\frac{\partial(xy)}{\partial x}=f''_{21} \cdot 1+f''_{22} \cdot y=f''_{21}+y \cdot f''_{22},$$

$$\frac{\partial f'_1(x+y,xy)}{\partial y}=\frac{\partial f'_1(x+y,xy)}{\partial(x+y)} \cdot \frac{\partial(x+y)}{\partial y}+\frac{\partial f'_1(x+y,xy)}{\partial(xy)} \cdot$$

$$\frac{\partial(xy)}{\partial y}=f''_{11} \cdot 1+f''_{12} \cdot x=f''_{11}+x \cdot f''_{12},$$

$$\frac{\partial f'_2(x+y,xy)}{\partial y}=\frac{\partial f'_2(x+y,xy)}{\partial(x+y)} \cdot \frac{\partial(x+y)}{\partial y}+\frac{\partial f'_2(x+y,xy)}{\partial(xy)} \cdot$$

$$\frac{\partial(xy)}{\partial y}=f''_{21} \cdot 1+f''_{22} \cdot x=f''_{21}+x \cdot f''_{22},$$

所以，$\dfrac{\partial^2 z}{\partial x^2}=\dfrac{\partial}{\partial x}\left(\dfrac{\partial z}{\partial x}\right)$

$$=\frac{\partial f'_1(x+y, xy)}{\partial x}+y \cdot \frac{\partial f'_2(x+y,xy)}{\partial x}$$

$$=f''_{11}+y \cdot f''_{12}+y(f''_{21}+y \cdot f''_{22})$$

$$= f''_{11} + 2y \cdot f''_{12} + y^2 \cdot f''_{22}.$$

$$\frac{\partial^2 z}{\partial x \partial y} = \frac{\partial}{\partial y}\left(\frac{\partial z}{\partial x}\right)$$

$$= \frac{\partial f'_1(x+y,\ xy)}{\partial y} + f'_2(x+y,xy)$$

$$\quad + y \cdot \frac{\partial f'_2(x+y,\ xy)}{\partial y}$$

$$= f''_{11} + x \cdot f''_{12} + f'_2 + y(f''_{21} + x \cdot f''_{22})$$

$$= f''_{11} + f'_2 + (x+y) \cdot f''_{12} + xy \cdot f''_{22}.$$

在例 7.6.5 中，用到了 $f''_{12} = f''_{21}$，这是因为 f 具有二阶连续偏导数.

例 7.6.6　设 $z = f(x, y + \varphi(y-x))$，其中 f 具有二阶连续偏导数，φ 具有二阶导数，求 $\dfrac{\partial z}{\partial x}, \dfrac{\partial z}{\partial y}, \dfrac{\partial^2 z}{\partial x \partial y}$.

解　$\dfrac{\partial z}{\partial x} = f'_1 \cdot 1 + f'_2 \cdot \dfrac{\partial(y + \varphi(y-x))}{\partial x}$

$$= f'_1 + f'_2 \cdot (\varphi' \cdot (-1)) = f'_1 - f'_2 \cdot \varphi',$$

$$\frac{\partial z}{\partial y} = f'_1 \cdot 0 + f'_2 \cdot \frac{\partial(y + \varphi(y-x))}{\partial y}$$

$$= f'_2 \cdot (1 + \varphi' \cdot 1) = f'_2 \cdot (1 + \varphi'),$$

$$\frac{\partial^2 z}{\partial x \partial y} = \frac{\partial}{\partial y} f'_1 - \frac{\partial}{\partial y}(f'_2 \cdot \varphi')$$

$$= f''_{11} \cdot 0 + f''_{12} \cdot (1+\varphi') - \varphi'\left(\frac{\partial}{\partial y} f'_2\right) - f'_2\left(\frac{\partial}{\partial y} \varphi'\right),$$

$$= (1+\varphi') \cdot f''_{12} - \varphi'(f''_{22}(1+\varphi')) - f'_2 \cdot \varphi''$$

$$= (1+\varphi') \cdot f''_{12} - \varphi'(1+\varphi')f''_{22} - \varphi'' \cdot f'_2.$$

事实上，因为 f 具有二阶连续偏导数，所以还可以这样计算 $\dfrac{\partial^2 z}{\partial x \partial y}$：

$$\frac{\partial^2 z}{\partial x \partial y} = \frac{\partial^2 z}{\partial y \partial x} = \frac{\partial}{\partial x}(f'_2 \cdot (1+\varphi'))$$

$$= (1+\varphi') \cdot \left(\frac{\partial}{\partial x} f'_2\right) + f'_2 \cdot \left(\frac{\partial}{\partial x}(1+\varphi')\right)$$

$$= (1+\varphi') \cdot (f''_{21} - f''_{22} \cdot \varphi') - f'_2 \cdot \varphi''$$

$$= (1+\varphi') \cdot f''_{12} - \varphi'(1+\varphi')f''_{22} - \varphi'' \cdot f'_2.$$

7.6.2　全微分形式的不变性

与一元函数微分形式的不变性相同，多元函数也具有全微分的形式不变性，这可以利用复合函数的微分法来证明. 以二元函数为例，设

$z = f(u, v)$，其中 f 是可微函数，当 u, v 为自变量时，有

$$\mathrm{d}z = \frac{\partial z}{\partial u}\mathrm{d}u + \frac{\partial z}{\partial v}\mathrm{d}v. \tag{7.6.6}$$

如果 u，v 为中间变量，例如 $u=\varphi(x,y)$，$v=\psi(x,y)$，x,y 为自变量，则有

$$dz=\frac{\partial z}{\partial x}dx+\frac{\partial z}{\partial y}dy. \tag{7.6.7}$$

利用求复合函数偏导数的链式法则(7.6.1)和(7.6.2)，有

$$\frac{\partial z}{\partial x}=\frac{\partial z}{\partial u}\cdot\frac{\partial u}{\partial x}+\frac{\partial z}{\partial v}\cdot\frac{\partial v}{\partial x},\frac{\partial z}{\partial y}=\frac{\partial z}{\partial u}\cdot\frac{\partial u}{\partial y}+\frac{\partial z}{\partial v}\cdot\frac{\partial v}{\partial y}.$$

将其代入公式(7.6.7)有

$$dz=\frac{\partial z}{\partial x}dx+\frac{\partial z}{\partial y}dy$$

$$=\left(\frac{\partial z}{\partial u}\cdot\frac{\partial u}{\partial x}+\frac{\partial z}{\partial v}\cdot\frac{\partial v}{\partial x}\right)dx+\left(\frac{\partial z}{\partial u}\cdot\frac{\partial u}{\partial y}+\frac{\partial z}{\partial v}\cdot\frac{\partial v}{\partial y}\right)dy$$

$$=\frac{\partial z}{\partial u}\left(\frac{\partial u}{\partial x}dx+\frac{\partial u}{\partial y}dy\right)+\frac{\partial z}{\partial v}\left(\frac{\partial v}{\partial x}dx+\frac{\partial v}{\partial y}dy\right)$$

$$=\frac{\partial z}{\partial u}du+\frac{\partial z}{\partial v}dv. \tag{7.6.8}$$

对比公式(7.6.6)和公式(7.6.8)可以发现，二元函数 $z=f(u,v)$，不论 u,v 是自变量还是中间变量，全微分 dz 的形式是不变的，即，总可以写成

$$dz=\frac{\partial z}{\partial u}du+\frac{\partial z}{\partial v}dv.$$

这个结论就称为全微分形式不变性．作为全微分形式不变性的应用，有如下微分运算公式，其中 u，v 可以是自变量，也可以是中间变量：

(1) $d(u\pm v)=du\pm dv$；

(2) $d(cu)=cdu,c$ 为常数；

(3) $d(u\cdot v)=udv+vdu$；

(4) $d\left(\dfrac{u}{v}\right)=\dfrac{vdu-udv}{v^2}$；

(5) $df(u)=f'(u)du$．

适当应用多元函数全微分的形式不变性，可更方便地计算函数的偏导数．

例 7.6.7 设 $z=e^u\sin v$，而 $u=xy$，$v=x+y$，求 $\dfrac{\partial z}{\partial x}$ 和 $\dfrac{\partial z}{\partial y}$．

解： $dz=d(e^u\sin v)$

$=\sin v\cdot d(e^u)+e^u\cdot d(\sin v)$

$=\sin v\cdot e^u du+e^u\cdot\cos v dv$

$=\sin(x+y)\cdot e^{xy}d(xy)+e^{xy}\cdot\cos(x+y)d(x+y)$

$=\sin(x+y)\cdot e^{xy}(xdy+ydx)+e^{xy}\cdot\cos(x+y)(dx+dy)$

$=e^{xy}(y\cdot\sin(x+y)+\cos(x+y))dx$

$\quad+e^{xy}(x\cdot\sin(x+y)+\cos(x+y))dy,$

结合 $dz=\dfrac{\partial z}{\partial x}dx+\dfrac{\partial z}{\partial y}dy$，可知

$$\frac{\partial z}{\partial x} = e^{xy}(y \cdot \sin(x+y) + \cos(x+y)),$$

$$\frac{\partial z}{\partial y} = e^{xy}(x \cdot \sin(x+y) + \cos(x+y)).$$

7.6.3 隐函数的微分法

在一元函数微分学部分, 我们研究了隐函数的求导, 给出了不经过显性化而直接利用方程 $F(x,y)=0$, 计算由其确定的隐函数导数的方法. 而这个方法能够应用的前提是方程 $F(x,y)=0$ 能确定 y 是 x 的函数, 且 y 关于 x 的导数存在. 事实上, 并非任意一个方程 $F(x,y)=0$ 都能确定一个函数, 更不用说确定一个可导的函数. 因此, 有必要先从理论上阐明隐函数的存在性、唯一性和可导性. 并且还需要给出隐函数的求导方法. 为此, 我们首先明确隐函数的定义.

定义 7.6.1 设二元函数 $F(x,y)$ 定义在平面区域 D 上. 假如存在一个函数 $y=f(x)\,(a<x<b)$, 使得 $F(x,f(x))\equiv 0$ 成立, 则称 $y=f(x)$ 是方程 $F(x,y)=0$ 确定的一个隐函数.

以下用两个定理的形式, 给出隐函数的存在性、唯一性、可导性, 以及导数的计算公式.

定理 7.6.2 (**隐函数存在定理 1**) 设函数 $F(x,y)$ 在点 $P_0(x_0,y_0)$ 的某一邻域内具有连续的偏导数, 且

$$F(x_0,y_0)=0, F_y'(x_0,y_0)\neq 0.$$

则方程 $F(x,y)=0$ 在点 $P_0(x_0,y_0)$ 的某一邻域内唯一的确定了一个隐函数 $y=f(x)$, 满足 $y_0=f(x_0)$, 且具有连续导数. 该导数可由 F_x', F_y' 表示为:

$$\frac{\mathrm{d}y}{\mathrm{d}x} = -\frac{F_x'}{F_y'}. \tag{7.6.9}$$

(证明略.)

这里仅简要给出公式 $(7.6.9)$ 的推导过程. 若方程 $F(x,y)=0$ 在点 $P_0(x_0,y_0)$ 的某一邻域内唯一的确定了一个隐函数 $y=f(x)$, 则由隐函数的定义, 知 $F(x,f(x))\equiv 0$ 成立. 对方程两边关于 x 求导, $F_x' + F_y' \cdot \dfrac{\mathrm{d}y}{\mathrm{d}x}=0$. 从而公式 $(7.6.9)$ 成立.

例 7.6.8 验证方程 $y-xe^x-\varepsilon\sin y=0\,(0<\varepsilon<1)$ 在点 $(0,0)$ 处的某邻域内能唯一确定一个隐函数 $y=f(x)$, 满足 $f(0)=0$, 并求该函数在点 $x=0$ 处的导数.

解 令 $F(x,y)=y-xe^x-\varepsilon\sin y$, 显然 $F(0,0)=0$. 容易证明函数 $F(x,y)$ 在平面区域上是连续的, 且具有连续的偏导数:

$$F_x'=-xe^x-e^x, F_y'=1-\varepsilon\cos y>0.$$

因此, $F(x,y)$ 在点 $(0,0)$ 处满足隐函数存在定理 1 的条件. 所以,

方程 $F(x,y)=0$ 在点$(0,0)$处的某邻域内能唯一确定一个隐函数 $y=f(x)$，满足 $f(0)=0$，且$\dfrac{\mathrm{d}y}{\mathrm{d}x}=-\dfrac{F'_x}{F'_y}=\dfrac{x\mathrm{e}^x+\mathrm{e}^x}{1-\varepsilon\cos y}$. 故

$$\left.\frac{\mathrm{d}y}{\mathrm{d}x}\right|_{(0,0)}=\left.\frac{x\mathrm{e}^x+\mathrm{e}^x}{1-\varepsilon\cos y}\right|_{(0,0)}=\frac{1}{1-\varepsilon}.$$

定理 7.6.3 可以推广到函数 F 是三元函数或更多元函数的情形. 例如，若 F 是三元函数，这时对应的隐函数方程为

$$F(x,y,z)=0.$$

若我们希望从这个方程中，将其中的变量 z 解成 x,y 的函数，则需要用到下面的隐函数存在定理 2.

定理 7.6.3　（隐函数存在定理 2）　设函数 $F(x,y,z)$ 在点 $P_0(x_0,y_0,z_0)$ 的某一邻域内具有连续的偏导数，且

$$F(x_0,y_0,z_0)=0, F'_z(x_0,y_0,z_0)\neq0,$$

则方程 $F(x,y,z)=0$ 在点 $P_0(x_0,y_0,z_0)$ 的某一邻域内唯一地确定了一个隐函数 $z=f(x,y)$，满足 $z_0=f(x_0,y_0)$，且具有连续导数. 该导数可由F'_x, F'_y, F'_z表示为：

$$\frac{\partial z}{\partial x}=-\frac{F'_x}{F'_z},\frac{\partial z}{\partial y}=-\frac{F'_y}{F'_z}. \tag{7.6.10}$$

证明略.

这里仅简要给出公式(7.6.10)的推导过程. 若方程 $F(x,y,z)=0$ 在点 $P_0(x_0,y_0,z_0)$ 的某一邻域内唯一的确定了一个隐函数 $z=f(x,y)$，则代入原方程 $F(x,y,z)=0$，有 $F(x,y,f(x,y))\equiv0$ 成立. 对方程两边关于 x 求偏导数，$F'_x+F'_z\cdot\dfrac{\partial z}{\partial x}=0$. 可解出$\dfrac{\partial z}{\partial x}=-\dfrac{F'_x}{F'_z}$，同理，对方程两边关于 y 求偏导数可解出$\dfrac{\partial z}{\partial y}=-\dfrac{F'_y}{F'_z}$. 即公式(7.6.10)成立.

例 7.6.9　设 $F(x,y,z)=\mathrm{e}^x\sin y+yz+\mathrm{e}^z+5$，求由方程 $F(x,y,z)=0$所确定隐函数 $z=f(x,y)$ 的偏导数.

解法 1　由 $F(x,y,z)=\mathrm{e}^x\sin y+yz+\mathrm{e}^z+5$，可知$F'_z=y+\mathrm{e}^z$，当 $y+\mathrm{e}^z\neq0$ 时，由公式(7.6.10)，有

$$\frac{\partial z}{\partial x}=-\frac{F'_x}{F'_z}=-\frac{\mathrm{e}^x\sin y}{y+\mathrm{e}^z},\frac{\partial z}{\partial y}=-\frac{F'_y}{F'_z}=-\frac{\mathrm{e}^x\cos y+z}{y+\mathrm{e}^z}.$$

解法 2　已知当 $y+\mathrm{e}^z\neq0$ 时，由方程 $F(x,y,z)=0$ 确定了隐函数 $z=f(x,y)$，对方程 $\mathrm{e}^x\sin y+yz+\mathrm{e}^z+5=0$ 两边关于 x 求偏导，求的过程中，将 z 看作(x,y) 的函数，即，

$$\mathrm{e}^x\sin y+y\frac{\partial z}{\partial x}+\mathrm{e}^z\frac{\partial z}{\partial x}=0,$$

从而可解出：$\dfrac{\partial z}{\partial x}=-\dfrac{\mathrm{e}^x\sin y}{y+\mathrm{e}^z}$. 同样的方法，可解出：$\dfrac{\partial z}{\partial y}=-\dfrac{\mathrm{e}^x\cos y+z}{y+\mathrm{e}^z}$.

事实上，解法 1 和解法 2 本质上是相同的. 解法 2 就是解法 1 所用公式的详细展开.

　　解法 3　对方程 $e^x \sin y + yz + e^z + 5 = 0$ 求微分，$d(e^x \sin y + yz + e^z + 5) = d(0) = 0$，即，

$e^x d(\sin y) + \sin y d(e^x) + y dz + z dy + e^z dz = 0$，进一步整理，

$e^x \cos y dy + e^x \sin y dx + y dz + z dy + e^z dz = 0$，即，

$$dz = \left(-\frac{e^x \sin y}{y + e^z}\right) dx + \left(-\frac{e^x \cos y + z}{y + e^z}\right) dy.$$

因为当 $y + e^z \neq 0$ 时，方程 $F(x, y, z) = 0$ 确定了隐函数 $z = f(x, y)$，结合 $dz = \frac{\partial z}{\partial x} dx + \frac{\partial z}{\partial y} dy$，有，

$$\frac{\partial z}{\partial x} = -\frac{e^x \sin y}{y + e^z}, \frac{\partial z}{\partial y} = -\frac{e^x \cos y + z}{y + e^z}.$$

　　例 7.6.10　求由方程 $x^2 + y^2 + z^2 + 2z = 0$ 所确定的隐函数 $z = f(x, y)$ 的一阶偏导数 $\frac{\partial z}{\partial x}, \frac{\partial z}{\partial y}$ 和二阶偏导数 $\frac{\partial^2 z}{\partial y^2}$.

　　解　令 $F(x, y, z) = x^2 + y^2 + z^2 + 2z$，则 $F_x' = 2x, F_y' = 2y$, $F_z' = 2z + 2$. 当 $2z + 2 \neq 0$ 时，有

$$\frac{\partial z}{\partial x} = -\frac{F_x'}{F_z'} = -\frac{2x}{2z + 2} = -\frac{x}{z + 1},$$

$$\frac{\partial z}{\partial y} = -\frac{F_y'}{F_z'} = -\frac{2y}{2z + 2} = -\frac{y}{z + 1}.$$

$$\frac{\partial^2 z}{\partial y^2} = \frac{\partial}{\partial y}\left(\frac{\partial z}{\partial y}\right) = \frac{\partial}{\partial y}\left(-\frac{y}{z + 1}\right) = \frac{y \frac{\partial z}{\partial y} - (z + 1)}{(z + 1)^2}$$

$$= \frac{-y \frac{y}{z + 1} - (z + 1)}{(z + 1)^2} = -\frac{y^2 + (z + 1)^2}{(z + 1)^3}.$$

习题 7.6

　　1. 设 $z = u \arctan v$，其中设 $u = xy$，$v = x^2 \sin y$，求 $\frac{\partial z}{\partial x}, \frac{\partial z}{\partial y}$.

　　2. 设 $z = xy + yt$，$y = 2^x$，$t = \sin x$，求 $\frac{dz}{dx}$.

　　3. 设 $z = \arctan(xy)$，$y = e^x$，求 $\frac{dz}{dx}$.

　　4. 设 $z = e^x \cos y$，$x = st$，$y = \sqrt{s^2 + t^2}$，求 $\frac{\partial z}{\partial s}, \frac{\partial z}{\partial t}$.

　　5. 设函数 $z = z(x, y)$ 由方程 $\sin x + 3y - z = e^z$ 所确定，求 dz.

　　6. 设函数 $z = z(x, y)$ 由方程 $x^2 + y^3 + z^2 = 4z$ 所确定，求 $\frac{\partial z}{\partial x}$ 以及 $\frac{\partial^2 z}{\partial x^2}$.

7. 设函数 $z=f(x^2-y^2,\mathrm{e}^{xy})$，且 f 具有一阶连续偏导数，求 z 的一阶偏导数.

8. 方程 $\ln z=x^2+y^2$ 确定了隐函数 $z=f(x,y)$，求 $z=f(x,y)$ 的二阶偏导数.

9. 设函数 $z=z(x,y)$ 是由方程 $\varphi(x-z,y-z)=0$ 所确定，其中 φ 具有一阶连续偏导数，计算 $\dfrac{\partial z}{\partial x}+\dfrac{\partial z}{\partial y}$.

10. 设 $u=f(x,y,z)$ 有连续的一阶偏导数，且函数 $y=y(x)$ 由 $\mathrm{e}^{xy}-y=0$ 确定，以及 $z=z(x)$ 由 $\mathrm{e}^{z}-xz=0$ 确定，计算 $\dfrac{\mathrm{d}u}{\mathrm{d}x}$.

11. 设 $u=f(x,y,z)$ 有连续的一阶偏导数，且函数 $y=y(x)$ 由 $\mathrm{e}^{xy}-xy=2$ 确定，以及 $z=z(x)$ 由 $\mathrm{e}^{x}=\displaystyle\int_{0}^{x-z}\dfrac{\sin t}{t}\mathrm{d}t$ 确定，计算 $\dfrac{\mathrm{d}u}{\mathrm{d}x}$.

12. 设 $\varphi(cx-az,cy-bz)=0$，其中 f 是可微函数，证明：$a\dfrac{\partial z}{\partial x}+b\dfrac{\partial z}{\partial y}=c$.

13. 设 $x=u^2+v^2$，$y=2uv$，$z=u^2\ln v$，求 $\dfrac{\partial z}{\partial x},\dfrac{\partial z}{\partial y}$.

7.7　多元函数的极值

　　求函数极值是促使微分学产生的一个重要原因. 在一元函数微分学部分，我们已经研究了函数的极值和最值. 而在实际问题的研究中，许多极值问题可能与不止一个变量有关，这就涉及多元函数的极值问题. 本节，我们以二元函数为例，利用多元函数微分学研究多元函数的极值.

7.7.1　二元函数极值的概念

　　定义 7.7.1　设二元函数 $z=f(x,y)$ 在平面区域 D 内有定义，(x_0,y_0) 是 D 的内点. 若存在 (x_0,y_0) 的某个邻域 $U\subset D$，使得 $\forall(x,y)\in U$ 且 $(x,y)\neq(x_0,y_0)$，恒有 $f(x,y)<f(x_0,y_0)$（或 $f(x,y)>f(x_0,y_0)$），则称函数在点 (x_0,y_0) 处取得极大值（或极小值）$f(x_0,y_0)$. 点 (x_0,y_0) 称为函数 $f(x,y)$ 的极大值点（或极小值点）.

　　在一元函数极值的讨论中，我们知道，若函数可导，且在某点取得极值，则一元函数在此点的导数为 0. 对二元函数 $z=f(x,y)$ 而言，一个自然的想法是，若 $z=f(x,y)$ 偏导数存在，且在 (x_0,y_0) 点取得极值，是否同样会有在点 (x_0,y_0) 的偏导数等于 0 的结论呢？

　　事实上，这个结论是显然成立的. 因为二元函数 $z=f(x,y)$

在点(x_0,y_0)处关于 x 的偏导数, 就是在 $y=y_0$ 的情形下, 对 x 的导数. 若二元函数 $z=f(x,y)$ 在(x_0,y_0)处取得极值, 则固定 $y=y_0$ 时的一元函数 $z=f(x,y_0)$ 必定在 x_0 处取得极值, 因此, 二元函数 $z=f(x,y)$ 在极值点(x_0,y_0)处对 x 的偏导数必为 0. 同样, 对 y 的偏导数也必为 0. 所以, 关于二元函数的极值, 有如下定理成立:

定理 7.7.1 **(极值的必要条件)** 设二元函数 $z=f(x,y)$ 在(x_0,y_0)的某个邻域有定义, 且在(x_0,y_0)处偏导数 $f'_x(x_0,y_0)$, $f'_y(x_0,y_0)$ 存在. 若 $f(x,y)$ 在(x_0,y_0)点取得极值, 则必有
$$f'_x(x_0,y_0)=0, \quad f'_y(x_0,y_0)=0.$$

注 1 与一元函数类似, 我们把同时使得 $f'_x(x_0,y_0)=0$, $f'_y(x_0,y_0)=0$的点(x_0,y_0)称为函数 $z=f(x,y)$ 的驻点.

注 2 由定理 7.7.1 可知. 如果二元函数 $z=f(x,y)$ 的偏导数存在, 且(x_0,y_0)为极值点, 则(x_0,y_0)一定为函数 $z=f(x,y)$ 的驻点. 但, 反之未必成立.

例如, 通过计算容易发现, 函数 $z=2-2x^2-y^2$ 与函数 $z=y^2-x^2$ 在$(0,0)$的偏导数均为 0. 但通过简单验证或者通过观察其图形(分别如图 7-7-1a 和 7-7-1b 所示), 可以发现, 点$(0,0)$为函数 $z=2-2x^2-y^2$ 的极小值点, 但不是函数 $z=y^2-x^2$ 的极值点.

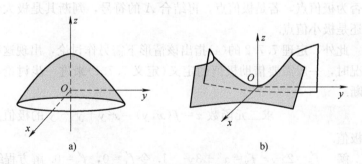

图 7-7-1 二元函数的偏导数等于 0 与极值点关系图

注 3 偏导数不存在的点, 也可能是函数的极值点. 例如, 函数 $z=\sqrt{x^2+y^2}$ 在点$(0,0)$处偏导数不存在, 但$(0,0)$显然为该函数的极小值点, 如图 7-7-2 所示.

注 4 定理 7.7.1 的结论可以推广到多元函数. 例如, 如果三元函数 $u=f(x,y,z)$ 在(x_0,y_0,z_0)的某个邻域有定义, 且在(x_0,y_0,z_0)的偏导数 $f'_x(x_0,y_0,z_0)$, $f'_y(x_0,y_0,z_0)$, $f'_z(x_0,y_0,z_0)$ 存在, 若 $f(x,y,z)$ 在(x_0,y_0,z_0)处取得极值, 则必有 $f'_x(x_0,y_0,z_0)=0$, $f'_y(x_0,y_0,z_0)=0$, $f'_z(x_0,y_0,z_0)=0$.

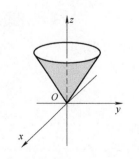

图 7-7-2 函数 $z=\sqrt{x^2+y^2}$ 的图形

定理 7.7.1 的注 2 表明, 驻点未必是极值点. 那么什么情况下, 驻点就能成为极值点了呢? 定理 7.7.2 部分回答了这个问题.

定理 7.7.2 （**极值的充分条件**） 设二元函数 $z=f(x,y)$ 在 (x_0,y_0) 的某个邻域内连续，有一阶及二阶连续偏导数，且 $f'_x(x_0,y_0)=0, f'_y(x_0,y_0)=0$. 令 $A=f''_{xx}(x_0,y_0), B=f''_{xy}(x_0,y_0), C=f''_{yy}(x_0,y_0)$，则有：

（1）若 $AC-B^2>0$，且 $A>0$ 时，则 $f(x_0,y_0)$ 是极小值，(x_0,y_0) 是极小值点；

（2）若 $AC-B^2>0$，且 $A<0$ 时，则 $f(x_0,y_0)$ 是极大值，(x_0,y_0) 是极大值点；

（3）当 $AC-B^2<0$ 时，$f(x_0,y_0)$ 不是极值；

（4）当 $AC-B^2=0$ 时，$f(x_0,y_0)$ 可能是极值，也可能不是极值，需另作讨论.

证明略.

定理 7.7.3 事实上给出了判断二元函数 $z=f(x,y)$ 的驻点是否为极值点的方法和步骤. 对于任意给定的一个具有二阶连续偏导的二元函数，若要求其极值点，可按以下步骤进行，

步骤 1. 解方程组 $\begin{cases} f'_x(x,y)=0, \\ f'_y(x,y)=0, \end{cases}$ 求出实数解，得到所有驻点；

步骤 2. 对于每一个驻点，分别求出其二阶偏导数的值 A，B，C.

步骤 3. 定出 $AC-B^2$ 的符号，利用定理 7.7.2，判定该驻点是否为极值点，若是极值点，再结合 A 的符号，判断其是极大值点还是极小值点.

此外，定理 7.7.2 的(4)指出该情形下需另作讨论，出现这种情况时，一般需要借助极值的定义（定义 7.7.1）来进一步讨论和判断.

例 7.7.1 求二元函数 $z=f(x,y)=x^2y+y^3-y$ 的极值点与极值.

解 $f'_x=2xy$，$f'_y=x^2+3y^2-1$. 令 $f'_x=0$，$f'_y=0$. 解方程组
$$\begin{cases} 2xy=0, \\ x^2+3y^2-1=0, \end{cases}$$
得驻点 $\left(0,\dfrac{\sqrt{3}}{3}\right)$，$\left(0,-\dfrac{\sqrt{3}}{3}\right)$，$(1,0)$ 和 $(-1,0)$. 结合 $f''_{xx}=2y$，$f''_{xy}=2x$，$f''_{yy}=6y$. 所以，

（1）在点 $\left(0,\dfrac{\sqrt{3}}{3}\right)$ 处，$A=f''_{xx}\left(0,\dfrac{\sqrt{3}}{3}\right)=\dfrac{2\sqrt{3}}{3}$，$B=f''_{xy}\left(0,\dfrac{\sqrt{3}}{3}\right)=0$，$C=f''_{yy}\left(0,\dfrac{\sqrt{3}}{3}\right)=\dfrac{6\sqrt{3}}{3}$.

因为 $AC-B^2=4>0$，且 $A>0$，由极值的充分条件可知，$\left(0,\dfrac{1}{\sqrt{3}}\right)$ 是极小值点，对应的极小值为 $f\left(0,\dfrac{\sqrt{3}}{3}\right)=-\dfrac{2\sqrt{3}}{9}$.

（2）在点 $\left(0,-\dfrac{\sqrt{3}}{3}\right)$ 处，$A=f''_{xx}\left(0,-\dfrac{\sqrt{3}}{3}\right)=-\dfrac{2\sqrt{3}}{3}$，$B=$
$f''_{xy}\left(0,-\dfrac{\sqrt{3}}{3}\right)=0$，$C=f''_{yy}\left(0,-\dfrac{\sqrt{3}}{3}\right)=-\dfrac{6\sqrt{3}}{3}$．因为 $AC-B^2=4>$
0，且 $A<0$，由极值的充分条件可知：$\left(0,-\dfrac{1}{\sqrt{3}}\right)$ 是极大值点，对
应的极大值为：$f\left(0,-\dfrac{\sqrt{3}}{3}\right)=\dfrac{2\sqrt{3}}{9}$．

（3）在点 $(1,0)$ 处，$A=f''_{xx}(1,0)=0$，$B=f''_{xy}(1,0)=2$，$C=$
$f''_{yy}(1,0)=0$，因为 $AC-B^2=-4<0$，由极值的充分条件可知：
$(1,0)$ 不是极值点．

（4）在点 $(-1,0)$ 处，$A=f''_{xx}(-1,0)=0$，$B=f''_{xy}(-1,0)=$
-2，$C=f''_{yy}(-1,0)=0$，因为 $AC-B^2=-4<0$，由极值的充分条件
可知：$(-1,0)$ 也不是极值点．

7.7.2 二元函数的最值

　　极值是函数在其定义域内一点某邻域的性质，是函数的局部
性质．一个函数在其定义域内可以有若干个极大值，也可以有若
干个极小值，甚至可以出现极小值比极大值还大的情形．同时，
在定理 7.3.2 连续函数的最值定理中已经明确指出，若二元函数
$z=f(x,y)$ 在有界闭区域 D 上连续，则该函数在 D 上必存在最大
值 M 和最小值 m．更进一步，若二元函数偏导数存在，则函数的
最值必定出现在驻点或边界点上．

　　因此，定义在有界闭区域 D 上的二元函数，其最值可能出现
在偏导不存在的点、驻点、以及边界点．这样就可以通过比较这
些点对应函数值的大小，确定函数在有界闭区域上的最值．

　　讨论函数最值的步骤可归纳如下：

　　步骤 1. 确定函数在区域 D 内偏导数不存在的点，并求出该点
对应的函数值；

　　步骤 2. 计算函数的偏导数，并求出函数在 D 内的驻点，以及
驻点处的函数值；

　　步骤 3. 求出函数在区域边界上的最值；

　　步骤 4. 将上述函数值进行比较，其中最大的就是函数在区域
D 上的最大值，最小的就是函数在区域 D 上的最小值．

　　由于最值一般来源于实际问题，如果我们能够根据问题的实
际意义明确其最值点一定在区域 D 的内部取得，则我们就不用考
虑函数在区域边界上的取值，因为判断函数在区域边界上的值较
为繁琐．更进一步，如果函数在区域 D 的内部偏导存在，且只有
一个驻点，那么，结合实际问题，就可以直接确定该点为函数在
区域 D 上的最值．

例7.7.2 已知函数 $z=f(x,y)$ 可微，其全微分 $dz=2xdx-2ydy$，且 $f(1,1)=2$，求函数 $z=f(x,y)$ 在椭圆区域 $D=\{(x,y)\,|\,4x^2+y^2\leqslant4\}$ 上的最值.

解 由 $dz=2xdx-2ydy$，可知 $\dfrac{\partial z}{\partial x}=2x,\dfrac{\partial z}{\partial y}=-2y$.

由 $\dfrac{\partial z}{\partial x}=2x$ 可得，$z=x^2+\varphi(y)$，这里 $\varphi(y)$ 为 y 的一元函数.

对 z 关于 y 求偏导，可得：$\dfrac{\partial z}{\partial y}=\varphi'(y)$. 结合 $\dfrac{\partial z}{\partial y}=-2y$，有 $\varphi'(y)=-2y$. 因此，$\varphi(y)=-y^2+C$. 这样，$z=x^2+\varphi(y)=x^2-y^2+C$. 将 $f(1,1)=2$ 代入，得 $C=2$.

即，函数 $z=f(x,y)=x^2-y^2+2$.

再由 $\dfrac{\partial z}{\partial x}=0,\dfrac{\partial z}{\partial y}=0$ 可知，在椭圆区域 D 内有唯一驻点 $M_1(0,0)$.

由边界 $4x^2+y^2=4$，解出 $y^2=4-4x^2$，将其代入二元函数 $z=x^2-y^2+2$. 得：

$$z=5x^2-2,x\in[-1,1].$$

求解可得驻点 $x=0$，此时利用 $y^2=4-4x^2$ 可解出 $y=\pm2$. 再结合区间 $[-1,1]$ 的边界点 $x=1$ 时，$y=0$，以及 $x=-1$ 时，$y=0$，因此，可能的最值点有

$$M_1(0,0),M_2(0,2),M_3(0,-2),M_4(1,0),M_5(-1,0).$$

因为 $f(0,0)=2,f(0,2)=f(0,-2)=-2,f(1,0)=f(-1,0)=3$，所以，函数 $z=f(x,y)$ 在椭圆区域 $D=\{(x,y)\,|\,4x^2+y^2\leqslant4\}$ 上的最大值为 3，最小值为 -2.

例7.7.3 某商场销售两种不同品牌(A 品牌和 B 品牌)的净水器，A 品牌净水器的进货价格为 3 千元每台，B 品牌净水器的进货价格为 4 千元每台. 市场调研的结果表明，两种不同品牌净水器的需求量与它们的价格有关系，且相互竞争，满足方程 $\begin{cases}x=100-50p+30q,\\ y=90+20p-35q,\end{cases}$ 其中 p,x 分别为 A 品牌净水器的销售价格和月销售量；q,y 分别为 B 品牌净水器的销售价格和月销售量. 问，这两种品牌的净水器销售价格分别为多少时，商场销售净水器的月利润最大，最大是多少？

解 商场销售净水器的月利润为：

$$\begin{aligned}L(p,q)&=(px+qy)-(3x+4y)\\ &=(100p-50\,p^2+50pq+90q-35\,q^2)-(660-70p-50q)\\ &=-50\,p^2+50pq-35\,q^2+170p+140q-660,\end{aligned}$$

$$\frac{\partial L}{\partial p}=-100p+50q+170,\frac{\partial L}{\partial q}=50p-70q+140,$$

令 $\dfrac{\partial L}{\partial p}=0,\dfrac{\partial L}{\partial q}=0$，解方程组 $\begin{cases}-100p+50q+170=0,\\ 50p-70q+140=0,\end{cases}$ 得 $p=4.2$，$q=5$.

由问题的实际意义可知，(4.2，5)为月利润函数 $L(p,q)$ 的唯一驻点，因此也是唯一的最大值点，此时对应的最大月利润为 $L(4.2,5)=47$.

所以，当 A 品牌净水器的销售价格为 4.2 千元每台，B 品牌净水器的销售价格为 5 千元每台时，商场销售净水器的月利润最大，为 4.7 万元.

7.7.3　条件极值

前面讨论的极值只是要求函数的自变量落在某个区域，或者在其定义域，除此之外，再无其他限制条件. 这类极值问题称为无条件极值. 但在许多情况下，我们需要讨论自变量在具有一定约束条件下函数的极值问题.

例如，已知一圆柱形易拉罐，如图 7-7-3 所示，其容积为 250ml，问底面半径 r 和高 h 分别为多少厘米时，易拉罐的表面积最小？

我们知道该易拉罐的表面积可简单表示为：

$$S(r,h)=2\pi r^2+2\pi rh.$$

图 7-7-3　条件极值示例

我们的问题是，在约束条件 $\pi r^2h=250$ 下，求函数 $S(r,h)$ 的最小值. 这里的 $S(r,h)$ 也称为目标函数. 这种在一定约束条件下，求目标函数极值的问题，就称为条件极值问题，简称条件极值. 把这个问题进一步一般化，可描述为

$$\begin{cases} z=f(x,y), \\ \varphi(x,y)=0. \end{cases} \tag{7.7.1}$$

这里 $z=f(x,y)$ 称为目标函数，$\varphi(x,y)=0$ 称为约束条件.

求解条件极值问题的方法之一是，将约束条件 $\varphi(x,y)=0$ 中的一个变量用另一个变量表示，例如 $y=y(x)$，然后将之代入目标函数 $z=f(x,y)=f(x,y(x))$，从而将条件极值问题转化为无条件极值问题. 当从约束条件中容易得出 y 或 x 的显性表示时，这种方法无疑是可行且方便的. 但是，如果将约束条件代入目标函数遇到困难，甚至行不通时，怎么办呢？因此，我们有必要探讨解决条件极值问题的一般性方法.

假定 $f(x,y)$ 与 $\varphi(x,y)$ 在区域 D 内有一阶连续偏导数，且 $(\varphi_x'(x,y))^2+(\varphi_y'(x,y))^2\neq 0$. 若目标函数 $z=f(x,y)$ 在点 (x_0,y_0) 处取得极值，不妨假设此时 $\varphi_y'(x_0,y_0)\neq 0$. 则根据隐函数存在定理，$\varphi(x,y)$ 唯一确定了一个有连续偏导数的函数 $y=y(x)$，将其代入到目标函数，得到一个关于 x 的函数 $z=f(x,y(x))$. 因为 (x_0,y_0) 是 $z=f(x,y)$ 的极值点，因此 x_0 必是一元函数 $z=f(x,y(x))$ 的极值点，故由费马定理，有

$$\frac{\mathrm{d}z}{\mathrm{d}x}\Big|_{x_0}=0.$$

结合全导数公式，即

$$\left(f_x'(x,y(x))+f_y'(x,y(x))\frac{\mathrm{d}y}{\mathrm{d}x}\right)\Big|_{x_0}=0. \qquad (7.7.2)$$

另一方面，由隐函数存在定理，可知

$$\frac{\mathrm{d}y}{\mathrm{d}x}=-\frac{\varphi_x'(x,y)}{\varphi_y'(x,y)}. \qquad (7.7.3)$$

将公式 (7.7.3) 代入公式 (7.7.2) 得

$$\left(f_x'(x,y(x))-f_y'(x,y(x))\frac{\varphi_x'(x,y)}{\varphi_y'(x,y)}\right)\Big|_{x_0}=0.$$

即

$$f_x'(x_0,y(x_0))-f_y'(x_0,y(x_0))\frac{\varphi_x'(x_0,y(x_0))}{\varphi_y'(x_0,y(x_0))}=0. \qquad (7.7.4)$$

令 $\lambda=-\dfrac{f_y'(x_0,y(x_0))}{\varphi_y'(x_0,y(x_0))}$，即

$$f_y'(x_0,y(x_0))+\lambda\,\varphi_y'(x_0,y(x_0))=0,$$

同时，公式 (7.7.4) 可写成

$$f_x'(x_0,y(x_0))+\lambda\,\varphi_x'(x_0,y(x_0))=0.$$

这样，若 (x_0,y_0) 为满足约束条件的极值点，则必定满足由如下三个方程构成的方程组：

$$\begin{cases} f_x'(x,y)+\lambda\,\varphi_x'(x,y)=0, \\ f_y'(x,y)+\lambda\,\varphi_y'(x,y)=0, \\ \varphi(x,y)=0. \end{cases} \qquad (7.7.5)$$

为方便起见，令 $L(x,y,\lambda)=f(x,y)+\lambda\varphi(x,y)$，则方程组 (7.7.5) 可简写成

$$\begin{cases} L_x'(x,y,\lambda)=0, \\ L_y'(x,y,\lambda)=0, \\ L_\lambda'(x,y,\lambda)=0. \end{cases} \qquad (7.7.6)$$

解方程 (7.7.6) 可得条件极值的驻点. 但这些驻点中，哪些是极值点，以及如何判断的问题，我们不再展开论述. 不过，这里需要

指出的是, 在许多实际问题中, 依据问题的实际意义, 我们通常容易判断出条件极值点的存在性. 另一方面, 如果通过解方程组 (7.7.6) 得到的驻点又是唯一的, 则驻点就一定是条件极值问题的极值点了.

这种通过解方程组 (7.7.6) 求条件极值问题的方法称为**拉格朗日乘数法** (Lagrange multipliers), 其中函数 L 称为拉格朗日函数.

例 7.7.4 已知一圆柱形易拉罐, 如图 7-7-3 所示, 其容积为 250ml, 问底面半径 r 和高 h 分别为多少 (cm) 时, 易拉罐的表面积最小?

解 目标函数为: $S(r,h) = 2\pi r^2 + 2\pi rh$, 约束条件为: $\pi r^2 h - 250 = 0$.

设拉格朗日函数 $L(r,h,\lambda) = 2\pi r^2 + 2\pi rh + \lambda(\pi r^2 h - 250)$, 解下列方程组,

$$\begin{cases} L_r'(r,h,\lambda) = 4\pi r + 2\pi h + 2\lambda \pi rh = 0, \\ L_h'(r,h,\lambda) = 2\pi r + \lambda \pi r^2 = 0, \\ L_\lambda'(r,h,\lambda) = \pi r^2 h - 250 = 0. \end{cases}$$

利用代入消元法, 可得, $r = \sqrt[3]{\dfrac{250}{2\pi}} = 5\sqrt[3]{\dfrac{1}{\pi}} \approx 3.414, h = 10\sqrt[3]{\dfrac{1}{\pi}} \approx 6.828$.

结合问题实际知: 在保证容积为 250ml 的条件下, 易拉罐的底面半径 r 和高 h 分别设计约为 3.414cm 和 6.828cm 时, 其表面积最小.

利用拉格朗日乘数法求解条件极值问题的方法还可以推广到自变量多于两个的情形. 其基本步骤可归纳如下:

步骤 1. 确定目标函数: $f(x_1, x_2, \cdots, x_n)$;

步骤 2. 明确约束条件: $\varphi(x_1, x_2, \cdots, x_n) = 0$;

步骤 3. 构造拉格朗日函数: $L(x_1, x_2, \cdots, x_n, \lambda) = f(x_1, x_2, \cdots, x_n) + \lambda \varphi(x_1, x_2, \cdots, x_n)$;

步骤 4. 解方程组 $\begin{cases} L_{x_1}'(x_1, x_2, \cdots, x_n, \lambda) = 0, \\ L_{x_2}'(x_1, x_2, \cdots, x_n, \lambda) = 0, \\ \qquad \vdots \\ L_{x_n}'(x_1, x_2, \cdots, x_n, \lambda) = 0, \\ L_\lambda'(x_1, x_2, \cdots, x_n, \lambda) = 0, \end{cases}$ 得驻点, 再结合

问题的实际意义判断驻点是否为极值点.

此外, 若约束条件不止一个, 例如还有 $\psi(x_1, x_2, \cdots, x_n) = 0$, 则构造拉格朗日函数如下:

$$L(x_1, x_2, \cdots, x_n, \lambda, \mu) = f(x_1, x_2, \cdots, x_n) + \lambda \varphi(x_1, x_2, \cdots, x_n) + \mu \psi(x_1, x_2, \cdots, x_n).$$

这样就多了一个未知量 μ，相应地，待求解的方程组为

$$\begin{cases} L'_{x_1}(x_1,x_2,\cdots,x_n,\lambda,\mu)=0, \\ L'_{x_2}(x_1,x_2,\cdots,x_n,\lambda,\mu)=0, \\ \qquad\qquad\vdots \\ L'_{x_n}(x_1,x_2,\cdots,x_n,\lambda,\mu)=0, \\ L'_{\lambda}(x_1,x_2,\cdots,x_n,\lambda,\mu)=0, \\ L'_{\mu}(x_1,x_2,\cdots,x_n,\lambda,\mu)=0, \end{cases}$$

多了一个方程，因此，同样可求解出

驻点.

例 7.7.5 已知空间曲线 C: $\begin{cases} x^2+y^2-z^2=1, \\ 2x-y-z=1, \end{cases}$ 求该曲线上到原点距离最近的点的坐标和最近距离.

解 设 $P(x,y,z)$ 为曲线 C 上任一点，P 到原点的距离为 $d=\sqrt{x^2+y^2+z^2}$. 因为距离最近等价于距离的平方最小，因此，为简便起见，设目标函数为

$$f(x,y,z)=x^2+y^2+z^2.$$

因为点 $P(x,y,z)$ 在曲线 C 上，因此既满足曲面方程 $x^2+y^2-z^2=1$，又满足平面方程 $2x-y-z=1$. 因此，点 $P(x,y,z)$ 需要满足的约束条件有两个：

约束条件 1：$x^2+y^2-z^2-1=0$；

约束条件 2：$2x-y-z-1=0$；

构造拉格朗日函数

$L(x,y,z,\lambda,\mu)=x^2+y^2+z^2+\lambda(x^2+y^2-z^2-1)+\mu(2x-y-z-1)$,

解下列方程组，

$$\begin{cases} L'_x(x,y,z,\lambda,\mu)=2x+2\lambda x+2\mu=0, & (7.7.7) \\ L'_y(x,y,z,\lambda,\mu)=2y+2\lambda y-\mu=0, & (7.7.8) \\ L'_z(x,y,z,\lambda,\mu)=2z-2\lambda z-\mu=0, & (7.7.9) \\ L'_{\lambda}(x,y,z,\lambda,\mu)=x^2+y^2-z^2-1=0, & (7.7.10) \\ L'_{\mu}(x,y,z,\lambda,\mu)=2x-y-z-1=0. & (7.7.11) \end{cases}$$

由(7.7.8)可得 $\mu=2y+2\lambda y$，代入(7.7.7)得 $2x+2\lambda x+4y+4\lambda y=0$，即

$(1+\lambda)(2x+4y)=0$，得：$\lambda=-1$，或 $x=-2y$.

(1) 当 $\lambda=-1$ 时，由式(7.7.7)可得：$\mu=0$，由式(7.7.9)可得：$z=\dfrac{\mu}{4}=0$. 代入式(7.7.10)和式(7.7.11)，解方程组

$$\begin{cases} x^2+y^2-1=0, \\ 2x-y-1=0, \end{cases} \text{可得：} \begin{cases} x=0, \\ y=-1, \end{cases} \text{或} \begin{cases} x=\dfrac{4}{5}, \\ y=\dfrac{3}{5}. \end{cases} \text{从而驻点为}(0,-1,0)$$

和 $\left(\dfrac{4}{5},\dfrac{3}{5},0\right)$.

(2) 当 $x=-2y$ 时，代入式(7.7.10)和式(7.7.11)，解方程组 $\begin{cases} 5y^2-z^2-1=0, \\ -5y-z-1=0, \end{cases}$ 可知该方程组在实数范围内无解.

综上，驻点为 $(0,-1,0)$ 和 $\left(\dfrac{4}{5},\dfrac{3}{5},0\right)$，且这两点到原点的距离均为 1. 结合问题的实际意义可知，该曲线上到原点距离最近的点的坐标为 $(0,-1,0)$ 和 $\left(\dfrac{4}{5},\dfrac{3}{5},0\right)$，对应的最近距离为 1.

习题 7.7

1. 求下列二元函数的极值点和极值

(1) $f(x,y)=x^2y+\dfrac{1}{2}y^2-y$；　　　(2) $z=x^3+y^3-3xy$；

(3) $z=x^2+y^3-6xy$；　　　(4) $z=xy(1-x-y)$.

2. 设 $z=z(x,y)$ 是由 $x^2-6xy+10y^2-2yz-z^2+18=0$ 所确定的函数，求函数 $z=z(x,y)$ 的极值点和极值.

3. 设 $f(x,y)=xe^x-(1+e^x)\cos y$，试判断点 $(0,0)$ 和点 $(-2,\pi)$ 是否为 $f(x,y)$ 的极值点，说明理由，并指出是 $f(x,y)$ 的极大值点还是极小值点.

4. 求函数 $z=x^2+y^2$ 在平面直线 $\dfrac{x}{2}+\dfrac{y}{3}=1$ 上的最小值.

5. 求坐标原点到空间曲线 Γ：$\begin{cases} z=x^2+y^2, \\ x+y+z=1 \end{cases}$ 的最长和最短距离.

6. 某种新型产品的柯布-道格拉斯生产函数模型为 $f(x,y)=16x^{0.25}y^{0.75}$，其中 x,y 分别表示产量为 $f(x,y)$ 时所需的劳动力数量和资本数量. 已知每个劳动力的成本为 100 元，每单位的资本使用成本为 150 元. 若生产商的总预算为 100 万元，则如何分配这笔预算，以使该新型产品的产量最大.

7.8* 线性回归与最小二乘法

7.8.1 线性回归

回归分析是一种应用极为广泛的量化分析方法，它侧重考察变量之间的数量变化规律，并通过建立回归方程的形式描述和反映这种关系，进而为预测提供科学依据. 而线性回归，则是回归分析中最常用的方法之一. 例如，某地区自 2010 年以来每平方米商品房价格(单位：万元)大致如表 7-8-1 所示.

表 7-8-1 某地区 2010 年-2018 年每平方米商品房价格表

(单位：万元)

年份	2010	2011	2012	2013	2014	2015	2016	2017	2018
每平方米价格	2.5	2.61	2.72	3.88	3.73	4.01	4.71	5.39	5.93

若以年份为横坐标，以每平方米价格为纵坐标，可画出其散点图，如图 7-8-1 所示．可以发现，这些数据点较均匀地散布在一条直线的附近．这条直线就称为**回归直线**(regressionline).

若我们把图 7-8-1 中的数据看作二维平面上的坐标 (x_i, y_i)，$i=1,2,\cdots,n.$ 而图 7-8-1 中的直线可用方程

$$y=kx+b \qquad (7.8.1)$$

来表示．因为数据点并不都在直线上，或者说，当我们找不到某条直线，使得所有的数据点都在该直线上时，我们退而求其次，找一条直线，使得这些数据点与这条直线都很接近．因此，也就是求公式(7.8.1)中的 k 和 b，使得直线 $y=kx+b$ 满足上述要求．那么，直线 $y=kx+b$ 就称为通过线性回归得到的回归直线．

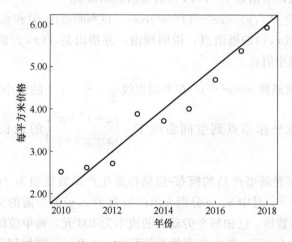

图 7-8-1 某地区各年每平方米商品房价格散点图

7.8.2 最小二乘法

如何确定直线方程 $y=kx+b$ 中的 k 和 b，使得图 7-8-1 中的数据点与直线 $y=kx+b$ 都很接近呢？为此先给出**偏差**(deviation)的概念：对数据点 (x_i, y_i) 而言，y_i 与 (kx_i+b) 的差，$y_i-(kx_i+b)$ 称为偏差，如图 7-8-2 所示．并且，容易发现，有多少个数据点，就会产生多少个偏差．那么，能否通过使所有的偏差和 $\sum_{i=1}^{n}(y_i-f(x_i))$ 最小，来实现数据点与直线 $y=kx+b$ 都很接近的目的呢？这显然不行，因为偏差有正有负，若直接求和，可能会相互抵消，因此，可能出现偏差的代数和很小，但数据点与直

线偏差较大的情况. 所以, 一般做法是使偏差的平方和
$\sum\limits_{i=1}^{n}(y_i-f(x_i))^2$ 最小, 这样就可以实现数据点与直线 $y=kx+b$
都很接近的目的. 因此, 以偏差的平方和为目标函数:

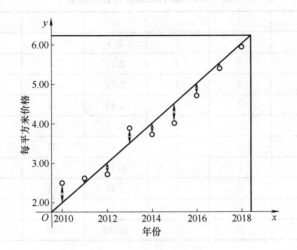

图 7-8-2 偏差示意图

$$Q(k,b) = \sum_{i=1}^{n}(y_i-f(x_i))^2 = \sum_{i=1}^{n}(y_i-(kx_i+b))^2,$$

$$(7.8.2)$$

求出使得 $Q(k,b)$ 最小的极值点 (k,b), 从而得到回归直线 $y=kx+b$
的方法就称为**最小二乘法**(method of least squares).

利用求函数最值方法, 结合 $Q(k,b)$ 偏导数存在, 先求驻点:

$$\begin{cases} \dfrac{\partial Q}{\partial k} = -2\sum\limits_{i=1}^{n}((y_i-(kx_i+b)) \cdot x_i) = 0, \\ \dfrac{\partial Q}{\partial b} = -2\sum\limits_{i=1}^{n}(y_i-(kx_i+b)) = 0, \end{cases}$$

$$(7.8.3)$$

化简公式(7.8.3)可得

$$\begin{cases} k\sum\limits_{i=1}^{n}x_i^2 + b\sum\limits_{i=1}^{n}x_i - \sum\limits_{i=1}^{n}x_iy_i = 0, \\ k\sum\limits_{i=1}^{n}x_i + nb - \sum\limits_{i=1}^{n}y_i = 0. \end{cases}$$

$$(7.8.4)$$

将数据点的坐标(x_i,y_i)代入公式(7.8.4), 即可解出 k, b, 从而
得到回归直线 $y=kx+b$.

下面以表 7-8-1 中的数据点为例, 利用最小二乘法, 结合公式
(7.8.4), 这里 $n=9$, 对其回归直线 $y=kx+b$ 中的 k 和 b 进行
计算.

因为是线性回归, 为简便计算起见, 以 x_i 表示第 i 年, 取 $x_i =$
i. 例如 2010 年为数据点的第一年, 取 $x_1=1$, 2011 年为数据点的

第二年，取 $x_2=2$，以此类推．以 y_i 表示每平方米价格(单位：万元)，先计算 x_i^2，$x_i y_i$，$i=1,2,\cdots,9$．然后求和．以下通过列表来计算，如表 7-8-2 所示．

表 7-8-2　最小二乘法计算过程表

年份	i	x_i	y_i	x_i^2	$x_i y_i$
2010	1	1	2.5	1	2.5
2011	2	2	2.61	4	5.22
2012	3	3	2.72	9	8.16
2013	4	4	3.88	16	15.52
2014	5	5	3.73	25	18.65
2015	6	6	4.01	36	24.06
2016	7	7	4.71	49	32.97
2017	8	8	5.39	64	43.12
2018	9	9	5.93	81	53.37
2019	Σ	45	35.48	285	203.57

将表 7-8-2 的计算结果代入方程(7.8.4)，得

$$\begin{cases} 285k+45b-203.57=0, \\ 45k+9b-35.48=0. \end{cases} \qquad (7.8.5)$$

解方程(7.8.5)可得，$k=0.436$，$b=1.761$．于是，所求的回归直线方程为

$$y=0.436x+1.761. \qquad (7.8.6)$$

在上述分析中，由于依据数据点(表 7-8-1)画出的散点图接近于一条直线，所以，在这种情况下，我们采用线性函数(公式(7.8.1))建立回归方程，并利用最小二乘法计算(或者说估计)出回归方程的系数 k 和 b，从而得到了回归直线(7.8.6)．

但是，还有一些实际问题，例如传染病传播初期累计确诊病例与时间(天)之间的关系，通常不是线性关系，而是呈现为指数函数的形式．

例如，在某传染病大范围传播初期，取连续 16 天的每日累计确诊病例数，以 t_i 表示第 i 天，y_i 表示第 i 天的累计确诊病例数，$i=1,2,\cdots,16$，全部数据如表 7-8-3 所示．

表 7-8-3　某传染病每日累计确诊病例数

t_i	1	2	3	4	5	6	7	8
y_i	291	440	571	830	1287	1975	2744	4515
t_i	9	10	11	12	13	14	15	16
y_i	5974	7711	9692	11791	14380	17205	20438	24324

若以天数 t_i 为横坐标，以累计确诊病例数 y_i 为纵坐标，可画

出其散点图，如图 7-8-3 所示．可以发现，这些数据点呈现曲线增长的趋势．结合传染病传播规律，其传播早期呈现为指数增长模式，即t_i与y_i近似满足指数函数：

$$y = me^{kt}. \tag{7.8.7}$$

为此，对公式(7.8.7)两边取自然对数，得：$\ln y = kt + \ln m.$

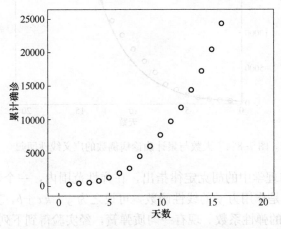

图 7-8-3　天数与累计确诊病例数散点图

若进一步记$b = \ln m$，则公式(7.8.7)可写为：

$$\ln y = kt + b. \tag{7.8.8}$$

于是，$\ln y$就是t的线性函数，这样就可以利用线性回归的方法计算出k和b的值．具体步骤如下，首先解方程组：

$$\begin{cases} k\sum\limits_{i=1}^{16} t_i^2 + b\sum\limits_{i=1}^{16} t_i - \sum\limits_{i=1}^{16} t_i\ln y_i = 0, \\ k\sum\limits_{i=1}^{16} t_i + 16b - \sum\limits_{i=1}^{16}\ln y_i = 0, \end{cases} \tag{7.8.9}$$

容易计算出

$$\sum_{i=1}^{16} t_i^2 = 1496,\ \sum_{i=1}^{16} t_i = 136,\ \sum_{i=1}^{16} t_i\ln y_i = 1221,\ \sum_{i=1}^{16}\ln y_i = 131.$$

将其代入公式(7.8.9)，通过计算，可得出$k = 0.3033$，$b = 5.638$．因此，公式(7.8.8)可写成：$\ln y = 0.3033t + 5.638.$ 或者等价地写成：

$$y = 280.9 \cdot e^{0.3033t}. \tag{7.8.10}$$

公式(7.8.10)也称为广义线性回归方程，其对应的曲线与数据点(t_i, y_i)如图 7-8-4 所示．

习题 7.8

1. 用最小二乘法求直线方程 $y = kx + b$，拟合下列数据点：$(2,1)$，$(5,2)$，$(7,3)$，$(8,3)$.

出其散点图,如图 7-8-4 那样. 可取该经验公式数学模型曲线
原先的起点.右方为散点的散点图,其表示的折线为折线方
段式,即方程~红曲线与指数函数.

$$y = mx$$

为此,将公式(7-8,7)两边取对数并加工列表,有: $\ln y = kx + \ln a$.

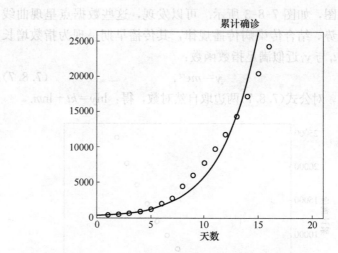

图 7-8-4　天数与累计确诊病例数的广义线性回归

2. 物理学中的胡克定律指出,在弹性范围内,一个匀质弹簧的长度 x 是作用力 y 的线性函数,可设之为 $y = kx + b$,其中 k 称为该弹簧的弹性系数. 现有一匀质弹簧,经实验得到下列数据:

x(cm)	2.6	3.0	3.5	4.3
y(N)	0	1	2	3

试确定此弹簧的受力方程 $y = kx + b$.

第8章

二重积分

与一元函数的积分学相比,多元函数积分学的内容要丰富得多,它不仅包含重积分,还包括曲线积分以及曲面积分.单就重积分而言,它主要包含二重积分和三重积分.本书仅研究二重积分.

同一元函数定积分类似,二重积分也有自己的几何意义和物理意义,并且,与一元函数定积分的数学本质一致,二重积分也是用积分和(累加和)式的极限来定义的.由于定积分的积分区域通常为数轴上的某一区间,而二重积分的积分区域通常为平面上的某一区域.因此,二重积分也被看作是定积分在二维空间上的推广.

8.1　二重积分的概念与性质

8.1.1　二重积分的引例

引例1　曲顶柱体体积的计算问题

对于规则的柱体,如图 8-1-1 所示长方体和圆柱体,其体积等于底面积×高.而在实际问题的研究中,经常需要计算形如图 8-1-2 所示空间立体的体积,该立体也称为曲顶柱体,即以 xOy 平面上的闭区域 D 为底,以曲面 $S: z=f(x,y)$ 为顶(其中 $f(x,y)$ 是平面区域 D 上的连续函数),以 D 的边界线为准线且平行于 z 轴的直线为母线作出的柱面为侧面,围成的柱体.

对于该曲顶柱体,若顶部曲面 S 为平面 $z=h$,则只需要计算区域 D 的面积,体积就等于区域 D 的面积×高(h).

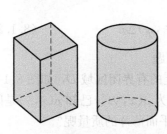

图 8-1-1　长方体与圆柱体示意图

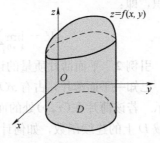

图 8-1-2　曲顶柱体示意图

然而，若曲面 S 不是平面，即区域 D 内每一点 (x,y) 对应的高 $f(x,y)$ 不是固定的常数，而是变化的值，我们自然会联想到用微元法来解决曲顶柱体体积的计算问题.

(1) 分割. 将平面区域 D 任意划分成 n 个小闭区域. $\Delta\sigma_1$，$\Delta\sigma_2,\cdots,\Delta\sigma_n$，并以 $\Delta\sigma_i(i=1,2,\cdots,n)$ 表示第 i 个小闭区域的面积. 如图 8-1-3 所示. 以每个小区域 $\Delta\sigma_i$ 的边界线为准线，以平行于 z 轴的直线为母线作出小的曲顶柱体 ΔV_1，ΔV_2，$\cdots$，ΔV_n，从而得到 n 个小的曲顶柱体，并以 $\Delta V_i(i=1,2,\cdots,n)$ 表示第 i 个小曲顶柱体的体积.

(2) 近似. 对于小曲顶柱体 ΔV_i，由于无法精确计算其体积值，这里以平顶柱体的体积近似表示. 即在每个小的平面闭区域 $\Delta\sigma_i$ 中，选取一点 $(\xi_i,\eta_i)\in\Delta\sigma_i$，以该点对应的函数值 $f(\xi_i,\eta_i)$ 为高，作平顶柱体，如图 8-1-4 所示，则 ΔV_i 可近似表示为：

$$\Delta V_i\approx f(\xi_i,\eta_i)\Delta\sigma_i(i=1,2,\cdots,n).$$

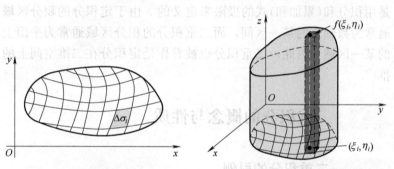

图 8-1-3　区域 D 的划分　　　图 8-1-4　曲顶柱体的近似

直观来看，对区域 D 分割的越细密，近似的程度越好.

(3) 求和. 对 n 个小曲顶柱体的体积求和，并用小平顶柱体的体积之和近似曲顶柱体的体积，即：

$$V=\sum_{i=1}^{n}\Delta V_i\approx\sum_{i=1}^{n}f(\xi_i,\eta_i)\Delta\sigma_i \tag{8.1.1}$$

(4) 取极限. 用 λ_i 表示第 i 个小闭区域 $\Delta\sigma_i$ 的直径，即，小闭区域 $\Delta\sigma_i$ 上任意两点的距离最大值，并记 $\lambda=\max\{\lambda_1,\lambda_2,\cdots,\lambda_n\}$. 显然，$\lambda$ 依赖于对区域 D 的分割，并且，直观来看，随着 $\lambda\to0$，分割将愈加细密，小平顶柱体的体积和将无限趋近于曲顶柱体的体积，即：

$$V=\lim_{\lambda\to0}\sum_{i=1}^{n}f(\xi_i,\eta_i)\Delta\sigma_i \tag{8.1.2}$$

引例 2　平面薄片质量的计算问题

已知一平面薄片，占有 xOy 面上的有界闭区域 D，如图 8-1-5 所示. 若该薄片在 (x,y) 处的面密度为 $\rho(x,y)$，已知 $\rho(x,y)$ 是闭区域 D 上的连续函数，如何计算该平面薄片的质量呢？

如果该平面薄片是均匀的，即密度为常数 ρ，则只需要计算区

域 D 的面积，该薄片的质量就等于区域 D 的面积×密度(ρ). 若密度不是常数，即区域 D 内每一点 (x,y) 的密度 $\rho(x,y)$ 是变化的值，我们同样会联想到用微元法来解决平面薄片质量的计算问题.

(1) 分割. 将平面区域 D 任意划分成 n 个小闭区域 $\Delta\sigma_1$，$\Delta\sigma_2$，$\cdots$，$\Delta\sigma_n$，并以 $\Delta\sigma_i(i=1,2,\cdots,n)$ 表示第 i 个小闭区域的面积. 如图 8-1-6 所示. 从而将整个薄片分割成 n 个小薄片.

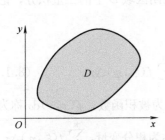

图 8-1-5　平面薄片示意图　　图 8-1-6　区域 D 的划分

(2) 近似. 对于每个小薄片的质量 Δm_i，由于无法精确计算，这里以密度均匀薄片的质量来近似，即在每个小的平面闭区域 $\Delta\sigma_i$ 中，选取一点 $(\xi_i,\eta_i)\in\Delta\sigma_i$，以该点对应的密度值 $\rho(\xi_i,\eta_i)$ 为该小薄片 $\Delta\sigma_i$ 的密度，则 $\Delta m_i\approx\rho(\xi_i,\eta_i)\Delta\sigma_i,i=1,2,\cdots,n$.

(3) 求和. 对 n 个小薄片质量求和，并用每个薄片质量的近似值之和来近似整个薄片的质量，

$$m=\sum_{i=1}^{n}\Delta m_i\approx\sum_{i=1}^{n}\rho(\xi_i,\eta_i)\Delta\sigma_i. \tag{8.1.3}$$

(4) 取极限. 同样用 λ_i 表示第 i 个小闭区域 $\Delta\sigma_i$ 的直径，即，小闭区域 $\Delta\sigma_i$ 上任意两点的距离最大值，并记 $\lambda=\max\{\lambda_1,\lambda_2,\cdots,\lambda_n\}$. 显然，随着 $\lambda\to 0$，分割将愈加细密，而平面薄片的质量可表示为：

$$m=\lim_{\lambda\to 0}\sum_{i=1}^{n}\rho(\xi_i,\eta_i)\Delta\sigma_i. \tag{8.1.4}$$

8.1.2　二重积分的定义

对比引例 1 和引例 2 可以发现，这两个问题尽管具体背景不同，一个来源于几何问题，一个来源于物理问题，但待求的量均归结为和式的极限，如式(8.1.2)和式(8.1.4). 事实上，不仅这里给出的两个引例如此，有许多几何量和物理量都可归结为类似于式(8.1.2)和式(8.1.4)所表示的和式的极限. 因此，为了更一般地表述这种类型的和式的极限，我们将其定义为**二重积分**(double integral)，具体如下：

定义 8.1.1　设 D 是平面上的有界闭区域，函数 $f(x,y)$ 是 D 上的有界函数. 将闭区域 D 任意划分成 n 个小闭区域 $\Delta\sigma_1$，

$\Delta\sigma_2$，$\cdots$，$\Delta\sigma_n$，并以 $\Delta\sigma_i(i=1,2,\cdots,n)$ 表示第 i 个小闭区域的面积. 在每个 $\Delta\sigma_i$ 任取一点 $(\xi_i,\eta_i)\in\sigma_i$，做乘积并作和式 $\sum\limits_{i=1}^{n}f(\xi_i,\eta_i)\Delta\sigma_i$，若当所有小闭区域直径的最大值 $\lambda\to 0$ 时，该和式的极限

$$\lim_{\lambda\to 0}\sum_{i=1}^{n}f(\xi_i,\eta_i)\Delta\sigma_i$$

存在，则称此极限为函数 $f(x,y)$ 在闭区域 D 上的二重积分，记作 $\iint\limits_{D}f(x,y)\mathrm{d}\sigma$. 即

$$\iint\limits_{D}f(x,y)\mathrm{d}\sigma=\lim_{\lambda\to 0}\sum_{i=1}^{n}f(\xi_i,\eta_i)\Delta\sigma_i. \tag{8.1.5}$$

式中，D 称为积分区域，$f(x,y)$ 称为被积函数，$f(x,y)\mathrm{d}\sigma$ 称为被积表达式，$\mathrm{d}\sigma$ 称为面积微元，x,y 称为积分变量，$\sum\limits_{i=1}^{n}f(\xi_i,\eta_i)\Delta\sigma_i$ 称为积分和式.

注 1 从定义 8.1.1 可以看出，二重积分与定积分的数学本质是相同的，即，它们都是积分和式的极限.

注 2 依据定义 8.1.1，引例 1 中曲顶柱体的体积可表示为 $V=\iint\limits_{D}f(x,y)\mathrm{d}\sigma$，这也同时反映了二重积分的几何意义. 即，当 $f(x,y)\geqslant 0$ 时，二重积分 $\iint\limits_{D}f(x,y)\mathrm{d}\sigma$ 表示以平面区域 D 为底，以 $z=f(x,y)$ 为曲顶的曲顶柱体的体积；当 $f(x,y)\leqslant 0$ 时，曲顶柱体位于 xOy 面下方，二重积分 $\iint\limits_{D}f(x,y)\mathrm{d}\sigma$ 为负值，其绝对值为曲顶柱体的体积；当 $f(x,y)$ 有正有负时，二重积分 $\iint\limits_{D}f(x,y)\mathrm{d}\sigma$ 就等于曲顶柱体位于 xOy 面上方的体积减去位于 xOy 面下方的体积，也就是说，二重积分 $\iint\limits_{D}f(x,y)\mathrm{d}\sigma$ 等于积分区域上曲顶柱体体积的代数和.

注 3 若二重积分 $\iint\limits_{D}f(x,y)\mathrm{d}\sigma$ 的被积函数恒为 1，即 $f(x,y)=1$，则积分值就是积分区域 D 的面积，记作 $A=\iint\limits_{D}\mathrm{d}\sigma$，其中，$A$ 表示区域 D 的面积。这同时也说明，可以利用二重积分表示和计算平面区域的面积.

注 4 如果二重积分 $\iint_{D}f(x,y)\mathrm{d}\sigma$ 存在，即累加和式的极限存在，则称二元函数 $f(x,y)$ 在平面区域 D 上可积. 事实上，由定义可知，若函数 $f(x,y)$ 在有界闭区域 D 上可积，则函数 $f(x,y)$ 一

定是区域 D 上的有界函数. 同时，还可以证明，若函数 $f(x,y)$ 在有界闭区域 D 上连续，则 $f(x,y)$ 在区域 D 上一定可积.

例 8.1.1 利用二重积分的几何意义，计算积分 $\iint\limits_{D}(2-\sqrt{x^2+y^2})\mathrm{d}\sigma$，其中，$D:x^2+y^2\leqslant 4$.

解 被积函数对应的曲面方程为 $z=2-\sqrt{x^2+y^2}$，表示以 $(0,0,2)$ 为顶点的锥面，如图 8-1-7 所示. 它与 xOy 面的交线为：$2-\sqrt{x^2+y^2}=0$，即 $x^2+y^2=4$，恰好是积分区域 D 的边界线. 因此，根据二重积分的几何意义可知，$\iint\limits_{D}2-\sqrt{x^2+y^2}\mathrm{d}\sigma$ 表示的就是以区域 D 为底，以 $z=2-\sqrt{x^2+y^2}$ 为曲顶的曲顶柱体体积，也就是图 8-1-7 所示的锥体的体积. 显然有：

$$\iint\limits_{D}2-\sqrt{x^2+y^2}\mathrm{d}\sigma=\frac{1}{3}\pi\cdot 2^2\cdot 2=\frac{8}{3}\pi.$$

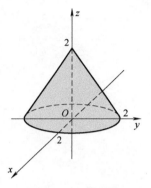

图 8-1-7 锥面图

8.1.3 二重积分的对称性

由二重积分的定义和几何意义，利用二重积分 $\iint_{D}f(x,y)\mathrm{d}\sigma$ 等于积分区域上曲顶柱体体积的代数和，可以得到以下结论：

(1) 设平面上的有界闭区域 D 可以分为关于 y 轴（或 x 轴）对称的两块区域 D_1 和 D_2，若函数 $f(x,y)$ 是关于 x（或 y）的奇函数，即：$f(-x,y)=-f(x,y)$（或 $f(x,-y)=-f(x,y)$），则：

$$\iint\limits_{D}f(x,y)\mathrm{d}\sigma=0.$$

(2) 设平面上的有界闭区域 D 可以分为关于 y 轴（或 x 轴）对称的两块区域 D_1 和 D_2，若函数 $f(x,y)$ 是关于 x（或 y）的偶函数，即：$f(-x,y)=f(x,y)$（或 $f(x,-y)=f(x,y)$），则

$$\iint\limits_{D}f(x,y)\mathrm{d}\sigma=2\iint\limits_{D_1}f(x,y)\mathrm{d}\sigma=2\iint\limits_{D_2}f(x,y)\mathrm{d}\sigma.$$

这两个结论也称为二重积分的对称性. 灵活运用二重积分的对称性，可以简化重积分的计算.

例 8.1.2 利用二重积分的对称性，计算积分 $\iint\limits_{D}y^2\cdot\sin x\mathrm{d}\sigma$，其中，$D:x^2+y^2\leqslant 2y$.

解 因为 $x^2+y^2\leqslant 2y$，等价于 $x^2+(y-1)^2\leqslant 1$. 所以积分区域 D 为图 8-1-8 所示区域. 显然，区域 D 关于 y 轴对称，而被积函数 $f(x,y)=y^2\cdot\sin x$ 是关于 x 的奇函数，这是因为 $f(-x,y)=-f(x,y)$. 因此，由二重积分的对称性，可知

$$\iint\limits_{D}y^2\cdot\sin x\mathrm{d}\sigma=0.$$

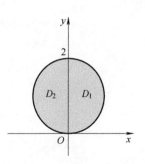

图 8-1-8 例 8.1.2 的
积分区域

8.1.4 二重积分的性质

二重积分的性质与定积分类似，且证明的方法也类似，这里不加证明地给出这些性质. 设 D 是 xOy 平面上的有界闭区域，函数 $f(x,y),g(x,y)$ 在 D 上可积.

性质 8.1.1 $\iint\limits_{D}(f(x,y)+g(x,y))\mathrm{d}\sigma = \iint\limits_{D}f(x,y)\mathrm{d}\sigma + \iint\limits_{D}g(x,y)\mathrm{d}\sigma.$

性质 8.1.2 $\iint\limits_{D}kf(x,y)\mathrm{d}\sigma = k\iint\limits_{D}f(x,y)\mathrm{d}\sigma$，这里 k 为常数.

将性质 8.1.1 和性质 8.1.2 结合，则有：

推论 8.1.1 $\iint\limits_{D}(\alpha f(x,y)+\beta g(x,y))\mathrm{d}\sigma = \alpha\iint\limits_{D}f(x,y)\mathrm{d}\sigma + \beta\iint\limits_{D}g(x,y)\mathrm{d}\sigma$

推论 8.1.1 表明二重积分作为一种运算，具有线性性质.

性质 8.1.3 若区域 D 可被分成两个没有公共内点的区域 D_1 和 D_2，且 $D=D_1\bigcup D_2$，则

$$\iint\limits_{D}f(x,y)\mathrm{d}\sigma = \iint\limits_{D_1}f(x,y)\mathrm{d}\sigma + \iint\limits_{D_2}f(x,y)\mathrm{d}\sigma.$$

该性质表明二重积分对积分区域具有可加性.

性质 8.1.4 若在区域 D 上有 $f(x,y)\geqslant g(x,y)$，则

$$\iint\limits_{D}f(x,y)\mathrm{d}\sigma \geqslant \iint\limits_{D}g(x,y)\mathrm{d}\sigma.$$

利用该性质，可以得出如下推论：

推论 8.1.2 若在区域 D 上有 $f(x,y)\geqslant 0$，则 $\iint\limits_{D}f(x,y)\mathrm{d}\sigma \geqslant 0$.

推论 8.1.3 $\iint\limits_{D}|f(x,y)|\mathrm{d}\sigma \geqslant \left|\iint\limits_{D}f(x,y)\mathrm{d}\sigma\right|.$

这是因为，$|f(x,y)| \geqslant f(x,y) \geqslant -|f(x,y)|$，所以，由性质 8.1.4，有

$$\iint\limits_{D}|f(x,y)|\mathrm{d}\sigma \geqslant \iint\limits_{D}f(x,y)\mathrm{d}\sigma \geqslant -\iint\limits_{D}|f(x,y)|\mathrm{d}\sigma,$$ 这等价于

$$\iint\limits_{D}|f(x,y)|\mathrm{d}\sigma \geqslant \left|\iint\limits_{D}f(x,y)\mathrm{d}\sigma\right|.$$

推论 8.1.4 若 M,m 分别为函数在区域 D 上的最大值和最小值，即 $M\geqslant f(x,y)\geqslant m$，则有

$$MA \geqslant \iint\limits_{D}f(x,y)\mathrm{d}\sigma \geqslant mA.$$

其中，A 表示平面区域 D 的面积. 推论 8.1.4 也称为估值不等式，可用于估计二重积分的大致范围.

性质 8.1.5 若函数 $f(x,y)$ 在有界闭区域 D 上连续，A 为平面区域 D 的面积，则在 D 上至少存在一点 $(\xi,\eta)\in D$，使得

$$\iint\limits_D f(x,y)\mathrm{d}\sigma = f(\xi,\eta)\cdot A.$$

此性质称为二重积分的中值定理，其几何意义可这样描述：以积分区域 D 为底，以曲面 $z=f(x,y)$ 为曲顶的曲顶柱体的体积，等于以区域 D 为底，以 D 内某点 (ξ,η) 对应的函数值 $f(\xi,\eta)$ 为高的平顶柱体的体积.

由性质 8.1.5 自然得到：

$$\frac{1}{A}\iint\limits_D f(x,y)\mathrm{d}\sigma = f(\xi,\eta).$$

因此，通常也把 $\dfrac{1}{A}\iint\limits_D f(x,y)\mathrm{d}\sigma$ 称为函数 $f(x,y)$ 在平面区域 D 上的平均值.

例 8.1.3 利用二重积分的性质，比较积分 $\iint\limits_D \mathrm{e}^{x+y}\mathrm{d}\sigma$ 和积分 $\iint\limits_D \mathrm{e}^{(x+y)^2}\mathrm{d}\sigma$ 的大小，其中，$D:(x-2)^2+(y-2)^2\leqslant 1$.

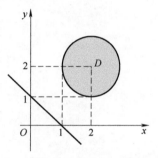

图 8-1-9 例 8.1.3 的 积分区域

解 由 $(x-2)^2+(y-2)^2\leqslant 1$ 可知积分区域 D 如图 8-1-9 所示，显然，区域 D 上的每一点 (x,y) 都满足：$x+y>1$. 所以，$(x+y)^2>x+y$，从而 $\mathrm{e}^{(x+y)^2}>\mathrm{e}^{x+y}$. 利用二重积分的性质 8.1.4 可知，$\iint\limits_D \mathrm{e}^{(x+y)^2}\mathrm{d}\sigma \geqslant \iint\limits_D \mathrm{e}^{x+y}\mathrm{d}\sigma$.

例 8.1.4 利用二重积分的性质，估计积分 $\iint\limits_D(x^2+\sin y+1)\mathrm{d}\sigma$ 的范围，其中 D 为矩形区域，$D:-1\leqslant x\leqslant 1,0\leqslant y\leqslant \pi$，如图 8-1-10 所示.

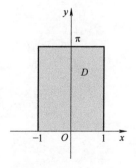

图 8-1-10 例 8.1.4 的 积分区域

解 先求函数 $f(x,y)=x^2+\sin y+1$ 在区域 D 上的最大值和最小值，为此，由 $\begin{cases}\dfrac{\partial f}{\partial x}=2x=0,\\[2mm]\dfrac{\partial f}{\partial y}=\cos y=0\end{cases}$ 得区域 D 内的驻点 $\left(0,\dfrac{\pi}{2}\right)$，其对应的函数值为 $f\left(0,\dfrac{\pi}{2}\right)=2$. 在区域 D 边界上，分两种情形讨论：

(1) 当 $x=\pm 1$，$0\leqslant y\leqslant \pi$ 时，$f(x,y)=1+\sin y+1=2+\sin y$，最大值为 3，最小值为 2；

(2) 当 $y=0$ 或 π，$-1\leqslant x\leqslant 1$ 时，$f(x,y)=x^2+0+1=1+x^2$，最大值为 2，最小值为 1.

因此，在闭区域 D 上，$1\leqslant x^2+\sin y+1\leqslant 3$，而区域 D 的面

其中, A 表示平面区域 D 的面积. 而 $6.8.1$ 式的左边

$$2\pi \leqslant \iint\limits_{D} (x^2 + \sin y + 1)\,\mathrm{d}\sigma \leqslant 6\pi.$$

习题 8.1

1. 利用二重积分的几何意义, 计算二重积分 $\iint\limits_{D}\sqrt{R^2-x^2-y^2}\,\mathrm{d}\sigma$, 其中, $D: x^2+y^2 \leqslant R^2, R>0$.

2. 利用二重积分的对称性, 计算积分 $\iint\limits_{D} y\,\mathrm{d}\sigma$, 其中, $D: x^2+y^2 \leqslant 2x$.

3. 利用二重积分的性质和对称性, 计算积分 $\iint\limits_{D}(\sin(xy^2) + y\sin(x^2))\,\mathrm{d}\sigma$, 其中 D 为矩形区域, $D = \{(x, y) \,|-1 \leqslant x \leqslant 1, -2 \leqslant y \leqslant 2\}$.

4. 证明: 不等式 $1 \leqslant \iint\limits_{D}(\sin(x^2)+\cos(y^2))\,\mathrm{d}\sigma \leqslant \sqrt{2}$, 其中 D 是正方形区域: $0 \leqslant x \leqslant 1$, $0 \leqslant y \leqslant 1$.

5. 设函数 $f(x, y)$, $g(x, y)$ 在有界闭区域 D 上均连续, 且 $g(x, y) \geqslant 0, \forall\,(x, y) \in D$. 证明, 存在点 $(\xi, \eta) \in D$, 使得 $\iint\limits_{D} f(x, y) \cdot g(x, y)\,\mathrm{d}\sigma = f(\xi, \eta)\iint\limits_{D} g(x, y)\,\mathrm{d}\sigma$.

8.2 直角坐标系下二重积分的计算

二重积分的定义尽管给我们提供了计算二重积分的方法, 但直接利用定义计算二重积分显然是不方便的. 那么, 如何计算二重积分呢? 8.1 节中介绍的二重积分的几何意义以及二重积分的对称性, 可以作为二重积分的计算方法, 但不具备普适性. 本节和下一节, 我们将从**直角坐标系**(rectangular coordinates)和**极坐标系**(polar coordinates), 分别来介绍更具一般性的二重积分的基本计算方法, 即把二重积分化成累次积分, 也就是两个叠合的一元定积分, 相应的计算过程就是逐次计算两个定积分.

设函数 $f(x, y)$ 在平面有界闭区域 D 上可积, 即二重积分 $\iint\limits_{D} f(x, y)\,\mathrm{d}\sigma$ 存在, 也就是累加和式的极限存在. 由极限的唯一性可知, 该极限值与积分区域 D 的划分方式没有关系, 因此, 为了计算的方便, 可以采取特殊的方式对区域 D 进行划分.

在直角坐标系下, 较为方便的就是用平行于两坐标轴的直线组成的网格对积分区域 D 进行分割, 如图 8-2-1 所示. 此时的面积微元 $\mathrm{d}\sigma$ 就可看作小矩形的面积, 即 $\mathrm{d}\sigma = \mathrm{d}x\mathrm{d}y$. 二重积分相应地

写成：

$$\iint_D f(x,y)\,\mathrm{d}\sigma = \iint_D f(x,y)\,\mathrm{d}x\mathrm{d}y.$$

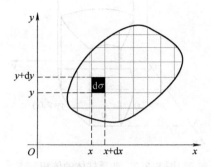

图 8-2-1　用平行于坐标轴的直线对积分区域进行分割

以下，结合二重积分的几何意义，给出将重积分化成累次积分的方法和公式.

设有界闭区域 D 为：$D=\{(x,y)\mid a\leqslant x\leqslant b,\varphi_1(x)\leqslant y\leqslant \varphi_2(x)\}$，其中 $\varphi_1(x)$，$\varphi_2(x)$ 是区间 $[a,b]$ 上的连续函数，如图 8-2-2a 所示. 这类区域的特点就是，在变量 x 的取值区间 $[a,b]$ 内任选一点，过该点做垂直于 x 轴的直线，该直线穿过区域 D，且与区域 D 的上、下边界至多相交于两点，如图 8-2-2b 所示. 这种类型的积分区域 D，我们称之为 X-型区域，并将曲线 $y=\varphi_1(x)$ 称为积分区域 D 的下边界，将曲线 $y=\varphi_2(x)$ 称为积分区域 D 的上边界.

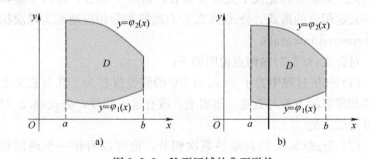

图 8-2-2　X-型区域的典型形状

结合二重积分的几何意义，不妨设 $f(x,y)\geqslant 0$，则 $\iint_D f(x,y)\,\mathrm{d}x\mathrm{d}y$ 在数值上等于以积分区域 D 为底，以 $z=f(x,y)$ 为曲顶的曲顶柱体的体积，如图 8-2-3 所示. 取 $x\in[a,b]$，并做垂直于 x 轴的平面，此平面截曲顶柱体所得截面为一曲边梯形，如图 8-2-3 中阴影部分所示. 利用定积分的几何意义，可知阴影部分的面积

$$A(x)=\int_{\varphi_1(x)}^{\varphi_2(x)} f(x,y)\,\mathrm{d}y.$$

再利用已知截面面积求立体体积的方法，可知，曲顶柱体的体积为

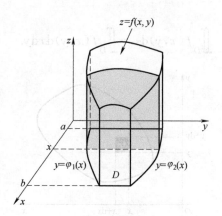

图 8-2-3　曲顶柱体的体积

$$V = \int_a^b A(x)\mathrm{d}x$$

$$= \int_a^b \left[\int_{\varphi_1(x)}^{\varphi_2(x)} f(x,y)\mathrm{d}y \right] \mathrm{d}x.$$

因此，在平面直角坐标系下，

$$\iint_D f(x,y)\mathrm{d}x\mathrm{d}y = \int_a^b \left[\int_{\varphi_1(x)}^{\varphi_2(x)} f(x,y)\mathrm{d}y \right] \mathrm{d}x. \quad (8.2.1)$$

习惯上，公式(8.2.1)也简写成

$$\iint_D f(x,y)\mathrm{d}x\mathrm{d}y = \int_a^b \mathrm{d}x \int_{\varphi_1(x)}^{\varphi_2(x)} f(x,y)\mathrm{d}y. \quad (8.2.2)$$

这样，在 $f(x,y) \geqslant 0$ 的假设下，当积分区域为 X-型区域时，我们把二重积分转化成了先对 y 积分，再对 x 积分，即两个叠合的一元定积分的形式. 公式(8.2.2)右端的积分相应地称为**累次积分**(repeated integral).

对公式(8.2.2)做两点说明如下：

(1) 分析过程中关于 $f(x,y) \geqslant 0$ 的假设仅是为了几何意义上描述和理解的方便与直观，事实上，没有这一假设，公式(8.2.2)仍然是成立的.

(2) 公式(8.2.2)右端的累次积分，也可以看作一个内层积分，一个外层积分. 内层积分是对被积函数 $f(x,y)$ 关于积分变量 y 从 $\varphi_1(x)$ 到 $\varphi_2(x)$ 的积分，在内层积分过程中，是把 x 看作常数，因此，内层积分的积分结果为关于 x 的函数. 而外层积分则是对该 x 的函数从 a 到 b 计算其定积分.

若有界闭区域 D 为：$D = \{(x,y) \mid c \leqslant y \leqslant d, \psi_1(y) \leqslant x \leqslant \psi_2(y)\}$，其中 $\psi_1(y)$，$\psi_2(y)$ 是区间 $[c,d]$ 上的连续函数，如图 8-2-4a 所示. 这类区域的特点就是，在变量 y 的取值区间 $[c,d]$ 内任选一点，过该点做垂直于 y 轴的直线，该直线穿过区域 D，且与区域 D 的左、右边界至多相交于两点，如图 8-2-4b 所示. 这种类型的积分区域 D，我们将之称为 Y-型区域，并将曲线 $x = \psi_1(y)$ 称为积分区

域 D 的左边界，将曲线 $x=\psi_2(y)$ 称为积分区域 D 的右边界.

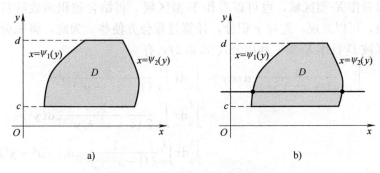

a) b)

图 8-2-4 Y-型区域的典型形状

与分析 X-型区域上二重积分转化为累次积分的方式类似，当积分区域 D 可表示为 Y-型区域 $D=\{(x,y)\,|\,c\leqslant y\leqslant d,\psi_1(y)\leqslant x\leqslant \psi_2(y)\}$ 时，二重积分可表示为如下形式的累次积分：

$$\iint_D f(x,y)\mathrm{d}x\mathrm{d}y = \int_c^d \left[\int_{\psi_1(y)}^{\psi_2(y)} f(x,y)\mathrm{d}x\right]\mathrm{d}y. \quad (8.2.3)$$

习惯上，公式(8.2.3)也简写成

$$\iint_D f(x,y)\mathrm{d}x\mathrm{d}y = \int_c^d \mathrm{d}y\int_{\psi_1(y)}^{\psi_2(y)} f(x,y)\mathrm{d}x. \quad (8.2.4)$$

这里，内层积分是对被积函数 $f(x,y)$ 关于积分变量 x 从 $\psi_1(y)$ 到 $\psi_2(y)$ 的积分，在内层积分过程中，是把 y 看作常数，因此，内层积分的积分结果为关于 y 的函数. 而外层积分则是对该 y 的函数从 c 到 d 计算其定积分.

若积分区域 D 形状较为复杂，如图 8-2-5 所示，既不是 X-型区域，也不是 Y-型区域. 此时，可以利用二重积分对积分区域的可加性，结合积分区域和被积函数的特点，将积分区域 D 分成若干个小的 X-型区域或 Y-型区域，然后在这些小区域上分别计算二重积分，并将积分结果相加，即可得到整个积分区域 D 上二重积分的结果. 例如图 8-2-5 所示的积分区域 D 就可以分成 3 个 X-型区域.

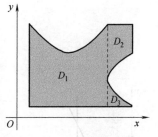

图 8-2-5 复杂的积分区域形状

将二重积分转化成累次积分，是计算二重积分的基本方法. 在利用累次积分计算二重积分时，需要同时考虑积分的形状和被积函数的特点，以确定适当的累次积分方法，或者说选取恰当的累次积分次序.

这里需要提醒大家的是，在使用累次积分计算二重积分时，外层积分的上限与下限总是常数；但内层积分的上限和下限可能是函数，并且，不论是外层积分还是内层积分，上限总是大于等于下限.

例 8.2.1 计算 $\iint_D \dfrac{y}{(1+x^2+y^2)^2}\mathrm{d}x\mathrm{d}y$，其中 D 为矩形区域 $D=\{(x,y)\,|\,0\leqslant x\leqslant 1,0\leqslant y\leqslant 1\}$

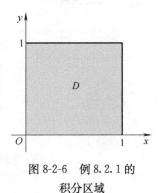

图 8-2-6 例 8.2.1 的积分区域

解 首先画出积分区域,如图 8-2-6 所示. 易知,区域 D 可以看作 X-型区域,也可以看作 Y-型区域. 再结合被积函数的特点,可以发现,先对 y 积分,计算过程会方便些. 为此,将积分区域 D 看作 X-型,利用公式(8.2.2),有

$$
\begin{aligned}
\iint_D \frac{y}{(1+x^2+y^2)^2}\mathrm{d}x\mathrm{d}y &= \int_0^1 \mathrm{d}x \int_0^1 \frac{y}{(1+x^2+y^2)^2}\mathrm{d}y \\
&= \int_0^1 \mathrm{d}x \int_0^1 \frac{1}{2(1+x^2+y^2)^2}\mathrm{d}(y^2) \\
&= \int_0^1 \mathrm{d}x \int_0^1 \frac{1}{2(1+x^2+y^2)^2}\mathrm{d}(1+x^2+y^2) \\
&= \int_0^1 \frac{-1}{2(1+x^2+y^2)}\bigg|_{y=0}^{y=1}\mathrm{d}x \\
&= -\frac{1}{2}\int_0^1 \left(\frac{1}{2+x^2}-\frac{1}{1+x^2}\right)\mathrm{d}x \\
&= \frac{1}{2}\int_0^1 \frac{1}{1+x^2}\mathrm{d}x - \frac{1}{2}\int_0^1 \frac{1}{2+x^2}\mathrm{d}x \\
&= \frac{1}{2}\arctan x\bigg|_0^1 - \frac{1}{2}\cdot\frac{1}{\sqrt{2}}\arctan\frac{x}{\sqrt{2}}\bigg|_0^1 \\
&= \frac{1}{2}\left(\frac{\pi}{4}-0\right) - \frac{\sqrt{2}}{4}\left(\arctan\frac{\sqrt{2}}{2}-0\right) \\
&= \frac{\pi}{8} - \frac{\sqrt{2}}{4}\cdot\arctan\frac{\sqrt{2}}{2}.
\end{aligned}
$$

例 8.2.2 计算 $\iint_D (x^2+xy)\mathrm{d}x\mathrm{d}y$,其中 D 是由直线 $x=0$,$x=1$ 以及直线 $y=x$,$y=2x$ 围成的平面闭区域.

解 首先画出积分区域,如图 8-2-7 所示. 易知,区域 D 可以看作 X-型区域,这样,$x\in[0,1]$,积分区域 D 的下边界为 $y=x$,上边界为 $y=2x$. 因此,将重积分转化成累次积分,并计算可得

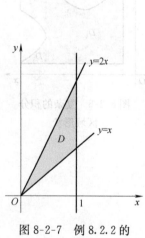

图 8-2-7 例 8.2.2 的积分区域

$$
\begin{aligned}
\iint_D (x^2+xy)\mathrm{d}x\mathrm{d}y &= \int_0^1 \mathrm{d}x \int_x^{2x}(x^2+xy)\mathrm{d}y \\
&= \int_0^1 \left(x^2 y + \frac{1}{2}xy^2\right)\bigg|_{y=x}^{y=2x}\mathrm{d}x \\
&= \int_0^1 \left(2x^3+2x^3-x^3-\frac{1}{2}x^3\right)\mathrm{d}x \\
&= \frac{5}{8}.
\end{aligned}
$$

例 8.2.3 计算 $\iint_D xy\mathrm{d}x\mathrm{d}y$,其中 D 由抛物线 $x=y^2$ 和直线 $y=x-2$ 围成.

解 为了画出积分区域,首先求解抛物线 $x=y^2$ 与直线 $y=x-2$ 的交点. 联立方程 $\begin{cases} x=y^2, \\ y=x-2, \end{cases}$ 求解得交点 $(1,-1)$ 和 $(4,2)$.

从而得到积分区域的示意图，如图 8-2-8a 所示. 显然区域 D 不能直接看作 X-型区域，但可看作两个 X-型区域 D_1 和 D_2 的并，如图 8-2-8b 所示. 其中，对区域 D_1，$x \in [0,1]$，区域 D_1 的下边界为 $y = -\sqrt{x}$，上边界为 $y = \sqrt{x}$；对区域 D_2，$x \in [1,4]$，区域 D_2 的下边界为 $y = x-2$，上边界为 $y = \sqrt{x}$. 这样，二重积分 $\iint_D xy\,dx\,dy$ 就可以写成两个累次积分的和：

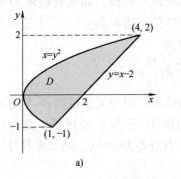
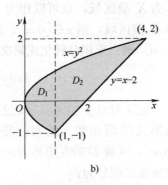

图 8-2-8 例 8.2.3 的积分区域

$$
\begin{aligned}
\iint_D xy\,dx\,dy &= \iint_{D_1} xy\,dx\,dy + \iint_{D_2} xy\,dx\,dy \\
&= \int_0^1 dx \int_{-\sqrt{x}}^{\sqrt{x}} xy\,dy + \int_1^4 dx \int_{x-2}^{\sqrt{x}} xy\,dy \\
&= 0 + \int_1^4 \frac{1}{2}xy^2 \Big|_{y=x-2}^{y=\sqrt{x}}\,dx \\
&= \frac{1}{2}\int_1^4 (x^2 - x^3 + 4x^2 - 4x)\,dx \\
&= \frac{45}{8}.
\end{aligned}
$$

当然，本题若将区域 D 看作 Y-型区域，计算则更简便. 此时，$y \in [-1,2]$，区域 D 的左边界为 $x = y^2$，右边界为 $x = y+2$. 相应地，二重积分 $\iint_D xy\,dx\,dy$ 可以写成如下累次积分，并计算可得

$$
\begin{aligned}
\iint_D xy\,dx\,dy &= \int_{-1}^2 dy \int_{y^2}^{y+2} xy\,dx \\
&= \int_{-1}^2 \frac{1}{2}x^2 y \Big|_{x=y^2}^{x=y+2}\,dy \\
&= \frac{1}{2}\int_{-1}^2 (y^3 + 4y^2 + 4y - y^5)\,dy \\
&= \frac{45}{8}.
\end{aligned}
$$

对比例 8.2.3 中的两种计算方法，可以发现，将二重积分转化为累次积分时，选择不同的积分次序会影响积分过程的繁易.

有时甚至会出现更极端的情况，即在一种积分次序下，无法计算出重积分结果，但换一种积分次序后，就可以相对容易地计算出重积分的结果．

例 8.2.4   计算 $\iint_D e^{y^2} dxdy$，其中 D 由直线 $x=0, x=a, y=x$ 和直线 $y=a$ 围成．

解   首先画出积分区域 D，如图 8-2-9 所示．显然 D 既可以作为 X-型区域，也可以作为 Y-型区域．然而，如果我们将 D 看作 X-型区域，则 $x\in[0,a]$，区域 D 的下边界为 $y=x$，上边界为 $y=a$．则二重积分转化成累次积分为

$$\iint_D e^{y^2} dxdy = \int_0^a dx \int_x^a e^{y^2} dy.$$

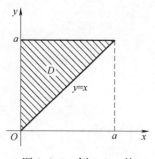

图 8-2-9 例 8.2.4 的
积分区域

但这时对 y 的定积分无法得出结果，因为无法得到 e^{y^2} 初等函数形式的原函数．然而，若我们将 D 看作 Y-型区域，则 $y\in[0,a]$，区域 D 的左边界为 $x=0$，右边界为 $x=y$．则二重积分转化成累次积分为：

$$\begin{aligned}
\iint_D e^{y^2} dxdy &= \int_0^a dy \int_0^y e^{y^2} dx \\
&= \int_0^a x e^{y^2} \Big|_{x=0}^{x=y} dy \\
&= \int_0^a y e^{y^2} dy \\
&= \frac{1}{2}(e^{a^2} - 1).
\end{aligned}$$

从而得到了二重积分的计算结果．

例 8.2.4 说明了恰当选择积分次序的重要性．因此，从二重积分计算方法探讨和思维训练的角度，研究如何改变累次积分的积分次序也是必需的．

事实上，改变累次积分的积分次序，其思路和方法是直接的，简单来说，就是根据给定的二次积分的积分次序和积分限，还原出积分区域 D，也就相当于把累次积分还原回二重积分，然后以另外一种积分次序（原来将 D 看作 X-型区域，则新的积分次序需要将 D 看作 Y-型区域，反之亦然），写出累次积分的表达式．

例 8.2.5   改变累次积分 $\int_0^1 dx \int_0^x f(x,y)dy + \int_1^2 dx \int_0^{2-x} f(x,y)dy$ 的积分次序．

解   该积分区域由两部分组成，$D_1 = \{(x,y) \mid 0 \leqslant x \leqslant 1, 0 \leqslant y \leqslant x\}$，$D_2 = \{(x,y) \mid 1 \leqslant x \leqslant 2, 0 \leqslant y \leqslant 2-x\}$．因此积分区域 $D = D_1 \bigcup D_2$，如图 8-2-10 所示．显然，题设中的积分次序是把积分区域 D 看作 X-型区域而得到的．为了改变积分次序，这里将 D 看作 Y-型区域，则 $0 \leqslant y \leqslant 1$，积分区域的左边界为 $x=y$，右边界为 $x=2-y$，因此，有

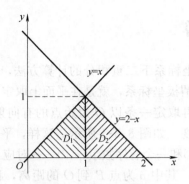

图 8-2-10　例 8.2.4 的积分区域

$$\int_0^1 \mathrm{d}x \int_0^x f(x,y)\mathrm{d}y + \int_1^2 \mathrm{d}x \int_0^{2-x} f(x,y)\mathrm{d}y = \int_0^1 \mathrm{d}y \int_y^{2-y} f(x,y)\mathrm{d}x.$$

习题 8.2

1. 画出下列二次积分所对应的二重积分的积分区域 D，并改变积分次序.

(1) $\displaystyle\int_0^1 \mathrm{d}y \int_y^{\sqrt{y}} f(x,y)\mathrm{d}x$;

(2) $\displaystyle\int_0^1 \mathrm{d}y \int_y^{\sqrt{y}} f(x,y)\mathrm{d}x$;

(3) $\displaystyle\int_1^2 \mathrm{d}x \int_{2-x}^{\sqrt{2x-x^2}} f(x,y)\mathrm{d}y$;

(4) $\displaystyle\int_0^1 \mathrm{d}y \int_0^{2y} f(x,y)\mathrm{d}x + \int_1^3 \mathrm{d}y \int_0^{3-y} f(x,y)\mathrm{d}x$.

2. 计算下列二重积分.

(1) $\displaystyle\iint_D (3x+2y)\mathrm{d}\sigma$，其中 D 是由两坐标轴及直线 $x+y=2$ 所围成的闭区域；

(2) $\displaystyle\iint_D x\sqrt{y}\,\mathrm{d}\sigma$，其中 D 是由两条抛物线 $y=\sqrt{x}$，$y=x^2$ 所围成的闭区域；

(3) $\displaystyle\iint_D \mathrm{e}^{x+y}\mathrm{d}\sigma$，其中 D 是由 $|x|+|y|\leqslant 1$ 所确定的闭区域；

(4) $\displaystyle\iint_D \sqrt{|y-x^2|}\,\mathrm{d}\sigma$，其中 D 是由 $-1\leqslant x\leqslant 1$，$0\leqslant y\leqslant 2$ 所确定的闭区域；

(5) $\displaystyle\iint_D y\,\mathrm{d}\sigma$，其中 D 是由直线 $y=x-1$ 和抛物线 $y^2=2x+6$ 所围成的闭区域.

3. 设 $I = \displaystyle\int_0^1 \mathrm{d}y \int_y^{\sqrt{y}} \frac{\sin x}{x}\mathrm{d}x$，请交换积分次序，并计算该积分的值.

8.3　极坐标系下二重积分的计算

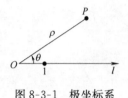

图 8-3-1　极坐标系

为了研究极坐标系下二重积分的计算方法,我们需要首先回顾极坐标系. 所谓极坐标系,就是在平面上取定一点 O 作为原点(也称为极点),再取定一条以 O 为始点的有向射线 l 作为极轴,并设定了单位长度,如图 8-3-1 所示. 这样,平面上的任意一点 P(除极点 O 外)都和一个有序数组(ρ,θ)一一对应,我们将(ρ,θ)称为点 P 的极坐标,其中 ρ 为点 P 到 O 的距离,称为极径;θ 是 l 与 OP 的夹角,称为极角,取逆时针方向为正. 特别地,当 P 与极点 O 重合时,将$(0,\theta)$记为点 P 的极坐标,其中 θ 可以为任意值. 并且容易知道,在极坐标系下,方程 $\rho=\rho_0(\rho_0>0$ 为常数)表示的平面曲线为圆,方程 $\theta=\theta_0$ 表示射线.

若进一步假定以 O 为原点,以 l 为 x 轴,在平面上同时建立了一个 xOy 直角坐标系,此时,点 P 的直角坐标(x,y)与其极坐标(ρ,θ)之间的关系可表示如下:

$$\begin{cases} x=\rho\cos\theta, \\ y=\rho\sin\theta. \end{cases} \tag{8.3.1}$$

有了这些基础知识,我们就可以研究极坐标系下,二重积分 $\iint_D f(x,y)\mathrm{d}\sigma$ 的计算方法.

假定积分区域 D 中所有点的极坐标(ρ,θ)满足 $a\leqslant\rho\leqslant b$,$\alpha\leqslant\theta\leqslant\beta$,如图 8-3-2 所示. 则可以用同心圆族 $\rho=\rho_i$ 和以 O 为起点的射线族 $\theta=\theta_i$ 组成网格分割积分区域 D. 分割形成的典型小区域为 $\Delta\sigma_{ij}$,同时也用 $\Delta\sigma_{ij}$ 表示其面积. 则

$$\Delta\sigma_{ij}=\frac{1}{2}(\theta_j-\theta_{j-1})\rho_i^2-\frac{1}{2}(\theta_j-\theta_{j-1})\rho_{i-1}^2.$$

令 $\Delta\theta=\theta_j-\theta_{j-1}$,$\Delta\rho=\rho_i-\rho_{i-1}$,则

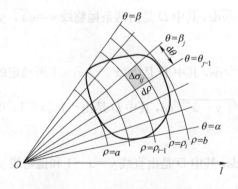

图 8-3-2　极坐标系下的面积微元

$$\Delta\sigma_{ij}=\frac{1}{2}\Delta\theta(\rho_i^2-(\rho_i-\Delta\rho)^2)=\frac{1}{2}\Delta\theta(2\rho_i\Delta\rho-(\Delta\rho)^2)\approx\rho_i\Delta\rho\Delta\theta.$$

不失一般性，若用面积的微元 $d\sigma$ 近似表示典型小区域的面积，则 $d\sigma = \rho d\rho d\theta$. 这样表示的 $d\sigma$ 也称为极坐标系下面积的微元.

因此，在极坐标系下，结合公式（8.3.1），二重积分 $\iint_D f(x,y)d\sigma$ 就可以写成

$$\iint_D f(x,y)d\sigma = \iint_D f(\rho\cos\theta, \rho\sin\theta)\rho d\rho d\theta. \qquad (8.3.2)$$

极坐标系下二重积分的计算，同样可以转化成累次积分，也就是两个定积分叠合的形式来计算. 以下分三种情形，分别讨论如何在极坐标系下，将二重积分转化为累次积分.

情形 1 积分区域 D 介于两条射线 $\theta = \alpha$，$\theta = \beta$ 之间，而积分区域 D 远离极点，即，D 上每一点都位于 D 的边界曲线 $\rho = \rho_1(\theta)$ 和曲线 $\rho = \rho_2(\theta)$ 之间. 如图 8-3-3 所示.

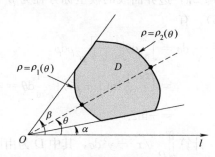

图 8-3-3 极坐标系下积分区域情形 1

为了更清晰地描述积分区域 D，以方便计算，一般步骤是：首先确定极角的范围 $\alpha \leqslant \theta \leqslant \beta$，然后在极角 α 和 β 之间以 O 为起点作一条射线，该射线穿过积分区域 D，且通常情况下有两个交点，如图 8-3-3 所示. 距离极点 O 较近的交点所在的边界线 $\rho = \rho_1(\theta)$ 称为小边界，相应地，距离极点 O 较远的交点所在的边界线 $\rho = \rho_2(\theta)$ 称为大边界.

这样，积分区域 D 就可描述为：$D = \{(\rho, \theta) \mid \alpha \leqslant \theta \leqslant \beta, \rho_1(\theta) \leqslant \rho \leqslant \rho_2(\theta)\}$，相应地，二重积分在极坐标系下的累次积分就可以写成：

$$\iint_D f(x,y)d\sigma = \int_\alpha^\beta \left[\int_{\rho_1(\theta)}^{\rho_2(\theta)} f(\rho\cos\theta, \rho\sin\theta)\rho d\rho \right] d\theta. \qquad (8.3.3)$$

习惯上，公式（8.3.3）也简写成

$$\iint_D f(x,y)d\sigma = \int_\alpha^\beta d\theta \int_{\rho_1(\theta)}^{\rho_2(\theta)} f(\rho\cos\theta, \rho\sin\theta)\rho d\rho. \qquad (8.3.4)$$

情形 2 积分区域 D 介于两条射线 $\theta = \alpha$，$\theta = \beta$ 之间，而极点在积分区域 D 的边界上，边界曲线为 $\rho = \rho(\theta)$，如图 8-3-4 所示.

这样，积分区域 D 就可描述为：$D = \{(\rho, \theta) \mid \alpha \leqslant \theta \leqslant \beta, 0 \leqslant \rho \leqslant \rho(\theta)\}$，相应地，二重积分在极坐标系下的累次积分就可以简写成

$$\iint_D f(x,y)d\sigma = \int_\alpha^\beta d\theta \int_0^{\rho(\theta)} f(\rho\cos\theta, \rho\sin\theta)\rho d\rho. \qquad (8.3.5)$$

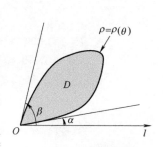

图 8-3-4 极坐标系下
积分区域情形 2

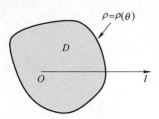

图 8-3-5　极坐标系下
积分区域情形 3

情形 3　极点在积分区域 D 的内部，边界曲线为 $\rho=\rho(\theta)$，如图 8-3-5 所示.

这样，积分区域 D 就可描述为：$D=\{(\rho,\theta)\mid 0\leqslant\theta\leqslant 2\pi,0\leqslant\rho\leqslant\rho(\theta)\}$，相应地，二重积分在极坐标系下的累次积分就可以简写成

$$\iint\limits_{D}f(x,y)\mathrm{d}\sigma=\int_0^{2\pi}\mathrm{d}\theta\int_0^{\rho(\theta)}f(\rho\cos\theta,\rho\sin\theta)\rho\mathrm{d}\rho. \qquad (8.3.6)$$

以下用例题的形式来说明极坐标系下二重积分的计算.

例 8.3.1　计算 $\iint_D\dfrac{1}{1+x^2+y^2}\mathrm{d}\sigma$，其中 D 为由圆 $x^2+y^2=1$ 围成的圆域.

解　由圆 $x^2+y^2=1$ 所围成的圆域如图 8-3-6 所示. 极角 θ 的范围为：$0\leqslant\theta\leqslant 2\pi$，边界曲线的极坐标方程为 $\rho=1,0\leqslant\theta\leqslant 2\pi$. 利用公式(8.3.6)，有

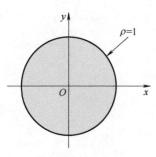

图 8-3-6　例 8.3.1
的积分区域

$$\begin{aligned}
\iint_D\frac{1}{1+x^2+y^2}\mathrm{d}\sigma&=\int_0^{2\pi}\mathrm{d}\theta\int_0^1\frac{1}{1+\rho^2}\rho\mathrm{d}\rho\\
&=\int_0^{2\pi}\frac{1}{2}\ln(1+\rho^2)\Big|_{\rho=0}^{\rho=1}\mathrm{d}\theta=\frac{1}{2}\int_0^{2\pi}\ln2\mathrm{d}\theta\\
&=\pi\ln2.
\end{aligned}$$

例 8.3.2　计算 $\iint_D\sqrt{x^2+y^2}\mathrm{d}\sigma$，其中 D 为由圆 $x^2+y^2=2y$ 和 y 轴围成的第一象限的区域.

解　由圆 $x^2+y^2=2y$ 和 y 轴围成的第一象限的区域如图 8-3-7 所示. 极角 θ 的范围为：$0\leqslant\theta\leqslant\dfrac{\pi}{2}$，边界曲线的极坐标方程为：$\rho=2\sin\theta$. 利用公式(8.3.5)，所以

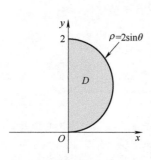

图 8-3-7　例 8.3.2
的积分区域

$$\begin{aligned}
\iint_D\sqrt{x^2+y^2}\mathrm{d}\sigma&=\int_0^{\frac{\pi}{2}}\mathrm{d}\theta\int_0^{2\sin\theta}\rho\cdot\rho\mathrm{d}\rho=\int_0^{\frac{\pi}{2}}\frac{1}{3}\rho^3\Big|_{\rho=0}^{\rho=2\sin\theta}\mathrm{d}\theta\\
&=\frac{8}{3}\int_0^{\frac{\pi}{2}}\sin^3\theta\mathrm{d}\theta=-\frac{8}{3}\int_0^{\frac{\pi}{2}}(1-\cos^2\theta)\mathrm{d}\cos\theta\\
&=-\frac{8}{3}\cdot\left(\cos\theta-\frac{1}{3}\cos^3\theta\right)\Big|_{\theta=0}^{\theta=\frac{\pi}{2}}\\
&=-\frac{8}{3}\cdot\left(-\frac{2}{3}\right)=\frac{16}{9}.
\end{aligned}$$

例 8.3.3　计算 $\iint_D\dfrac{1}{\sqrt{x^2+y^2}}\mathrm{d}\sigma$，其中 D 为由直线 $y=\dfrac{\sqrt{3}}{3}x$，$y=x$ 及曲线 $x^2+y^2=2x$，$x^2+y^2=4x$ 所围成的区域.

解　由直线 $y=\dfrac{\sqrt{3}}{3}x$，$y=x$ 及曲线 $x^2+y^2=2x$，$x^2+y^2=4x$ 所围成的区域如图 8-3-8 所示. 极角 θ 的范围为 $\dfrac{\pi}{6}\leqslant\theta\leqslant\dfrac{\pi}{4}$. 大边界线 $x^2+y^2=4x$ 对应的极坐标方程为 $\rho=4\cos\theta$，小边界线 x^2+

$y^2 = 2x$ 对应的极坐标方程为 $\rho = 2\cos\theta$. 利用公式（8.3.4），所以

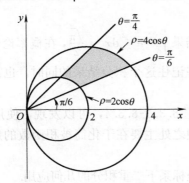

图 8-3-8 例 8.3.3 的积分区域

$$\iint_D \frac{1}{\sqrt{x^2 + y^2}} d\sigma = \int_{\frac{\pi}{6}}^{\frac{\pi}{4}} d\theta \int_{2\cos\theta}^{4\cos\theta} \frac{1}{\rho} \cdot \rho d\rho$$

$$= \int_{\frac{\pi}{6}}^{\frac{\pi}{4}} 2\cos\theta d\theta = 2\left(\sin\frac{\pi}{4} - \sin\frac{\pi}{6}\right)$$

$$= \sqrt{2} - 1.$$

例 8.3.4 利用二重积分计算 $I = \int_0^{+\infty} e^{-x^2} dx$.

解 本题若想通过计算 e^{-x^2} 的原函数，进而求广义积分的值，是不可能的. 因为，e^{-x^2} 在初等函数范围内是没有原函数的. 而本题提出了利用二重积分计算，可以发现，若将题设等式 $I = \int_0^{+\infty} e^{-x^2} dx$ 中的变量 x 变成 y，等式将仍然成立. 因此，有

$$I^2 = \int_0^{+\infty} e^{-x^2} dx \cdot \int_0^{+\infty} e^{-y^2} dy = \int_0^{+\infty} dx \int_0^{+\infty} e^{-x^2} e^{-y^2} dy$$

$$= \int_0^{+\infty} dx \int_0^{+\infty} e^{-(x^2+y^2)} dy = \iint_D e^{-(x^2+y^2)} dx dy.$$

其中，积分区域 D 为平面直角坐标系下的第一象限，是一个无界区域，该区域上的二重积分，也称为广义二重积分，广义二重积分的计算与一元函数的广义积分计算类似. 这样，通过计算二重积分，就可以得到 I^2 的值.

而在平面直角坐标系下，是无法计算该二重积分的. 结合被积函数 $e^{-(x^2+y^2)}$ 的形式，可考虑在极坐标系下计算该二重积分. 因为积分区域 D 是第一象限，所以，对应的极角 θ 的范围为：$0 \leqslant \theta \leqslant \frac{\pi}{2}$，极径的范围：$0 \leqslant \rho < +\infty$，即

$$\iint_D e^{-(x^2+y^2)} dx dy = \int_0^{\frac{\pi}{2}} d\theta \int_0^{+\infty} e^{-\rho^2} \rho d\rho$$

$$= \lim_{R \to +\infty} \int_0^{\frac{\pi}{2}} d\theta \int_0^R e^{-\rho^2} \rho d\rho = \lim_{R \to +\infty} \frac{\pi}{4}(1 - e^{-R^2})$$

$$= \frac{\pi}{4},$$

因此，$I=\dfrac{\sqrt{\pi}}{2}$.

例 8.3.4 的结果 $\displaystyle\int_0^{+\infty}\mathrm{e}^{-x^2}\mathrm{d}x=\dfrac{\sqrt{\pi}}{2}$，在概率论中有着广泛的应用，因此，大家在记住这个积分结果的同时，也需要掌握其计算方法.

综合上述例题 8.3.1-8.3.4，可以发现，使用极坐标系计算二重积分，其方便之处主要在于化简被积函数的形式或者积分变量的取值范围.

以下介绍极坐标系下二重积分的几何应用.

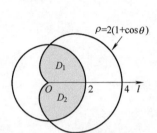

图 8-3-9　例 8.3.5 的积分区域

例 8.3.5 计算由心形线 $\rho=2(1+\cos\theta)$ 与圆 $\rho=2$ 所围成的阴影区域(见图 8-3-9)的面积 A.

解 由所围区域的对称性，要求的阴影部分面积 A 就等于区域 D_1 面积的 2 倍. 由心形线方程 $\rho=2(1+\cos\theta)$ 可知，当 $\theta=0$ 时，$\rho=4$；当 $\theta=\pi$ 时，$\rho=0$. 即在区域 D_1 上极角 θ 的范围为：$0\leqslant\theta\leqslant\pi$. 然而，$D_1$ 的边界一部分是心形线，一部分是圆，所以需要对极角 θ 的范围进行细分. 为此，联立方程 $\begin{cases}\rho=2(1+\cos\theta),\\ \rho=2,\end{cases}$ 可得 $\theta=\dfrac{\pi}{2}$. 所以，

$$
\begin{aligned}
A &= 2\left(\int_0^{\frac{\pi}{2}}\mathrm{d}\theta\int_0^2\rho\mathrm{d}\rho+\int_{\frac{\pi}{2}}^{\pi}\mathrm{d}\theta\int_0^{2(1+\cos\theta)}\rho\mathrm{d}\rho\right)\\
&= 2\left(\pi+\int_{\frac{\pi}{2}}^{\pi}2\,(1+\cos\theta)^2\mathrm{d}\theta\right)\\
&= 2\left(\pi+\int_{\frac{\pi}{2}}^{\pi}(2+4\cos\theta+2\cos^2\theta)\mathrm{d}\theta\right)\\
&= 2\left(\pi+\frac{3}{2}\pi-4\right)=5\pi-8.
\end{aligned}
$$

例 8.3.6 计算由 xOy 坐标面，圆柱面 $x^2+y^2=1$ 与旋转抛物面 $z=2-x^2-y^2$ 所围成空间立体的体积(见图 8-3-10).

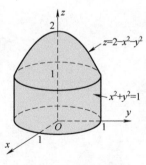

图 8-3-10　两曲面围成立体形状

解 所求立体体积就是以 xOy 坐标面上的区域 $D=\{(x,y)\mid x^2+y^2\leqslant1\}$ 为底，以旋转抛物面 $z=2-x^2-y^2$ 为曲顶的曲顶柱体的体积. 所以

$$
\begin{aligned}
V &= \iint_D(2-x^2-y^2)\mathrm{d}\sigma\\
&= \int_0^{2\pi}\mathrm{d}\theta\int_0^1(2-\rho^2)\rho\mathrm{d}\rho\\
&= \int_0^{2\pi}\left(\rho^2-\frac{1}{4}\rho^4\right)\Big|_{\rho=0}^{\rho=1}\mathrm{d}\theta\\
&= \int_0^{2\pi}\frac{3}{4}\mathrm{d}\theta\\
&= \frac{3}{2}\pi.
\end{aligned}
$$

习题 8.3

1. 利用极坐标求下列积分.

(1) $\iint_D \sqrt{R^2 - x^2 - y^2}\,\mathrm{d}\sigma$，其中 D 是由圆周 $x^2 + y^2 = Rx$ 所围成的区域；

(2) $\iint_D (x^2 + y^2)\,\mathrm{d}x\mathrm{d}y$，其中 $D = \{(x,y) \mid 1 \leqslant x^2 + y^2 \leqslant 9\}$；

(3) $\iint_D (x^2 + y^2)\,\mathrm{d}x\mathrm{d}y$，其中 D 为由圆 $x^2 + y^2 = 2y$，$x^2 + y^2 = 4y$ 及直线 $x - \sqrt{3}y = 0$，$y - \sqrt{3}x = 0$ 所围成的区域.

2. 计算由心形线 $\rho = 2(1 + \cos\theta)$ 与圆 $\rho = 2$ 所围成的阴影区域（如图所示）的面积.

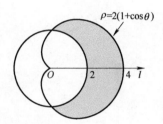

3. 设平面区域 $D = \{(x,y) \mid x^2 + y^2 \leqslant a^2\}$，其中 $a > 0$，且已知 $\iint_D \sqrt{a^2 - x^2 - y^2}\,\mathrm{d}x\mathrm{d}y = \dfrac{2}{3}\pi$，求 a 的值.

4. 已知空间立体 V 满足：$z \leqslant x^2 + y^2$ 及 $x^2 + y^2 + (z-1)^2 \leqslant 1$，求空间立体 V 的体积.

5. 已知平面区域 $D = \{(x,y) \mid x^2 + y^2 \leqslant 1\}$，函数 $f(x,y)$ 在 D 上连续，D_1 是区域 D 在第一象限的部分，且满足 $f(x,y) = f(-x,y) = f(x,-y)$. 证明 $\iint_D f(x,y)\,\mathrm{d}\sigma = 4\iint_{D_1} f(x,y)\,\mathrm{d}\sigma$.

第 9 章

微分方程与差分方程

微积分研究的对象是函数，但在许多几何、经济、物理等领域的实际问题中，有时很难直接得到所研究变量之间的函数关系，却比较容易建立这些变量与它们的导数或微分之间的联系．当这种联系能够用含有未知函数的导数或微分的等式来表示时，就构成了方程，我们把这种方程称为**微分方程**(differential equations)．

如果能够对微分方程求解，则同样可以得到所研究变量之间的函数关系．这也是将微分方程及其解法作为微积分课程内容的一个重要原因.

除此之外，现实世界中的许多问题，如自由落体物体的运动规律、折旧商品的价值变化规律等都可以用微分方程来描述．这样的微分方程也称为实际问题的**数学模型**．可以说，微分方程是数学联系实际并应用于实际的重要途径和桥梁，也是各个学科进行科学研究的有力工具.

就微分方程本身而言，它有着完整的理论体系，已经成了一门独立的数学课程．本章主要介绍微分方程的一些**基本概念**、几种常用的微分方程**求解方法**、线性微分方程**解的结构**，同时还介绍差分方程的一些基本概念和几类特殊结构的差分方程的解法.

9.1　微分方程的基本概念

我们通过三个例子来介绍微分方程的基本概念

例 9.1.1　已知平面上有一条光滑曲线通过点$(1,2)$，且该曲线上任一点处切线的斜率为该点横坐标的 2 倍．那么，利用斜率与导数的关系，设曲线对应的函数为 $y=y(x)$，则可以建立其导数$\dfrac{\mathrm{d}y}{\mathrm{d}x}$满足的等式

$$\frac{\mathrm{d}y}{\mathrm{d}x}=2x \tag{9.1.1}$$

另外，由于曲线通过点$(1,2)$，所以，曲线 $y=y(x)$ 还需满足条件：

$$y|_{x=1}=2 \tag{9.1.2}$$

例 9.1.2　已知一商品全新时的价值为 1000 元，若其在任

意时刻的折旧率（价值关于时间的变化率）与当时的价值成正比，设商品在时刻 t 的价值 P 与 t 的函数关系为 $P=P(t)$，则可以建立其导数 $\dfrac{\mathrm{d}P}{\mathrm{d}t}$ 满足的等式

$$\frac{\mathrm{d}P}{\mathrm{d}t}=-kP. \tag{9.1.3}$$

其中 $k(k>0)$ 为比例常数. 另外，由于全新 $(t=0)$ 时的价值为 1000 元，所以函数 $P=P(t)$ 还需满足条件

$$P|_{t=0}=1000 \tag{9.1.4}$$

例 9.1.3　设一物体的质量为 m，只受重力作用（忽略空气阻力和其他外力），从距离地面 h_0 的高度，以初始速度 $v_0=0$ 自由垂直落下（如图 9-1-1 所示），物体的高度与时间的函数关系为 $h=h(t)$. 根据牛顿第二定律：物体所受的力 F 等于物体质量 m 与加速度 a 的乘积，即 $F=ma$. 依据坐标轴的方向，这里 $a=-g$，其中 g 为重力加速度常数. 这样，加速度 a 可表示为高度 $h(t)$ 关于时间 t 的二阶导数：$a=\dfrac{\mathrm{d}^2h}{\mathrm{d}t^2}$. 从而可以建立二阶导数 $\dfrac{\mathrm{d}^2h}{\mathrm{d}t^2}$ 满足的等式

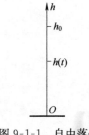

图 9-1-1　自由落体物体示意图

$$\frac{\mathrm{d}^2h}{\mathrm{d}t^2}=-g. \tag{9.1.5}$$

另外，由于初始时刻 $(t=0)$ 的位置 h 为 h_0，初始时刻的速度 $\dfrac{\mathrm{d}h}{\mathrm{d}t}$ 为 v_0，因此，函数 $h=h(t)$ 还需满足条件

$$h|_{t=0}=h_0,\ \frac{\mathrm{d}h}{\mathrm{d}t}\bigg|_{t=0}=v_0. \tag{9.1.6}$$

诸如式 (9.1.1)、式 (9.1.3) 和式 (9.1.5)，均表现为含有未知函数及其导数的等式，它们都是微分方程. 更一般地，可将微分方程定义如下：

定义 9.1.1　含有未知函数及其导数（或者微分）的等式称为微分方程. 微分方程中出现的未知函数最高阶导数的阶数称为微分方程的**阶**(Order). 未知函数为一元函数的微分方程称为**常微分方程**(ordinary differentiale quations).

依据此定义，可对微分方程进行分类，例如，微分方程 (9.1.1) 和微分方程 (9.1.3) 都是一阶常微分方程；微分方程 (9.1.5) 则是二阶常微分方程.

类似地，未知函数为多元函数的微分方程称为偏微分方程 (partial differential equations)，未知函数的最高阶偏导数的阶数称为偏微分方程的阶. 例如关于三元函数 $u=u(x,y,z)$ 的微分方程

$$\frac{\partial^2 u}{\partial x^2}+\frac{\partial^2 u}{\partial y^2}+\frac{\partial^2 u}{\partial z^2}=0 \tag{9.1.7}$$

就是二阶偏微分方程.

本章仅讨论常微分方程，并简称之为微分方程．一般地，n阶微分方程的一般形式为：
$$F(x,y,y',y'',\cdots,y^{(n)})=0 \qquad (9.1.8)$$
其中 x 为自变量，$y=y(x)$ 为函数．

在对微分方程求解之前，首先明确微分方程解的概念．

定义 9.1.2　　如果把某函数 $y=\varphi(x)$ 及其导数代入微分方程中，使微分方程成为恒等式，则称函数 $y=\varphi(x)$ 为**微分方程的解**．

例如，可以通过代入的方式，验证函数① $y=x^2+1$ 和② $y=x^2+C$ 都是微分方程(9.1.1)的解，其中 C 为任意常数；同样可以验证③ $P=1000\mathrm{e}^{-kt}$ 和④ $P=C\mathrm{e}^{-kt}$ 都是微分方程(9.1.3)的解，其中 C 为任意常数；也可以验证⑤ $h=-\dfrac{1}{2}gt^2+h_0$ 和⑥ $h=-\dfrac{1}{2}gt^2+C_1t+C_2$ 都是微分方程(9.1.5)的解，其中 C_1 和 C_2 为任意常数．

通过这些验证，我们发现，微分方程的解中可以含有任意常数，也可以不含有任意常数．一般地，把微分方程解中不含有任意常数的解称为微分方程的**特解**(particular solution)，例如，①，③，⑤分别是微分方程(9.1.1)、(9.1.3)和(9.1.5)的特解．

相应地，把含有相互独立的任意常数(这里将"独立"可简单理解为不可合并)，且任意常数的个数与微分方程的阶数相同的解称为微分方程的**通解**(general solution)．例如，上述②，④，⑥分别是微分方程(9.1.1)、(9.1.3)和(9.1.5)的通解．

微分方程的通解从图形上来看，是一族曲线，称为**积分曲线族**(family of integral curves)；特解的图形是积分曲线族中的一条曲线，称为**积分曲线**(integral curve)．

例如，微分方程 $\dfrac{\mathrm{d}y}{\mathrm{d}x}=2x$ 的通解为 $y=x^2+C$，其对应的积分曲线族如图 9-1-2 所示．满足条件 $y(1)=2$ 的特解 $y=x^2+1$，其对应的积分曲线如图 9-1-3 所示。

实际问题的研究中，通常需要寻找满足某些特定条件的解．而这些特定条件就可以用来确定通解中的任意常数，我们把这类附加的特征条件称为**初始条件**(initial condition)．例如，公式(9.1.2)、(9.1.4)和(9.1.6)就分别是微分方程(9.1.1)、(9.1.3)和(9.1.5)的初始条件．

一般地，n 阶微分方程(9.1.8)的初始条件为：
$$y|_{x=x_0}=y_0,y'|_{x=x_0}=y_1,y''|_{x=x_0}=y_2,\cdots,y^{(n-1)}|_{x=x_0}=y_{n-1}.$$
$$(9.1.9)$$

带有初始条件的微分方程称为微分方程的**初值问题**(initial problem)或者**柯西问题**(Cauchy problem)．

例如，一阶微分方程的初值问题，可表示为

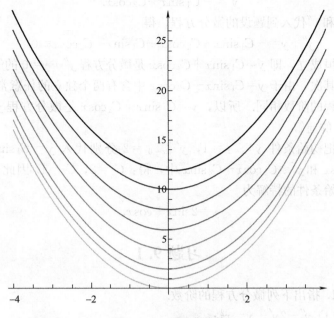

图 9-1-2　积分曲线族

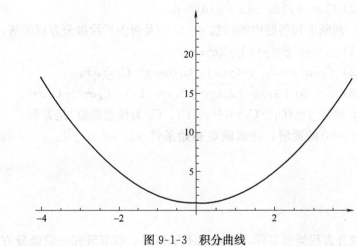

图 9-1-3　积分曲线

$$\begin{cases} y' = f(x,y), \\ y\big|_{x=x_0} = y_0. \end{cases} \quad (9.1.10)$$

例 9.1.4　验证函数 $y = C_1 \sin x + C_2 \cos x$ 是微分方程 $y'' + y = 0$ 的通解，并求满足初始条件 $y\big|_{x=0} = 1, y'\big|_{x=0} = 2$ 的特解.

解　要验证一个函数是否为微分方程的通解，需要(i)将函数代入到微分方程中，验证方程是否恒成立；(ii)观察待验证函数所含独立的任意常数个数是否与方程的阶数相同.

因此，首先对函数 $y = C_1 \sin x + C_2 \cos x$ 求一阶导数，得：

$$y' = C_1 \cos x - C_2 \sin x.$$

再对函数 $y = C_1 \sin x + C_2 \cos x$ 求二阶导数，得：

$$y''=-C_1\sin x-C_2\cos x.$$

把 y 和 y'' 代入到题设的微分方程，得

$$y''+y=-C_1\sin x-C_2\cos x+C_1\sin x+C_2\cos x\equiv 0.$$

方程恒成立，即 $y=C_1\sin x+C_2\cos x$ 是微分方程 $y''+y=0$ 的解.

其次，由于 $y=C_1\sin x+C_2\cos x$ 中含有两个独立的任意常数，与方程的阶数相同. 所以，$y=C_1\sin x+C_2\cos x$ 是微分方程 $y''+y=0$ 的通解.

把初始条件 $y|_{x=0}=1$，$y'|_{x=0}=2$ 分别代入 $y=C_1\sin x+C_2\cos x$ 和 $y'=C_1\cos x-C_2\sin x$ 中，得：$C_1=2$，$C_2=1$. 因此，满足初始条件的特解为

$$y=2\sin x+\cos x.$$

习题 9.1

1. 指出下列微分方程的阶数.

(1) $y''-2y'+y=x^2$；

(2) $x(y')^2-yy'+2xy=0$；

(3) $(7x-6y)\mathrm{d}x+(x+y)\mathrm{d}y=0$.

2. 判断下列各题中的函数 $y=y(x)$ 是否为所给微分方程的解：

(1) $y'=y$，$y=y(x)=2\mathrm{e}^x$；

(2) $y''+a^2y=0$，$y=y(x)=C_1\cos ax-C_2\sin ax$；

(3) $y''-(\lambda_1+\lambda_2)y'+\lambda_1\lambda_2y=0$，$y=y(x)=C_1\mathrm{e}^{\lambda_1 x}+C_2\mathrm{e}^{\lambda_2 x}$.

3. 验证 $y=(C_1+C_2 x)\mathrm{e}^{2x}$，（$C_1$，$C_2$ 为任意常数）是方程 $y''-4y'+4y=0$ 的通解，并求满足初始条件 $y|_{x=0}=4$，$y'|_{x=0}=0$ 的特解.

9.2　一阶微分方程

微分方程类型多样，解法也不尽相同. 本节研究一阶微分方程，并依据不同类型的一阶微分方程，研究与之相应的解法.

9.2.1　可分离变量的微分方程

如果一阶微分方程 $F(x,y,y')=0$ 能够写成形如

$$\frac{\mathrm{d}y}{\mathrm{d}x}=f(x)g(y). \tag{9.2.1}$$

的形式，则这样的一阶微分方程称为**可分离变量的微分方程**，其中 $f(x)$，$g(y)$ 分别是关于 x，y 的已知连续函数.

对这类方程，当 $g(y)\neq 0$ 时，可变形为

$$\frac{1}{g(y)}\mathrm{d}y=f(x)\mathrm{d}x \tag{9.2.2}$$

式(9.2.2)左边只包含变量 y，右边只包含变量 x，也就是将 $x，y$ 这两个变量进行了分离，称之为变量分离.

若 $G(y)$ 是 $\dfrac{1}{g(y)}$ 的原函数，则 $G(y)$ 可表示为

$$G(y)=\int \frac{1}{g(y)}\mathrm{d}y,\qquad(9.2.3)$$

且 $\mathrm{d}G(y)=\dfrac{1}{g(y)}\mathrm{d}y.$

同样，若 $F(x)$ 是 $f(x)$ 的原函数，则 $F(x)$ 可表示为

$$F(x)=\int f(x)\mathrm{d}x,\qquad(9.2.4)$$

且 $\mathrm{d}F(x)=f(x)\mathrm{d}x.$

这样，式(9.2.2)可写成

$$\mathrm{d}G(y)=\mathrm{d}F(x).\qquad(9.2.5)$$

由微分的性质可知 $G(y)=F(x)+C$，其中 C 为任意常数. 结合(9.2.3)，(9.2.4)，有

$$\int \frac{1}{g(y)}\mathrm{d}y=\int f(x)\mathrm{d}x+C.\qquad(9.2.6)$$

由于不定积分的结果中已经包含了任意常数，因此(9.2.6)式可简写成

$$\int \frac{1}{g(y)}\mathrm{d}y=\int f(x)\mathrm{d}x.\qquad(9.2.7)$$

直接求解不定积分(9.2.7)，就可以得到微分方程(9.2.1)的通解.

从形式上看，式(9.2.7)相当于对式(9.2.2)的两边同时积分. 因此，对于可分离变量的微分方程，如式(9.2.1)，求通解时，先对变量进行分离得到式(9.2.2)，然后两边同时积分即可.

这种通过分离变量求解微分方程的方法称为**分离变量法**(separation of variables).

在利用分离变量法对微分方程求解时，由于 $g(y)$ 在公式(9.2.1)中是乘积因子的形式出现，而在式(9.2.7)中是作为分母出现，因此，需要单独考虑 $g(y)=0$ 的情形.

事实上，当 $g(y)=0$ 时，可对方程 $g(y)=0$ 求解，假设 $y=a$ 是 $g(y)=0$ 的根，则常函数 $y=a$ 显然是微分方程(9.2.1)的一个特解.

当这个特解 $y=a$ 能包含在方程(9.2.1)通解的表达式中时，则只需要保留通解形式，当这个特解不能包含在通解的表达式中时，称此特解为**奇解**(singular solution).

奇解的存在也说明了这样一个事实：**微分方程的通解，未必是微分方程的所有解**. 这也是大家求解微分方程通解过程中需要注意的.

例 9.2.1 求方程 $\dfrac{\mathrm{d}y}{\mathrm{d}x}=2x(y-1)$ 的通解以及满足 $y(0)=2$ 的特解.

解 该方程是可分离变量的微分方程,当 $y-1\neq0$ 时,分离变量得

$$\frac{\mathrm{d}y}{y-1}=2x\mathrm{d}x,$$

两边积分 $\displaystyle\int\frac{\mathrm{d}y}{y-1}=\int2x\mathrm{d}x$ 得

$$\ln|y-1|=x^2+C_1.$$

从而,$y=1\pm\mathrm{e}^{C_1}\cdot\mathrm{e}^{x^2}$. 记 $C=\pm\mathrm{e}^{C_1}$,则所求微分方程的通解为

$$y=1+C\cdot\mathrm{e}^{x^2} \tag{9.2.8}$$

当 $y-1=0$,即 $y=1$ 时,容易验证 $y=1$ 也是所求微分方程的解. 同时可以发现在通解中,$C=0$ 对应的解就是 $y=1$. 因此,这个解已经包含在通解(9.2.8)中了.

把 $y(0)=2$ 代入通解表达式(9.2.8)中,得 $C=1$. 因此,$y=1+\mathrm{e}^{x^2}$ 为所求特解.

例 9.2.2 求方程 $y'=\sqrt{y}$ 的通解.

解 该方程是可分离变量微分方程,当 $y\neq0$ 时,分离变量得

$$\frac{\mathrm{d}y}{\sqrt{y}}=\mathrm{d}x.$$

两边积分 $\displaystyle\int\frac{\mathrm{d}y}{\sqrt{y}}=\int\mathrm{d}x$ 得,$2\sqrt{y}=x+C$. 从而,

$$y=\frac{1}{4}(x+C)^2 \tag{9.2.9}$$

即为所求微分方程的通解.

如果 $y=0$,将其代入到方程 $y'=\sqrt{y}$,显然方程成立. 因此 $y=0$ 也是所求微分方程的解. 但在通解中,无论 C 如何取值,都得不到解 $y=0$. 因此 $y=0$ 不包含在通解中,也就是说 $y=0$ 是所求微分方程的奇解.

事实上,如果我们仅仅是为了求微分方程的通解,如例9.2.2,则在求解过程中,可不必考虑奇解. 然而,如果为了研究微分方程的所有解,则需要讨论有无奇解. 例9.2.2同时也再次表明,不能把通解理解为所有解,二者是有区别的.

例 9.2.3 求微分方程 $\mathrm{d}x+xy\mathrm{d}y=y^2\mathrm{d}x+y\mathrm{d}y$ 的通解.

解 将方程整理,合并 $\mathrm{d}x$ 及 $\mathrm{d}y$ 各项,得

$$y(x-1)\mathrm{d}y=(y^2-1)\mathrm{d}x.$$

这是可分离变量的微分方程,当 $y^2-1\neq0$,$x-1\neq0$ 时,分离变量得

$$\frac{y}{y^2-1}\mathrm{d}y=\frac{1}{x-1}\mathrm{d}x.$$

两边积分 $\displaystyle\int\frac{y}{y^2-1}\mathrm{d}y=\int\frac{1}{x-1}\mathrm{d}x$ 得

$$\frac{1}{2}\ln|y^2-1|=\ln|x-1|+\ln C_1,$$

从而

$$y^2-1=\pm C_1^2\,(x-1)^2.$$

记 $C=\pm C_1^2$，则所求微分方程的通解为

$$y^2-1=C\,(x-1)^2.$$

注　例 9.2.3 只要求计算微分方程的通解，因此可不考虑 $y^2-1=0$ 或 $x-1=0$ 的情形.

我们来看一个微分方程应用的实例.

例 9.2.4　他是嫌疑犯吗？受害者尸体于晚上 8：30 被发现，法医于晚上 9：20 赶到案发现场，立即测得尸体温度为 32℃；一小时后，当尸体即将被抬走时，测得尸体温度为 31℃，室温在几小时内始终保持在 20℃，死者死亡前体温正常，为 37℃，死亡后尸体的温度从 37℃ 按照牛顿冷却定律（温度的变化率正比于温差）开始下降. 此案最大嫌疑犯为张某，但张某声称自己是无罪的，并有证人证明张某下午一直在办公室上班，5：00 步行离开了办公室. 从张某的办公室到凶案现场步行需 5 分钟. 请问，能否将张某排除在嫌疑犯之外？

解　设 $T(t)$ 为尸体 t 时刻的温度，并记晚上 9：20 为 $t=0$，$T(0)=32℃$. 要确定死亡时间也就是求 $T(t)=37℃$ 的时刻 t_d. 如果此时张某无法到达现场，则他可以排除在嫌疑犯之外.

根据牛顿冷却定律，结合特定时间点的尸体温度，建立数学模型如下，

$$\begin{cases}\dfrac{\mathrm{d}T}{\mathrm{d}t}=-k(T-20),\\[2mm]T(0)=32,\\[1mm]T(1)=31.\end{cases}$$

对微分方程分离变量并求解得

$$T(t)-20=C\mathrm{e}^{-kt}.$$

将 $T(0)=32$ 代入，可得 $C=12$，从而得

$$T(t)=20+12\mathrm{e}^{-kt}.$$

把 $T(1)=31$ 代入，$31=20+12\mathrm{e}^{-k}$，可得 $k\approx0.087$. 所以，

$$T(t)=20+12\mathrm{e}^{-0.087t}.$$

当 $T(t)=37℃$ 时，有 $20+12\mathrm{e}^{-0.087t}=37$，得到 $t_d\approx-4$ 小时.

所以死亡时间约为：9 点 20 分 -4 小时 =5 点 20 分，即死亡时间大约在下午 5 点 20 分，因此张某不能被排除在嫌疑犯之外.

9.2.2 可化为可分离变量的微分方程

有些微分方程，尽管本身不是可分离变量的微分方程，但只需要做适当变换，就可以化为形如方程(9.2.1)的可分离变量方程的微分方程. 以下分类介绍可化为可分离变量方程的微分方程.

1. 齐次微分方程

形如

$$\frac{\mathrm{d}y}{\mathrm{d}x}=f\left(\frac{y}{x}\right) \qquad (9.2.10)$$

的一阶微分方程称为**齐次微分方程**，简称**齐次方程**.

齐次方程(9.2.10)化为可分离变量微分方程的一般做法是：

(1) 令 $u=\dfrac{y}{x}$，即 $y=u \cdot x$，其中 $u=u(x)$ 为 x 的函数. 对 y 关于 x 求导，则有

$$\frac{\mathrm{d}y}{\mathrm{d}x}=u+x\frac{\mathrm{d}u}{\mathrm{d}x}. \qquad (9.2.11)$$

(2) 将式(9.2.11)代入齐次方程(9.2.10)得

$$u+x\frac{\mathrm{d}u}{\mathrm{d}x}=f(u). \qquad (9.2.12)$$

显然，这样得到的微分方程(9.2.12)是一个可分离变量的微分方程，利用分离变量法即可得到方程(9.2.12)的通解，然后将 $u=\dfrac{y}{x}$ 回代，即可得到方程(9.2.10)的通解.

例 9.2.5 求微分方程 $\dfrac{\mathrm{d}y}{\mathrm{d}x}=\dfrac{y}{x}+\sec\dfrac{y}{x}$ 满足初始条件 $y|_{x=1}=\dfrac{\pi}{6}$ 的特解.

解 该方程为齐次方程，设 $u=\dfrac{y}{x}$，即 $y=u \cdot x$，其中 $u=u(x)$ 为 x 的函数，则 $\dfrac{\mathrm{d}y}{\mathrm{d}x}=u+x\dfrac{\mathrm{d}u}{\mathrm{d}x}$，代入题设方程，得

$$u+x\frac{\mathrm{d}u}{\mathrm{d}x}=u+\sec u.$$

分离变量得

$$\frac{1}{\sec u}\mathrm{d}u=\frac{1}{x}\mathrm{d}x,$$

即，$\cos u\mathrm{d}u=\dfrac{1}{x}\mathrm{d}x$，两边积分得

$$\sin u=\ln|x|+C. \qquad (9.2.13)$$

将 $u=\dfrac{y}{x}$ 回代至方程(9.2.13)，得通解

$$\sin\frac{y}{x}=\ln|x|+C.$$

将初始条件 $y|_{x=1}=\dfrac{\pi}{6}$ 代入通解，得 $C=\dfrac{1}{2}$. 从而所求微分方程的

特解为 $\sin\dfrac{y}{x}=\ln|x|+\dfrac{1}{2}$.

例 9.2.6　求方程 $(1+\mathrm{e}^{-\frac{x}{y}})y\mathrm{d}x=(x-y)\mathrm{d}y$ 的通解.

解　若把 y 看作自变量，把 x 看作 y 的函数，求解会比较方便. 即方程变形为

$$\frac{\mathrm{d}x}{\mathrm{d}y}=\frac{x-y}{(1+\mathrm{e}^{-\frac{x}{y}})y}=\frac{\dfrac{x}{y}-1}{(1+\mathrm{e}^{-\frac{x}{y}})}.$$

令 $u=\dfrac{x}{y}$，即 $x=uy$，其中 $u=u(y)$ 为 y 的函数，则有

$$\frac{\mathrm{d}x}{\mathrm{d}y}=u+y\,\frac{\mathrm{d}u}{\mathrm{d}y}.$$

代入上述方程，得

$$u+y\,\frac{\mathrm{d}u}{\mathrm{d}y}=\frac{u-1}{1+\mathrm{e}^{-u}}.$$

分离变量得

$$\frac{1+\mathrm{e}^{-u}}{1+u\mathrm{e}^{-u}}\mathrm{d}u=-\frac{1}{y}\mathrm{d}y,$$

即

$$\frac{\mathrm{e}^{u}+1}{\mathrm{e}^{u}+u}\mathrm{d}u=-\frac{1}{y}\mathrm{d}y.$$

两边积分得 $\ln|u+\mathrm{e}^{u}|=-\ln|y|+\ln|C|$，即

$$y(u+\mathrm{e}^{u})=C. \tag{9.2.14}$$

将 $u=\dfrac{y}{x}$ 回代至方程(9.2.14)，得所求微分方程的通解

$$x+y\mathrm{e}^{\frac{x}{y}}=C.$$

2. 可化为齐次方程的微分方程

有些微分方程本身虽然不是齐次方程，但可以通过适当的变换，化为齐次方程，进而求得其通解. 例如，对形如

$$\frac{\mathrm{d}y}{\mathrm{d}x}=f\left(\frac{a_1x+b_1y+c_1}{a_2x+b_2y+c_2}\right) \tag{9.2.15}$$

的微分方程. 当 $c_1=c_2=0$ 时，方程(9.2.15)本身就是齐次方程；当 c_1，c_2 不全为 0 时，方程(9.2.15)本身就不再是齐次方程，然而，这种类型的方程，可以通过适当的变换，将之转化为齐次方程或者变量可分离的微分方程，具体方法如下：

(1) 当 $\dfrac{a_1}{a_2}\neq\dfrac{b_1}{b_2}$ 时

先求两条直线 $a_1x+b_1y+c_1=0$，$a_2x+b_2y+c_2=0$ 的交点 $(x_0，y_0)$. 如图 9-2-1 所示.

因此，为把微分方程(9.2.15)化为齐次方程，只需要将常数

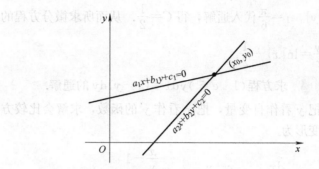

图 9-2-1　两直线交点示意图

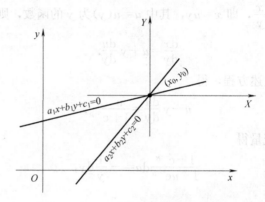

图 9-2-2　坐标变换图

项变换为 0，对应到图 9-2-1 上，就是通过坐标平移，以交点 (x_0, y_0) 为新坐标系的原点建立新坐标系，如图 9-2-2 所示．

对应的变换公式为

$$\begin{cases} X = x - x_0, \\ Y = y - y_0, \end{cases} 即 \begin{cases} x = X + x_0, \\ y = Y + y_0. \end{cases} \tag{9.2.16}$$

将公式 (9.2.16) 代入方程 (9.2.15)，左边 $\dfrac{\mathrm{d}y}{\mathrm{d}x} = \dfrac{\mathrm{d}Y}{\mathrm{d}X}$，右边

$f\left(\dfrac{a_1 x + b_1 y + c_1}{a_2 x + b_2 y + c_2}\right) = f\left(\dfrac{a_1 X + b_1 Y}{a_2 X + b_2 Y}\right)$，即

$$\frac{\mathrm{d}Y}{\mathrm{d}X} = f\left(\frac{a_1 X + b_1 Y}{a_2 X + b_2 Y}\right). \tag{9.2.17}$$

显然，微分方程 (9.2.17) 是齐次微分方程，可利用齐次微分方程的解法得出其通解，然后再利用变换公式 (9.2.16)，得出原方程的通解．

(2) 当 $\dfrac{a_1}{a_2} = \dfrac{b_1}{b_2}$ 时

此时两条直线 $a_1 x + b_1 y + c_1 = 0$，$a_2 x + b_2 y + c_2 = 0$ 平行或者重合．不妨设 $\dfrac{a_1}{a_2} = \dfrac{b_1}{b_2} = \lambda$．则 $a_1 = \lambda a_2$，$b_1 = \lambda b_2$．方程 (9.2.15) 化为

$$\frac{\mathrm{d}y}{\mathrm{d}x} = f\left(\frac{\lambda(a_2x+b_2y)+c_1}{a_2x+b_2y+c_2}\right). \tag{9.2.18}$$

作变换 $u=a_2x+b_2y$，则 $\dfrac{\mathrm{d}u}{\mathrm{d}x}=a_2+b_2\dfrac{\mathrm{d}y}{\mathrm{d}x}$，而 $f\left(\dfrac{\lambda(a_2x+b_2y)+c_1}{a_2x+b_2y+c_2}\right)=$

$f\left(\dfrac{\lambda u+c_1}{u+c_2}\right)$，所以微分方程 (9.2.18) 变形为

$$\frac{\mathrm{d}u}{\mathrm{d}x} = a_2+b_2f\left(\frac{\lambda u+c_1}{u+c_2}\right). \tag{9.2.19}$$

容易发现，微分方程 (9.2.19) 是变量可分离的微分方程，可利用分离变量法得出其通解，然后再利用变换公式 $u=a_2x+b_2y$ 得出原方程的通解.

若两条直线重合，则 $\dfrac{a_1}{a_2}=\dfrac{b_1}{b_2}=\dfrac{c_1}{c_2}=\lambda$，方程 (9.2.15) 可化简

为：$\dfrac{\mathrm{d}y}{\mathrm{d}x}=f(\lambda)$，从而可直接求解该微分方程.

例 9.2.7 求方程 $\dfrac{\mathrm{d}y}{\mathrm{d}x}=\dfrac{x+y-5}{x-y-3}$ 的通解.

解 由于 $\dfrac{1}{1}\neq\dfrac{1}{-1}$，即分母与分子中 x,y 的系数不成比例，

所以，联立两条直线的方程 $\begin{cases} x+y-5=0, \\ x-y-3=0, \end{cases}$ 可得交点 $(4,1)$. 作变

换 $x=X+4$，$y=Y+1$，代入题设方程，得

$$\frac{\mathrm{d}Y}{\mathrm{d}X}=\frac{X+Y}{X-Y}. \tag{9.2.20}$$

这是齐次微分方程，令 $u=\dfrac{Y}{X}$，则 $Y=u\cdot X$，$\dfrac{\mathrm{d}Y}{\mathrm{d}X}=u+$

$X\dfrac{\mathrm{d}u}{\mathrm{d}X}$，代入 (9.2.20) 得：

$$u+X\frac{\mathrm{d}u}{\mathrm{d}X}=\frac{1+u}{1-u},$$

移项并分离变量，得

$$\frac{1-u}{1+u^2}\mathrm{d}u=\frac{1}{X}\mathrm{d}X,$$

两边积分，得

$$\arctan u-\frac{1}{2}\ln(1+u^2)=\ln|X|+\ln|C_1|,$$

即 $\mathrm{e}^{2\arctan u}=C(1+u^2)X^2$，$(C=C_1^2)$. 将 $u=\dfrac{Y}{X}$ 回代，化简得

$$\mathrm{e}^{2\arctan\frac{Y}{X}}=C(X^2+Y^2).$$

再将 $X=x-4$，$Y=y-1$ 回代，整理可得到所求方程的通解

$$\mathrm{e}^{2\arctan\frac{y-1}{x-4}}=C(x^2+y^2-8x-2y+17).$$

例 9.2.8 求方程 $\dfrac{\mathrm{d}y}{\mathrm{d}x}=\dfrac{6x-3y+1}{4x-2y-1}$ 的通解.

解　由于 $\frac{6}{4}=\frac{-3}{-2}=\frac{3}{2}$，即分母与分子 x，y 的系数成比例，

所以，令 $u=4x-2y$，则 $\frac{\mathrm{d}u}{\mathrm{d}x}=4-2\frac{\mathrm{d}y}{\mathrm{d}x}$，即 $\frac{\mathrm{d}y}{\mathrm{d}x}=2-\frac{1}{2}\frac{\mathrm{d}u}{\mathrm{d}x}$. 这样，

题设方程就可化为

$$2-\frac{1}{2}\frac{\mathrm{d}u}{\mathrm{d}x}=\frac{\frac{3}{2}u+1}{u-1}.$$

进一步化简为

$$\frac{\mathrm{d}u}{\mathrm{d}x}=\frac{u-6}{u-1}.$$

分离变量得

$$\frac{u-1}{u-6}\mathrm{d}u=\mathrm{d}x.$$

两边积分得

$$u+5\ln|u-6|=x+C.$$

将 $u=4x-2y$ 回代，化简可得所求方程的通解

$$3x-2y+5\ln|4x-2y-6|=C.$$

3. 其他可化为可分离变量的微分方程

还有一些类型的方程，本身不是可分离变量的微分方程，但根据其特点，通过适当的变量代换，可将其化为可分离变量的微分方程. 我们通过下面的例子来总结其规律.

例 9.2.9　求 $xy'+x-\sec(x+y)=0$ 的通解.

解　为了分离变量，我们把这个方程中的导数写成微分的形式，即

$$x\mathrm{d}y+x\mathrm{d}x-\sec(x+y)\mathrm{d}x=0.$$

即，

$$x(\mathrm{d}x+\mathrm{d}y)=\sec(x+y)\mathrm{d}x. \qquad (9.2.21)$$

但仍然无法直接分离变量，影响变量分离的一个重要原因就是 $\sec(x+y)$ 这一项. 因此，这就提醒我们，能不能将 $x+y$ 看作一个整体呢？不妨试一下，设 $u=x+y$，则 $\mathrm{d}u=\mathrm{d}x+\mathrm{d}y$. 方程 (9.2.21) 就可写为

$$x\mathrm{d}u=\sec u\mathrm{d}x.$$

这显然是一个可分离变量的微分方程，分离变量可得

$$\frac{1}{\sec u}\mathrm{d}u=\frac{1}{x}\mathrm{d}x.$$

即

$$\cos u\mathrm{d}u=\frac{1}{x}\mathrm{d}x.$$

两边积分，得

$$\sin u=\ln|x|+C.$$

将 $u=x+y$ 回代，就得到了题设微分方程的通解，

$$\sin(x+y)-\ln|x|=C.$$

在例 9.2.9 中，我们把 $x+y$ 看作一个整体，从而将其转化为可分离变量的微分方程. 那么，今后求解微分方程时，什么情况采用这种方法呢? 一般来说，当方程具备特征: $f(x\pm y)(\mathrm{d}x\pm \mathrm{d}y)=g(x)\mathrm{d}x$ 时，就可以考虑利用 $u=x\pm y$，将方程变为可分离变量的微分方程，进而求出通解. 除此之外，还有哪些类型可化为变量可分离的呢? 我们再来看一个例子.

例 9.2.10　求 $x\sin(xy)y'+y\sin(xy)=x$ 的通解.

解　为了分离变量，我们把这个方程中的导数写成微分的形式，即

$$x\sin(xy)\mathrm{d}y+y\sin(xy)\mathrm{d}x=x\mathrm{d}x.$$

即

$$\sin(xy)(x\mathrm{d}y+y\mathrm{d}x)=x\mathrm{d}x. \qquad (9.2.22)$$

但仍然无法直接进行变量分离，影响变量分离的一个重要原因就是 $\sin(xy)$ 这一项. 若令 $u=xy$，则 $\mathrm{d}u=x\mathrm{d}y+y\mathrm{d}x$. 方程 (9.2.22)就可写为

$$\sin u\,\mathrm{d}u=x\mathrm{d}x.$$

这显然是一个已经实现了变量分离的微分方程，两边积分，得:

$$-\cos u=\frac{1}{2}x^2-C.$$

将 $u=xy$ 回代，就得到了题设微分方程的通解

$$\frac{1}{2}x^2+\cos(xy)=C.$$

在例 9.2.10 中，我们把 xy 看作一个整体，从而将其转化为可分离变量的微分方程. 因此，当方程具备特征 $f(xy)(x\mathrm{d}y+y\mathrm{d}x)=g(x)\mathrm{d}x$ 时，就可以考虑利用 $u=xy$，将方程直接变量分离，进而通过两边积分，求出通解.

我们再看一个通过变量代换将微分方程转化为可分离变量的微分方程的例子.

例 9.2.11　求 $x\cos\left(\dfrac{y}{x}\right)y'-y\cos\left(\dfrac{y}{x}\right)=x^2$ 的通解.

解　题设方程可写为 $x\cos\left(\dfrac{y}{x}\right)\mathrm{d}y-y\cos\left(\dfrac{y}{x}\right)\mathrm{d}x=x^2\mathrm{d}x$，即

$$\cos\left(\frac{y}{x}\right)(x\mathrm{d}y-y\mathrm{d}x)=x^2\mathrm{d}x. \qquad (9.2.23)$$

但仍然无法直接进行变量分离，影响变量分离的一个重要原因就是 $\cos\left(\dfrac{y}{x}\right)$ 这一项. 因此，令 $u=\dfrac{y}{x}$，则 $\mathrm{d}u=\dfrac{x\mathrm{d}y-y\mathrm{d}x}{x^2}$. 方程 (9.2.23)就可写为

$$\cos u\,\mathrm{d}u=\mathrm{d}x.$$

这是一个已经实现了变量分离的微分方程，两边积分，得

$$\sin u = x + C.$$

将 $u = \dfrac{y}{x}$ 回代，就得到了题设微分方程的通解

$$\sin\left(\frac{y}{x}\right) - x = C.$$

在例 9.2.11 中，我们把 $\dfrac{y}{x}$ 看作一个整体，从而将其转化为可分离变量的微分方程. 一般来说，当方程具备特征 $f\left(\dfrac{y}{x}\right)(x\mathrm{d}y - y\mathrm{d}x) = g(x)\mathrm{d}x$ 时，就可以考虑利用 $u = \dfrac{y}{x}$，将方程直接变量分离，进而通过两边积分，求出通解.

类似这样的具有特殊特征，作适当的变量代换，就可以化为可分离变量的微分方程还有很多，需要大家在学习的过程中，不断总结，以提升求解微分方程的能力. 现将比较典型的几类总结归纳如下：

$$f(x \pm y)(\mathrm{d}x \pm \mathrm{d}y) = g(x)\mathrm{d}x, \tag{9.2.24}$$

令 $u = x \pm y$，$\mathrm{d}u = \mathrm{d}x \pm \mathrm{d}y$，则方程(9.2.24)化为可分离变量微分方程 $f(u)\mathrm{d}u = g(x)\mathrm{d}x$.

$$f(xy)(x\mathrm{d}y + y\mathrm{d}x) = g(x)\mathrm{d}x, \tag{9.2.25}$$

令 $u = xy$，$\mathrm{d}u = x\mathrm{d}y + y\mathrm{d}x$，则方程(9.2.25)化为可分离变量微分方程 $f(u)\mathrm{d}u = g(x)\mathrm{d}x$.

$$f\left(\frac{y}{x}\right)(x\mathrm{d}y - y\mathrm{d}x) = g(x)\mathrm{d}x, \tag{9.2.26}$$

令 $u = \dfrac{y}{x}$，$\mathrm{d}u = \dfrac{x\mathrm{d}y - y\mathrm{d}x}{x^2}$，则方程(9.2.26)化为可分离变量微分方程 $f(u)\mathrm{d}u = \dfrac{g(x)}{x^2}\mathrm{d}x$.

$$f(x^2 + y^2)(x\mathrm{d}x + y\mathrm{d}y) = g(x)\mathrm{d}x, \tag{9.2.27}$$

令 $u = x^2 + y^2$，$\mathrm{d}u = 2x\mathrm{d}x + 2y\mathrm{d}y$，则方程(9.2.27)化为可分离变量微分方程 $f(u)\mathrm{d}u = 2g(x)\mathrm{d}x$.

习题 9.2

1. 求下列微分方程的通解.

(1) $y' - \dfrac{y}{x} = 0$；

(2) $(\tan x)\mathrm{d}y = (1 + y^2)\mathrm{d}x$；

(3) $\dfrac{1}{y}\mathrm{d}x - \sqrt{1 - x^2}\mathrm{d}y = 0$.

2. 求微分方程 $xy' + y(\ln x - \ln y) = 0$ 满足条件 $y(1) = \mathrm{e}^3$ 的解.

3. 求 $\sin(x^2+y^2)yy'+x\sin(x^2+y^2)=x$ 的通解.

4. 求微分方程 $y'=\mathrm{e}^{\frac{x}{y}}+\dfrac{y}{x}$ 的通解.

5. 求微分方程 $(x-y-1)\mathrm{d}x+(2y-x-1)\mathrm{d}y=0$ 的通解.

6. 求方程 $\dfrac{\mathrm{d}y}{\mathrm{d}x}=(x+y)^2$ 的通解.

9.3　一阶线性微分方程

未知函数及其各阶导数的幂是一次的微分方程称为**线性微分方程**(linear differential equation). 设函数 $y=y(x)$，则形如

$$y^{(n)}+a_1(x)y^{(n-1)}+\cdots+a_{n-1}(x)y'+a_ny=g(x) \quad (9.3.1)$$

的方程称为 **n 阶线性微分方程.**

相应地，**一阶线性微分方程**的一般形式可写为

$$\frac{\mathrm{d}y}{\mathrm{d}x}+P(x)y=Q(x). \quad (9.3.2)$$

其中，$Q(x)$ 称为自由项. 如果 $Q(x)\equiv 0$，则方程(9.3.2)变为

$$\frac{\mathrm{d}y}{\mathrm{d}x}+P(x)y=0 \quad (9.3.3)$$

称式(9.3.3)为对应于式(9.3.2)的**一阶线性齐次微分方程**，相应地，称式(9.3.2)为**一阶线性非齐次微分方程.**

9.3.1　一阶线性微分方程的解法

为了研究一阶线性微分方程的通解，首先研究齐次微分方程(9.3.3)的通解. 容易发现，一阶线性齐次方程是可分离变量的微分方程. 因此，可通过分离变量法得到其通解. 具体做法如下：

对微分方程(9.3.3)分离变量得

$$\frac{\mathrm{d}y}{y}=-P(x)\mathrm{d}x,$$

两边积分得

$$\ln|y|=-\int P(x)\mathrm{d}x+C_1.$$

由此得一阶线性齐次微分方程(9.3.3)的通解

$$y=C\mathrm{e}^{-\int P(x)\mathrm{d}x}. \quad (9.3.4)$$

其中，$C=\pm\mathrm{e}^{C_1}$ 为任意常数. 式(9.3.4)也称为一阶线性齐次微分方程(9.3.3)的通解公式.

下面研究一阶线性非齐次微分方程(9.3.2)的通解. 观察该方程，可以发现它不是变量可分离的微分方程. 那么，仿照齐次的情形，我们把 $\mathrm{d}y,\mathrm{d}x$ 分成两边，即对该方程等价变形，得

$$\frac{\mathrm{d}y}{y}=\left(\frac{Q(x)}{y}-P(x)\right)\mathrm{d}x. \quad (9.3.5)$$

注意到方程(9.3.5)右边包含了 y，由于 y 本身也是 x 的函数，只不过函数的具体形式不知道而已，因此，若我们把 y 理解成 x 的函数 $y(x)$，则方程(9.3.5)可视为变量可分离的微分方程. 对该方程两边进行积分，得

$$\ln|y| = \int \frac{Q(x)}{y}\mathrm{d}x - \int P(x)\mathrm{d}x. \tag{9.3.6}$$

在公式(9.3.6)中，$P(x)$ 是已知的，一般情况下，其积分 $\int P(x)\mathrm{d}x$ 是可求出表达式的. 难点在于 $\int \frac{Q(x)}{y}\mathrm{d}x$ 的计算，因为尽管 $Q(x)$ 已知，但是由于 y 是未知的，所以，该积分无法直接求出其表达式. 但既然 y 可以理解为 x 的函数，那么，尽管不知道该积分结果的具体形式，我们仍可以将其看作是 x 的某个函数，并假设其积分结果为 $v(x)$，则有

$$\ln|y| = v(x) - \int P(x)\mathrm{d}x.$$

两边取指数，得

$$y = \pm e^{v(x)} e^{-\int P(x)\mathrm{d}x}. \tag{9.3.7}$$

注意到我们的目的是给出微分方程的通解 y，这里 $e^{-\int P(x)\mathrm{d}x}$ 是可以计算出结果的，因此，尽管不知道 $v(x)$ 的具体形式，但若能计算出 $e^{v(x)}$ 也就可以了. 为此，记 $C(x) = \pm e^{v(x)}$，则只要能计算出 $C(x)$，就可以得到非齐次微分方程(9.3.2)的通解. 相应地，公式(9.3.7)变形为

$$y = C(x) e^{-\int P(x)\mathrm{d}x}. \tag{9.3.8}$$

由公式(9.3.8)可知，若 $y = C(x) e^{-\int P(x)\mathrm{d}x}$ 是非齐次微分方程(9.3.2)的解，则一定满足微分方程. 因此，将其代入到方程(9.3.2)，利用等式的性质，若能计算出 $C(x)$，则可以得到微分方程(9.3.2)的通解. 代入计算可得方程(9.3.2)左边为

$$\frac{\mathrm{d}y}{\mathrm{d}x} + P(x)y$$

$$= C'(x) e^{-\int P(x)\mathrm{d}x} - P(x)C(x) e^{-\int P(x)\mathrm{d}x} + P(x)y$$

$$= C'(x) e^{-\int P(x)\mathrm{d}x} - P(x)y + P(x)y$$

$$= C'(x) e^{-\int P(x)\mathrm{d}x},$$

方程(9.3.2)右边为 $Q(x)$，因此有

$$C'(x) e^{-\int P(x)\mathrm{d}x} = Q(x),$$

则，$C'(x) = Q(x) e^{\int P(x)\mathrm{d}x}$. 从而，

$$C(x) = \int Q(x) e^{\int P(x)\mathrm{d}x}\mathrm{d}x + C.$$

通过积分运算即可解出 $C(x)$，这样，一阶线性非齐次微分方程(9.3.2)的通解就可表示为

$$y = e^{-\int P(x)\mathrm{d}x}\left[\int Q(x) e^{\int P(x)\mathrm{d}x}\mathrm{d}x + C\right]. \tag{9.3.9}$$

注1　公式(9.3.9)称为一阶线性非齐次微分方程(9.3.2)的

通解公式.

注 2　将齐次微分方程的通解公式(9.3.4)与表达式(9.3.8)对比,可以发现二者的差异之处在于前者的任意常数为 C,在后者中变为了 $C(x)$,也就是将常数 C 变易成了函数 $C(x)$. 而求非齐次微分方程(9.3.2)通解的过程,就是将含有 $C(x)$ 的公式(9.3.8)代入到非齐次方程(9.3.2)中,解出 $C(x)$,从而得到了线性非齐次微分方程的通解表达式(9.3.9). 这种通过把线性齐次微分方程通解中的任意常数 C 变易成待定函数 $C(x)$,从而求解线性非齐次微分方程通解的方法,称为**常数变易法**(constant variation method).

常数变易法是法国大数学家拉格朗日(Lagrange)用了 11 年的时间研究发现的,该方法不仅适用于求解一阶**线性**非齐次微分方程的情形,同样适用于求解高阶**线性**非齐次微分方程.

将通解公式(9.3.9)简单等价变形,得到非齐次微分方程(9.3.2)通解公式的另一表达形式

$$y = Ce^{-\int P(x)dx} + e^{-\int P(x)dx}\int Q(x)e^{\int P(x)dx}dx. \qquad (9.3.10)$$

公式(9.3.10)表明:一阶线性非齐次微分方程的通解可表示为其对应的齐次微分方程(9.3.3)的通解 $Ce^{-\int P(x)dx}$ 与自身(9.3.2)的一个特解 $e^{-\int P(x)dx}\int Q(x)e^{\int P(x)dx}dx$ 的和.

事实上,线性非齐次微分方程的通解都可表示为其对应的齐次微分方程的通解与自身一个特解的和. 这种解的结构性质对一阶线性微分方程成立,对高阶线性微分方程同样成立.

例 9.3.1　求微分方程 $y' + y = e^{-x}\cos x$ 的通解.

解　该方程为一阶线性非齐次微分方程,可利用通解公式(9.3.9)或式(9.3.10)代入求解. 其中,$P(x) = 1$,$Q(x) = e^{-x}\cos x$. 这里,我们将其代入通解公式(9.3.9)得

$$\begin{aligned}
y &= e^{-\int p(x)dx}\left[\int Q(x)e^{\int p(x)dx}dx + C\right] \\
&= e^{-\int 1dx}\left[\int e^{-x}\cdot(\cos x)\cdot e^{\int 1dx}dx + C\right] \\
&= e^{-x}\left[\int e^{-x}\cdot(\cos x)\cdot e^{x}dx + C\right] \\
&= e^{-x}\left[\int \cos x dx + C\right] \\
&= e^{-x}(\sin x + C).
\end{aligned}$$

注　利用通解公式计算一阶线性非齐次微分方程的通解是非常简便的方法,但有同学会产生疑问:在计算过程中涉及的不定积分的积分结果中为什么没有任意常数呢? 我们从求解的目的来回答这个问题. 因为题目的任务是求微分方程的通解,所以,只要求得的结果满足题设的微分方程,同时包含一个任意常数即可,因为这里研究的对象是一阶微分方程. 因此,在利用通解公式求

一阶线性非齐次微分方程的通解时，通常不用考虑积分过程中产生的常数.

例 9.3.2　求微分方程 $y'=\dfrac{y}{x+y^3}$ 的通解.

解　如果将 y 看作 x 的函数，则该方程 $\dfrac{\mathrm{d}y}{\mathrm{d}x}=\dfrac{y}{x+y^3}$ 不是线性微分方程，但如果将 x 看作 y 的函数，则方程可化为 $\dfrac{\mathrm{d}x}{\mathrm{d}y}=\dfrac{x+y^3}{y}=\dfrac{1}{y}x+y^2$，即

$$\frac{\mathrm{d}x}{\mathrm{d}y}-\frac{1}{y}x=y^2.$$

这是未知函数 $x=x(y)$ 的一阶线性非齐次微分方程，其中，
$P(y)=-\dfrac{1}{y},Q(y)=y^2.$

利用通解公式，得

$$\begin{aligned}
x&=\mathrm{e}^{\int\frac{1}{y}\mathrm{d}y}\left(\int y^2\mathrm{e}^{\int-\frac{1}{y}\mathrm{d}y}\mathrm{d}y+C\right)\\
&=\mathrm{e}^{\ln y}\left(\int y^2\mathrm{e}^{-\ln y}\mathrm{d}y+C\right)\\
&=y\left(\int y^2\cdot\frac{1}{y}\mathrm{d}y+C\right)\\
&=y\left(\int y\mathrm{d}y+C\right)\\
&=y\left(\frac{1}{2}y^2+C\right)\\
&=\frac{1}{2}y^3+Cy.
\end{aligned}$$

注 1　例 9.3.2 说明，微分方程是否为线性微分方程与把哪个变量看作因变量是有关系的.

注 2　在例 9.3.2 的求解过程中，尽管积分 $\displaystyle\int\frac{1}{y}\mathrm{d}y=\ln|y|+C$，但这里为简单起见，将之记为 $\ln y$，这样不仅方便，更重要的是，我们可以验证得到的通解就是所求微分方程的通解. 因此，在以后的微分方程的求解过程中，我们约定把 $\ln|y|$ 写成 $\ln y$.

例 9.3.3　求微分方程 $(x^2+3)\cos y\dfrac{\mathrm{d}y}{\mathrm{d}x}+2x\sin y=x(x^2+3)$ 的通解.

解　该方程关于函数 $y=y(x)$ 为非线性微分方程，但若令 $u=\sin y$，则 $\dfrac{\mathrm{d}u}{\mathrm{d}x}=\cos y\dfrac{\mathrm{d}y}{\mathrm{d}x}$，即原方程变形为 $(x^2+3)\dfrac{\mathrm{d}u}{\mathrm{d}x}+2xu=x(x^2+3)$，进一步化简得

$$\frac{\mathrm{d}u}{\mathrm{d}x}+\frac{2x}{x^2+3}u=x.$$

这是未知函数 $u = u(x)$ 的一阶线性非齐次微分方程，其中，

$P(x) = \dfrac{2x}{x^2+3}$，$Q(x) = x$. 由一阶线性非齐次微分方程的通解公式得

$$
\begin{aligned}
u &= \mathrm{e}^{-\int \frac{2x}{(x^2+3)}\mathrm{d}x} \left(\int x \mathrm{e}^{\int \frac{2x}{(x^2+3)}\mathrm{d}x} \mathrm{d}x + C \right) \\
&= \mathrm{e}^{-\ln(x^2+3)} \left(\int x \mathrm{e}^{\ln(x^2+3)} + C \right) \\
&= \frac{1}{x^2+3} \left(\int (x^3+3x)\mathrm{d}x + C \right) \\
&= \frac{1}{x^2+3} \left(\frac{1}{4}x^4 + \frac{3}{2}x^2 + C \right).
\end{aligned}
$$

从而，题设方程的通解为 $(x^2+3)\sin y = \dfrac{1}{4}x^4 + \dfrac{3}{2}x^2 + C$.

例 9.3.3 说明，某些非线性微分方程可以通过变量代换的形式转化为线性微分方程，进而借助线性微分方程的通解公式求出通解，再回代，得到原方程的通解.

以下讨论一阶线性微分方程特解的求法. 事实上，如果要求非齐次微分方程(9.3.2)满足初始条件 $y|_{x=x_0} = y_0$ 的特解，也就是计算如下初值问题：

$$
\begin{cases}
\dfrac{\mathrm{d}y}{\mathrm{d}x} + P(x)y = Q(x), \\
y|_{x=x_0} = y_0.
\end{cases}
\tag{9.3.11}
$$

通常的做法就是先利用通解公式(9.3.9)或者式(9.3.10)，求出通解，然后将初始条件 $y|_{x=x_0} = y_0$ 代入，确定出任意常数 C 的值，即可得到特解. 此外，初值问题(9.3.11)也存在求其解的公式，称之为初值公式：

$$
y = \mathrm{e}^{\int_{x_0}^{x} -P(x)\mathrm{d}x} \left[\int_{x_0}^{x} Q(x) \mathrm{e}^{\int_{x_0}^{x} P(x)\mathrm{d}x} \mathrm{d}x + y_0 \right].
\tag{9.3.12}
$$

例 9.3.4 求微分方程 $y' - xy = \dfrac{1}{2\sqrt{x}} \mathrm{e}^{\frac{x^2}{2}}$ 满足 $y(1) = \sqrt{\mathrm{e}}$ 的特解.

解法 1 该方程为一阶线性非齐次微分方程，其中 $P(x) = -x$，

$Q(x) = \dfrac{1}{2\sqrt{x}} \mathrm{e}^{\frac{x^2}{2}}$，代入通解公式(9.3.9)得

$$
\begin{aligned}
y &= \mathrm{e}^{\int x \mathrm{d}x} \left[\int \frac{1}{2\sqrt{x}} \mathrm{e}^{\frac{x^2}{2}} \mathrm{e}^{\int -x\mathrm{d}x} \mathrm{d}x + C \right] \\
&= \mathrm{e}^{\frac{1}{2}x^2} \left[\int \frac{1}{2\sqrt{x}} \mathrm{e}^{\frac{x^2}{2}} \mathrm{e}^{-\frac{x^2}{2}} \mathrm{d}x + C \right] \\
&= \mathrm{e}^{\frac{1}{2}x^2} \left[\int \frac{1}{2\sqrt{x}} \mathrm{d}x + C \right] \\
&= \mathrm{e}^{\frac{1}{2}x^2} \left[\sqrt{x} + C \right].
\end{aligned}
$$

再由 $y(1)=\sqrt{e}$，代入得 $C=0$，因此所求特解为 $y=\sqrt{x}\cdot e^{\frac{1}{2}x^2}$.

解法 2 因为 $y(1)=\sqrt{e}$，代入初值公式(9.3.12)得

$$
\begin{aligned}
y &= e^{\int_1^x x\,dx}\left[\int_1^x \frac{1}{2\sqrt{x}}e^{\frac{x^2}{2}}e^{\int_1^x -x\,dx}\,dx+\sqrt{e}\right]\\
&= e^{\left(\frac{1}{2}x^2-\frac{1}{2}\right)}\left[\int_1^x \frac{1}{2\sqrt{x}}e^{\frac{x^2}{2}}e^{\left(-\frac{x^2}{2}+\frac{1}{2}\right)}\,dx+\sqrt{e}\right]\\
&= e^{\frac{1}{2}x^2}\left[\int_1^x \frac{1}{2\sqrt{x}}\,dx+1\right]\\
&= e^{\frac{1}{2}x^2}\left[\sqrt{x}-1+1\right]\\
&= \sqrt{x}\cdot e^{\frac{1}{2}x^2}.
\end{aligned}
$$

9.3.2 伯努利方程及其解法

形如

$$
y'+P(x)y=Q(x)y^n,\quad n\neq 0,1 \tag{9.3.13}
$$

的方程，称为**伯努利方程**（Bernoulli equation）. 这里要求 $n\neq 0$，1，因为当 $n=0$ 时，方程(9.3.13)为一阶线性非齐次微分方程；$n=1$ 时，方程(9.3.13)为一阶线性齐次微分方程. 因此，当 $n\neq 0$，1 时，关于函数 $y=y(x)$ 的伯努利方程为非线性方程. 求这类方程通解时不能直接利用线性微分方程的通解公式，但可以通过换元，将其转化为线性微分方程，具体的换元方法如下：

微分方程(9.3.13)两边同除以 y^n，得

$$
y^{-n}\frac{dy}{dx}+P(x)y^{1-n}=Q(x). \tag{9.3.14}
$$

因为 $\dfrac{dy^{1-n}}{dx}=(1-n)y^{-n}\dfrac{dy}{dx}$，所以式(9.3.14)可化为

$$
\frac{1}{1-n}\cdot\frac{dy^{1-n}}{dx}+P(x)y^{1-n}=Q(x). \tag{9.3.15}
$$

令 $u=y^{1-n}$，则方程(9.3.15)式可化为

$$
\frac{1}{1-n}\cdot\frac{du}{dx}+P(x)u=Q(x). \tag{9.3.16}
$$

这是关于未知函数 $u=u(x)$ 的一阶线性微分方程，可利用一阶线性微分方程的通解公式求出方程(9.3.16)的通解，进而得到伯努利方程(9.3.13)的通解.

例 9.3.5 求解初值问题 $\begin{cases} y\dfrac{dy}{dx}+y^2-(\cos x-\sin x)y^3=0,\\ y|_{x=0}=1 \end{cases}$

的特解.

解 原方程可变形为

$$\frac{\mathrm{d}y}{\mathrm{d}x}+y=(\cos x-\sin x)y^2.$$

这是伯努利方程($n=2$)的情形，方程两边同除以 y^2，得

$$y^{-2}\frac{\mathrm{d}y}{\mathrm{d}x}+y^{-1}=(\cos x-\sin x). \qquad (9.3.17)$$

作变换，令 $u=y^{1-2}=y^{-1}$，则 $\dfrac{\mathrm{d}u}{\mathrm{d}x}=-y^{-2}\dfrac{\mathrm{d}y}{\mathrm{d}x}$，方程(9.3.17)化为

$$\frac{\mathrm{d}u}{\mathrm{d}x}-u=-(\cos x-\sin x).$$

这是关于未知函数 $u=u(x)$ 的一阶线性微分方程，代入通解公式，得

$$
\begin{aligned}
u &= \mathrm{e}^{-\int -1\mathrm{d}x}\left(\int(\sin x-\cos x)\mathrm{e}^{\int -1\mathrm{d}x}\mathrm{d}x+C\right)\\
&= \mathrm{e}^{x}\left(\int(\sin x-\cos x)\mathrm{e}^{-x}\mathrm{d}x+C\right)\\
&= \mathrm{e}^{x}\left(-\int\sin x\mathrm{d}\mathrm{e}^{-x}-\int\cos x\mathrm{e}^{-x}\mathrm{d}x+C\right)\\
&= \mathrm{e}^{x}\left(-\sin x\mathrm{e}^{-x}+\int\mathrm{e}^{-x}\mathrm{d}\sin x-\int\cos x\mathrm{e}^{-x}\mathrm{d}x+C\right)\\
&= \mathrm{e}^{x}\left(-\sin x\mathrm{e}^{-x}+\int\cos x\mathrm{e}^{-x}\mathrm{d}x-\int\cos x\mathrm{e}^{-x}\mathrm{d}x+C\right)\\
&= C\mathrm{e}^{x}-\sin x,
\end{aligned}
$$

即 $\dfrac{1}{y}=C\mathrm{e}^{x}-\sin x$. 将 $y|_{x=0}=1$ 代入，得 $C=1$，从而所求特解为 $\dfrac{1}{y}=\mathrm{e}^{x}-\sin x$，即

$$y=\frac{1}{\mathrm{e}^{x}-\sin x}.$$

习题 9.3

1. 求下列微分方程的通解

(1) $y'+y=x$；　(2) $xy'=y+x^3$；

(3) $y\mathrm{d}x+(1+y)x\mathrm{d}y=\mathrm{e}^{y}\mathrm{d}y$.

2. 设函数 $y=y(x)$ 是微分方程 $y'+xy=\mathrm{e}^{-\frac{x^2}{2}}$ 满足条件 $y(0)=0$ 的特解，求 $y(x)$.

3. 求微分方程 $y'+y=\mathrm{e}^{-x}\cos x$ 满足条件 $y(0)=0$ 的特解.

4. 求微分方程 $y'+\dfrac{1}{x}y=2x^{-\frac{1}{2}}y^{\frac{1}{2}}$ 的通解.

5. 已知函数 $f(x)$ 在 $(0,+\infty)$ 上有一阶连续导数，且对任意的 $x\in(0,+\infty)$ 满足：$x\displaystyle\int_{0}^{1}f(tx)\mathrm{d}t=2\int_{0}^{x}f(t)\mathrm{d}t+xf(x)+x^3$，且 $f(1)=0$，求 $f(x)$.

9.4　可降阶的高阶微分方程

前面研究了一阶微分方程的解法,如分离变量法,齐次微分方程解法,以及一阶线性微分方程的解法等. 对于某些高阶微分方程,一个直接的想法,就是将高阶微分方程转化为一阶微分方程,即通过对微分方程降阶,然后利用一阶微分方程的解法,求出高阶微分方程的通解. 当然,并不是所有的高阶微分方程都可以实现降阶. 因此,本节仅研究可以通过降阶化为一阶微分方程的高阶微分方程,并称之为可降阶的高阶微分方程,相应的求解方法称为降阶法. 本节将介绍可通过降阶法求解的三种不同类型的二阶微分方程的具体解法.

9.4.1　$y''=f(x)$ 型的二阶微分方程

这类微分方程特点很明显,方程左边为未知函数 $y=y(x)$ 的高阶导数,右边为仅含有自变量 x 的显性函数 $f(x)$. 因此,该类型微分方程的解法就是直接积分法. 只需要积分两次即可得到原微分方程的通解

$$y' = \int f(x)\,\mathrm{d}x + C_1,$$

$$y = \int\left[\int f(x)\,\mathrm{d}x\right]\mathrm{d}x + C_1 x + C_2.$$

这种逐次积分的方法,同样可用于求解更高阶的微分方程,如 $y^{(n)}=f(x)$.

例 9.4.1　求微分方程 $y''=x\cos x$ 的通解。

解　两边积分,得

$$y' = \int x\cos x\,\mathrm{d}x + C_1$$

$$= x\sin x - \int \sin x\,\mathrm{d}x + C_1$$

$$= x\sin x + \cos x + C_1,$$

$$y = \int (x\sin x + \cos x + C_1)\,\mathrm{d}x$$

$$= -\int x\,\mathrm{d}\cos x + \int \cos x\,\mathrm{d}x + \int C_1\,\mathrm{d}x$$

$$= -x\cos x + \sin x + \sin x + C_1 x + C_2$$

$$= -x\cos x + 2\sin x + C_1 x + C_2.$$

9.4.2　$y''=f(x,y')$ 型的二阶微分方程

这类方程的特点是,该方程右端不显含未知函数 y. 因此考虑把 y' 看作一个新的变量,作变量代换:$y'=P(x)$,则 $y''=P'$,相应地,方程化为

$$P' = f(x, P). \tag{9.4.1}$$

这是关于未知函数 $P = P(x)$ 的一阶微分方程，如果能求出方程 (9.4.1) 的通解 $P = \varphi(x, C_1)$，则可以通过积分求出原方程的通解

$$y = \int \varphi(x, C_1) \mathrm{d}x + C_2.$$

例 9.4.2　求微分方程 $y'' + \dfrac{1}{x} y' = x$ 的通解.

解　该方程不显含未知函数 y，作变量代换，令 $y' = P(x)$，则 $y'' = \dfrac{\mathrm{d}P(x)}{\mathrm{d}x} = P'$，代入方程得

$$P' + \frac{1}{x} P = x.$$

这是关于未知函数 $P = P(x)$ 的一阶线性非齐次微分方程，代入通解公式得

$$
\begin{aligned}
P &= \mathrm{e}^{-\int \frac{1}{x} \mathrm{d}x} \left(\int x \mathrm{e}^{\int \frac{1}{x} \mathrm{d}x} \mathrm{d}x + C_1 \right) \\
&= \frac{1}{x} \left(\frac{1}{3} x^3 + C_1 \right) \\
&= \frac{x^2}{3} + \frac{C_1}{x}, \\
y &= \int \left(\frac{x^2}{3} + \frac{C_1}{x} \right) \mathrm{d}x + C_2 \\
&= \frac{x^3}{9} + C_1 \ln |x| + C_2.
\end{aligned}
$$

9.4.3　$y'' = f(y, y')$ 型的二阶微分方程

这类方程的特点是：方程中不显含自变量 x. 因此，可以考虑作变量代换 $y' = P(y)$，即把 y 当作自变量，P 为关于 y 的未知函数. 由于 $y = y(x)$，所以也是将 P 看作关于 x 的复合函数，此时，y 关于 x 的二阶导数 y'' 可表示为

$$y'' = \frac{\mathrm{d}^2 y}{\mathrm{d}x^2} = \frac{\mathrm{d}P}{\mathrm{d}x} = \frac{\mathrm{d}P}{\mathrm{d}y} \frac{\mathrm{d}y}{\mathrm{d}x} = P \frac{\mathrm{d}P}{\mathrm{d}y},$$

则原方程化为

$$P \frac{\mathrm{d}P}{\mathrm{d}y} = f(y, P). \tag{9.4.2}$$

这是关于未知函数 $P = P(y)$ 的一阶微分方程，若能求出方程 (9.4.2) 的通解 $P = \psi(y, C_1)$，即

$$\frac{\mathrm{d}y}{\mathrm{d}x} = \psi(y, C_1), \tag{9.4.3}$$

则利用分离变量法即可得出原方程的通解.

例 9.4.3　求方程 $yy'' - y'^2 = 0$ 的通解.

解　该方程不显含自变量 x，令 $y' = P(y)$，则 $y'' = P \dfrac{\mathrm{d}P}{\mathrm{d}y}$.

代入题设方程得

$$yP\frac{\mathrm{d}P}{\mathrm{d}y}-P^2=0,$$

即

$$P\left(y\frac{\mathrm{d}P}{\mathrm{d}y}-P\right)=0,$$

即 $P=0$ 或 $y\dfrac{\mathrm{d}P}{\mathrm{d}y}=P$.

(1) 若 $P=0$，即 $y'=0$，得：$y=C$.

(2) 若 $y\dfrac{\mathrm{d}P}{\mathrm{d}y}=P$，分离变量得 $P=C_1 y$. 即 $\dfrac{\mathrm{d}y}{\mathrm{d}x}=C_1 y$. 解得
$y=C_2\mathrm{e}^{C_1 x}$.

因此，题设方程的通解为 $y=C_2\mathrm{e}^{C_1 x}$. 该通解也包含了解 $y=C$.

习题 9.4

1. 求微分方程 $y''=\dfrac{1}{1+x^2}$ 的通解.

2. 求微分方程 $y''+y'=x$ 的通解.

3. 求微分方程 $y''-\dfrac{2}{x}y'=x^2$ 的通解.

4. 求微分方程 $yy''-(y')^2=y'$ 的通解.

5. 求微分方程 $y''=(y')^3+y'$ 的通解.

6. 设 $y=f(x)$ 满足 $y''=x+\sin x$，且曲线 $y=f(x)$ 与直线 $y=x$ 在原点处相切，求 $f(x)$.

9.5　线性微分方程解的结构

我们已经知道，形如

$$y^{(n)}+a_1(x)y^{(n-1)}+\cdots+a_{n-1}(x)y'+a_n(x)y=g(x)$$

$$(9.5.1)$$

的方程称为 **n 阶线性微分方程.**

若方程(9.5.1)的右边 $g(x)\neq 0$，则称方程(9.5.1)为**n 阶线性非齐次微分方程.** 相应地，称

$$y^{(n)}+a_1(x)y^{(n-1)}+\cdots+a_{n-1}(x)y'+a_n y=0 \quad (9.5.2)$$

为方程(9.5.1)对应的齐次微分方程.

本节以二阶线性方程为例，介绍线性微分方程解的结构和性质. 这些解的结构性质一方面不仅对二阶线性微分方程成立，对 n 阶线性微分方程也成立. 不仅如此，我们还可以利用解的结构性质研究微分方程的通解.

二阶线性微分方程的一般形式为

$$y'' + p(x)y' + q(x)y = g(x). \tag{9.5.3}$$

其对应的齐次微分方程为

$$y'' + p(x)y' + q(x)y = 0. \tag{9.5.4}$$

9.5.1 二阶线性齐次微分方程解的结构

定理 9.5.1 (1) 若 $y_1(x)$ 是齐次微分方程(9.5.4)的解,则 $Cy_1(x)$ 也是(9.5.4)的解,其中,C 为任意常数.

(2) 若 $y_1(x)$ 和 $y_2(x)$ 都是齐次微分方程(9.5.4)的解,则 $y_1(x) + y_2(x)$ 也是(9.5.4)的解.

证明 (1) 因为 $y_1(x)$ 是齐次微分方程(9.5.4)的解,所以 $y_1(x)$ 满足方程,即

$$y_1''(x) + p(x)y_1'(x) + q(x)y_1(x) = 0.$$

将 $Cy_1(x)$ 代入到方程(9.5.4)的左边,得

$$(Cy_1(x))'' + p(x)(Cy_1(x))' + q(x)(Cy_1(x))$$
$$= C(y_1''(x) + p(x)y_1'(x) + q(x)y_1(x)) = 0,$$

即微分方程(9.5.4)成立,因此 $Cy_1(x)$ 也是齐次微分方程(9.5.4)的解.

(2) 因为 $y_1(x)$ 和 $y_2(x)$ 都是齐次微分方程(9.5.4)的解,所以有

$$y_1''(x) + p(x)y_1'(x) + q(x)y_1(x) = 0,$$
$$y_2''(x) + p(x)y_2'(x) + q(x)y_2(x) = 0.$$

结合求导运算的线性性质,即

$$(y_1(x) + y_2(x))' = y_1'(x) + y_2'(x),$$
$$(y_1(x) + y_2(x))'' = y_1''(x) + y_2''(x),$$

将 $y_1(x) + y_2(x)$ 代入到方程(9.5.4)的左边,得

$$(y_1(x) + y_2(x))'' + p(x)(y_1(x) + y_2(x))' + q(x)(y_1(x) + y_2(x)) = (y_1''(x) + p(x)y_1'(x) + q(x)y_1(x)) + (y_2''(x) + p(x)y_2'(x) + q(x)y_2(x)) = 0,$$

即微分方程(9.5.4)成立,因此 $y_1(x) + y_2(x)$ 也是齐次微分方程(9.5.4)的解.

注1 定理 9.5.1 表明齐次微分方程(9.5.4)的解具有线性性质. 即若 $y_1(x)$ 和 $y_2(x)$ 为方程(9.5.4)的解,则其线性组合 $C_1 y_1(x) + C_2 y_2(x)$ 也是方程(9.5.4)的解,其中 C_1 和 C_2 为任意常数.

注2 既然 $C_1 y_1(x) + C_2 y_2(x)$ 中包含的任意常数的个数与微分方程(9.5.4)的阶数相同,那么 $C_1 y_1(x) + C_2 y_2(x)$ 是不是微分方程(9.5.4)的通解呢? 直观来看,这取决于 $C_1 y_1(x)$ 与 $C_2 y_2(x)$ 是否可合并,若不可合并,则称 C_1,C_2 是两个相互独立的任意常数,此时,$C_1 y_1(x) + C_2 y_2(x)$ 就是微分方程(9.5.4)的通解. 然而从严格的数学角度,则需要理解如下**线性相关**(linear dependence)和**线性无**

关(linear independence)的概念.

定义 9.5.1 设 $y_1(x), y_2(x), \cdots, y_n(x)$ 是定义在同一区间 I 内的函数，若存在不全为零的常数 $k_1, k_2, \cdots, k_n$ 使得 $\forall x \in I$ 时，恒有

$$k_1 y_1(x) + k_2 y_2(x) + \cdots + k_n y_n(x) = 0, \qquad (9.5.5)$$

则称这 n 个函数 $y_1(x), y_2(x), \cdots, y_n(x)$ 在区间 I 内**线性相关**，否则称为**线性无关**.

例如，$1, \sin x, \cos x$ 在区间 $\left(-\dfrac{\pi}{2}, \dfrac{\pi}{2}\right)$ 内是线性无关的，因为若 $k_1 + k_2 \sin x + k_3 \cos x = 0$，只有当 $k_1 = k_2 = k_3 = 0$ 时才成立. 而 $1, 2\sin^2 x, 3\cos^2 x$ 在区间 $\left(-\dfrac{\pi}{2}, \dfrac{\pi}{2}\right)$ 内是线性相关的，因为只要取 $k_1 = -6, k_2 = 3, k_3 = 2$，则在区间 $\left(-\dfrac{\pi}{2}, \dfrac{\pi}{2}\right)$ 内 $k_1 + k_2(2\sin^2 x) + k_3(3\cos^2 x) = 0$.

若用定义 9.5.1 判断同一区间 I 内的两个函数 $y_1(x)$ 和 $y_2(x)$ 是否线性相关，则只需判断这两个函数的比 $\dfrac{y_1(x)}{y_2(x)}$ 是否为常数.

即，**$y_1(x)$ 和 $y_2(x)$ 线性相关的充分必要条件是 $y_1(x)$ 与 $y_2(x)$ 的比是一个常数**. 例如，x 和 x^2 就线性无关；e^x 和 $2e^x$ 就线性相关.

有了线性无关的概念，我们就可以基于齐次微分方程的特解构造齐次微分方程的通解.

定理 9.5.2 若 $y_1(x)$ 和 $y_2(x)$ 是齐次微分方程(9.5.4)的两个线性无关的特解，则 $C_1 y_1(x) + C_2 y_2(x)$ 是(9.5.4)的通解，其中 C_1 和 C_2 为任意常数.

证明 利用齐次微分方程(9.5.4)解的线性性质可知，$C_1 y_1(x) + C_2 y_2(x)$ 是(9.5.4)的解. 另外，因为 $y_1(x)$ 和 $y_2(x)$ 是方程(9.5.4)的两个线性无关的特解，即 $y_1(x)$ 与 $y_2(x)$ 的比不是常数，也就是说 $C_1 y_1(x)$ 和 $C_2 y_2(x)$ 不可合并，即 C_1 和 C_2 是两个相互独立的任意常数. 这说明相互独立的任意常数的个数与方程的阶数相同，因此，$C_1 y_1(x) + C_2 y_2(x)$ 是方程(9.5.4)的通解.

注 定理 9.5.2 说明，要求二阶线性齐次微分方程的通解，只需要求得该方程的两个线性无关的特解即可. 此外，这一性质还可以推广，用于求其他高阶线性齐次微分方程的通解.

例 9.5.1 已知 $y_1 = \sin x, y_2 = \cos x$ 是二阶线性齐次微分方程 $y'' + y = 0$ 的解，求其通解.

解 因为 $\dfrac{y_1}{y_2} = \dfrac{\sin x}{\cos x} = \tan x \neq$ 常数. 所以，y_1 与 y_2 线性无关.

由定理 9.5.2 可知，$y = C_1 \sin x + C_2 \cos x$ 是二阶线性齐次微分方程 $y'' + y = 0$ 的通解.

　　定理 9.5.2 表明只需求得方程(9.5.4)的两个线性无关的特解，即可得到其通解. 事实上，直接求出方程(9.5.4)的两个线性无关的特解并不容易. 退而求其次，若已经求出了一个特解，能否根据这个特解求出或者构造出另外一个特解呢? **刘维尔公式(Liouville formula)** 为我们提供了求另外一个与之线性无关特解的有效方法.

　　若已知 $y_1(x)$ 是线性齐次微分方程(9.5.4)的一个特解，则可用如下公式计算得出该线性微分方程的另外一个与 $y_1(x)$ 线性无关的特解 $y_2(x)$，这个公式也称为 **刘维尔公式**.

$$y_2(x) = y_1(x) \int \frac{1}{y_1^2(x)} e^{-\int p(x)\mathrm{d}x} \mathrm{d}x. \qquad (9.5.6)$$

刘维尔公式的证明如下：

　　已知 $y_1(x)$ 是线性齐次微分方程(9.5.4)的一个非零特解，若能找到一个函数 $u(x)$，其中 $u(x)$ 不是常函数，使得 $y_2(x) = u(x) \cdot y_1(x)$ 满足方程(9.5.4)，则 $y_2(x)$ 就是线性齐次方程(9.5.4)的特解，且与 $y_1(x)$ 线性无关.

　　为此，将 $y_2(x) = u(x) \cdot y_1(x)$ 代入方程(9.5.4)中，得

$$(u(x) \cdot y_1(x))'' + p(x)(u(x) \cdot y_1(x))' + q(x)(u(x) \cdot y_1(x)) = 0.$$

依据 $u(x)$ 各阶导整理，得

$$y_1(x)u''(x) + (2y_1'(x) + p(x)y_1(x))u'(x) + (y_1''(x) + p(x)y_1'(x) + q(x)y_1(x))u(x) = 0.$$

因为 $y_1(x)$ 是方程(9.5.4)的解，所以 $y_1''(x) + p(x)y_1'(x) + q(x)y_1(x) = 0$. 这样，就有

$$y_1(x)u''(x) + (2y_1'(x) + p(x)y_1(x))u'(x) = 0,$$

令 $u'(x) = v(x)$，则方程转换为

$$y_1(x)v'(x) + (2y_1'(x) + p(x)y_1(x))v(x) = 0.$$

由于 $p(x)$，$y_1(x)$，$y_1'(x)$ 均已知，显然这是关于 $v(x)$ 的一阶线性齐次微分方程，由通解公式得

$$
\begin{aligned}
v(x) &= Ce^{-\int \left(\frac{2y_1'(x)}{y_1(x)} + p(x)\right)\mathrm{d}x} \\
&= Ce^{-\int p(x)\mathrm{d}x - 2\int \frac{1}{y_1(x)}\mathrm{d}y_1(x)} \\
&= Ce^{-\int p(x)\mathrm{d}x - \ln y_1^2(x)} \\
&= \frac{Ce^{-\int p(x)\mathrm{d}x}}{y_1^2(x)},
\end{aligned}
$$

　　所以，$u(x) = \int v(x)\mathrm{d}x = C\int \frac{e^{-\int p(x)\mathrm{d}x}}{y_1^2(x)}\mathrm{d}x$，特别地，取 $C = 1$，则

$$y_2(x) = u(x) \cdot y_1(x) = y_1(x) \int \frac{1}{y_1^2(x)} e^{-\int p(x)dx} dx.$$

$$(9.5.7)$$

例 9.5.2 已知 $y_1(x) = e^x$ 是二阶线性齐次微分方程 $(x-1)y'' - xy' + y = 0$ 的特解，求其通解.

解 将方程变形为 $y'' - \frac{x}{x-1}y' + \frac{1}{x-1}y = 0$，即 $p(x) = -\frac{x}{x-1}$. 由刘维尔公式得

$$
\begin{aligned}
y_2(x) &= y_1(x) \int \frac{1}{y_1^2(x)} e^{-\int p(x)dx} dx \\
&= e^x \int e^{-2x} e^{\int \frac{x}{x-1} dx} dx \\
&= e^x \int e^{-2x} e^x (x-1) dx \\
&= e^x \int e^{-x} (x-1) dx \\
&= -e^x (xe^{-x}) \\
&= -x.
\end{aligned}
$$

因此，题设方程的通解可表示为：$y = C_1 e^x + C_2 x$，其中 C_1, C_2 为任意常数.

定理 9.5.3 若线性齐次微分方程 $(9.5.4)$ 中，$p(x)$，$q(x)$ 都是实变量函数，且方程有复数解 $y = u(x) + iv(x)$，其中 $u(x)$，$v(x)$ 都是实函数，则复数解的实部 $u(x)$ 和虚部 $v(x)$ 也都是线性齐次微分方程 $(9.5.4)$ 的解.

证明 $y = u(x) + iv(x)$，则 $y' = u'(x) + iv'(x)$，$y'' = u''(x) + iv''(x)$. 代入方程 $(9.5.4)$ 得

$$(u''(x) + p(x)u'(x) + q(x)u(x)) + i(v''(x) + p(x)v'(x) + q(x)v(x)) = 0,$$

所以，实部和虚部均应等于 0，即

$$u''(x) + p(x)u'(x) + q(x)u(x) = 0,$$
$$v''(x) + p(x)v'(x) + q(x)v(x) = 0.$$

这说明，复数解的实部 $u(x)$ 和虚部 $v(x)$ 也都是线性齐次微分方程 $(9.5.4)$ 的解.

9.5.2 二阶线性非齐次微分方程解的结构

定理 9.5.4 若 $\bar{y}(x)$ 是线性齐次微分方程 $(9.5.4)$ 的通解，$y_0(x)$ 是线性非齐次微分方程 $(9.5.3)$ 的任一特解，则 $\bar{y}(x) + y_0(x)$ 是微分方程 $(9.5.3)$ 的通解.

证明 $(\bar{y}(x) + y_0(x))'' + p(x)(\bar{y}(x) + y_0(x))' + q(x)(\bar{y}(x) + y_0(x))$

$$= (\bar{y}''(x) + p(x)\bar{y}'(x) + q(x)\bar{y}(x)) + (y_0''(x) +$$

$$p(x)y_0'(x)+q(x)y_0(x)$$
$$=0+g(x)$$
$$=g(x).$$

这说明 $\bar{y}(x)+y_0(x)$ 是微分方程(9.5.3)的解．此外，因为 $\bar{y}(x)$ 是线性齐次微分方程(9.5.4)的通解，所以 $\bar{y}(x)$ 的形式中应含有两个独立的常数，因此，$\bar{y}(x)+y_0(x)$ 也就包含了两个独立的常数，从而说明 $\bar{y}(x)+y_0(x)$ 是微分方程(9.5.3)的通解．

定理 9.5.4 说明，线性非齐次微分方程的通解可以用其对应的齐次微分方程的通解加上自身的一个特解来表示．

关于线性非齐次微分方程，其解还具有如下性质，也称为线性微分方程解的**叠加原理**.

定理 9.5.5　设线性非齐次微分方程
$$y''+p(x)y'+q(x)y=g_1(x)+g_2(x), \qquad (9.5.8)$$
若 $y_1(x)$ 和 $y_2(x)$ 分别为微分方程
$$y''+p(x)y'+q(x)y=g_1(x)$$
和
$$y''+p(x)y'+q(x)y=g_2(x)$$
的解，则 $y_1(x)+y_2(x)$ 就是微分方程(9.5.8)的解．

证明　把 $y_1(x)+y_2(x)$ 代入方程(9.5.8)的左端，则
$$(y_1(x)+y_2(x))''+p(x)(y_1(x)+y_2(x))'+q(x)(y_1(x)+y_2(x))$$
$$=(y_1''(x)+p(x)y_1'(x)+q(x)y_1(x))+(y_2''(x)+p(x)y_2'(x)+$$
$$q(x)y_2(x))$$
$$=g_1(x)+g_2(x),$$
即 $y_1(x)+y_2(x)$ 就是微分方程(9.5.8)的解．

定理 9.5.6　若 $y_1(x)+\mathrm{i}y_2(x)$ 是线性非齐次微分方程
$$y''+p(x)y'+q(x)y=g_1(x)+\mathrm{i}\,g_2(x) \qquad (9.5.9)$$
的解，则解的实部 $y_1(x)$ 和虚部 $y_2(x)$ 分别是方程
$$y''+p(x)y'+q(x)y=g_1(x)$$
和方程
$$y''+p(x)y'+q(x)y=g_2(x)$$
的解．其中，$p(x),q(x),g_1(x),g_2(x),y_1(x),y_2(x)$ 都是实函数．

证明　因为 $y_1(x)+\mathrm{i}y_2(x)$ 是线性非齐次微分方程(9.5.9)的解，即
$$(y_1(x)+\mathrm{i}y_2(x))''+p(x)(y_1(x)+\mathrm{i}y_2(x))'+q(x)(y_1(x)+$$
$$\mathrm{i}y_2(x))=g_1(x)+\mathrm{i}\,g_2(x),$$
即
$$(y_1''(x)+p(x)y_1'(x)+q(x)y_1(x))+\mathrm{i}(y_2''(x)+p(x)y_2'(x)+$$

$$q(x)y_2(x)=g_1(x)+\mathrm{i}\,g_2(x).$$

因为 $p(x),q(x),g_1(x),g_2(x),y_1(x),y_2(x)$ 都是实函数,依据实部与实部相等,虚部与虚部相等的原则,有

$$y_1''(x)+p(x)y_1'(x)+q(x)y_1(x)=g_1(x),$$
$$y_2''(x)+p(x)y_2'(x)+q(x)y_2(x)=g_2(x).$$

这说明, $y_1(x)$ 是方程 $y''+p(x)y'+q(x)y=g_1(x)$ 的解, $y_2(x)$ 是方程 $y''+p(x)y'+q(x)y=g_2(x)$ 的解.

例 9.5.3 已知 $y_1=\mathrm{e}^{3x}-x\mathrm{e}^{2x}$, $y_2=\mathrm{e}^x-x\mathrm{e}^{2x}$, $y_3=-x\mathrm{e}^{2x}$ 是某个二阶线性非齐次微分方程的解,求该方程的通解.

解 因为线性非齐次微分方程的通解等于其对应的齐次微分方程的通解加自身的一个特解. 而二阶线性齐次方程的通解又可以表示为任意两个线性无关特解的线性组合,同时利用解的叠加原理(定理 9.5.5)容易验证,线性非齐次方程的两个特解之差就是其对应的齐次微分方程的一个特解. 所以, $y_1-y_3=\mathrm{e}^{3x}$ 是二阶线性齐次方程的一个特解;同样, $y_2-y_3=\mathrm{e}^x$ 也是二阶线性齐次方程的一个特解,并且 $\dfrac{\mathrm{e}^{3x}}{\mathrm{e}^x}\neq$ 常数,即 e^{3x} 和 e^x 是线性齐次微分方程的两个线性无关的特解. 因此,齐次微分方程的通解可表示为 $\bar{y}=C_1\mathrm{e}^x+C_2\mathrm{e}^{3x}$. 相应地,该二阶线性非齐次微分方程的通解可表示为 $y=C_1\mathrm{e}^x+C_2\mathrm{e}^{3x}+y_3$.

习题 9.5

1. 验证 $y_1(x)=\cos 2x$, $y_2(x)=\sin 2x$ 都是方程 $y''+4y=0$ 的解,并写出该方程的通解.

2. 已知函数 $y_1(x)=6x+5$, $y_2(x)=\mathrm{e}^{2x}+6x+5$, $y_3(x)=\mathrm{e}^{3x}+6x+5$ 都是二阶线性非齐次微分方程 $y''-5y'+6y=36x$ 的解,求该方程的通解.

9.6 线性常系数齐次微分方程

线性常系数齐次微分方程是线性齐次微分方程的简单情形,本节以二阶线性微分方程为例,说明线性常系数齐次微分方程的求解方法.

二阶线性常系数齐次微分方程的一般形式为

$$y''+py'+qy=0, \tag{9.6.1}$$

其中, p,q 为常数.

若要得到方程(9.6.1)的通解,由于其是线性齐次微分方程,因此,只需要得到其两个线性无关的特解即可.

由于指数函数 e^{rx} 具有其导数 $(\mathrm{e}^{rx})'=r\mathrm{e}^{rx}$, $(\mathrm{e}^{rx})''=r^2\mathrm{e}^{rx}$ 仍为

自己倍数的特点，因此可以设想方程(9.6.1)有形式为 $y = e^{rx}$ 的解，其中 r 为待定常数. 将 $y = e^{rx}$，$y' = re^{rx}$，$y'' = r^2 e^{rx}$ 代入方程(9.6.1)，得

$$e^{rx}(r^2 + pr + q) = 0. \qquad (9.6.2)$$

因为 $e^{rx} \neq 0$，所以若方程(9.6.2)成立，r 必须满足如下**代数方程(algebraic equation)**，所谓代数方程，简单来说，就是由多项式组成的方程

$$r^2 + pr + q = 0. \qquad (9.6.3)$$

因此，当 r 是方程(9.6.3)的一个根时，$y = e^{rx}$ 就是方程(9.6.1)的一个解. 故称代数方程(9.6.3)为微分方程(9.6.1)的特征方程，它的根 r 称为特征根.

显然，特征方程(9.6.3)的根具有形式

$$r_1 = \frac{-p + \sqrt{p^2 - 4q}}{2}, r_2 = \frac{-p - \sqrt{p^2 - 4q}}{2}.$$

若在复数范围内讨论 r_1，r_2 之间的关系，则存在三种情形：(1) 两个不相等的实根；(2) 两个相等的实根；(3) 一对共轭复根. 以下针对这三种情形，分别讨论微分方程(9.6.1)的通解.

情形 1 r_1 与 r_2 是两个不相等的实根

因为 $r_1 \neq r_2$，即，$\dfrac{e^{r_1 x}}{e^{r_2 x}} \neq$ 常数，所以 $y_1(x) = e^{r_1 x}$，$y_2(x) = e^{r_2 x}$ 为二阶线性常系数齐次微分方程(9.6.1)的两个线性无关的特解. 根据线性微分方程解的结构理论(9.5 节的定理 9.5.2)，微分方程(9.6.1)的通解可表示为

$$y(x) = C_1 e^{r_1 x} + C_2 e^{r_2 x}. \qquad (9.6.4)$$

情形 2 r_1 与 r_2 是两个相等的实根

因为 $r_1 = r_2$，则必有 $r_1 = r_2 = -\dfrac{p}{2}$，即 $y_1 = e^{r_1 x} = e^{-\frac{p}{2}x}$ 是微分方程(9.6.1)的一个特解，另一个与之线性无关的特解可借助刘维尔公式(9.5.6)获得

$$\begin{aligned} y_2(x) &= y_1(x) \int \frac{1}{y_1^2(x)} e^{-\int p dx} dx \\ &= e^{r_1 x} \int e^{px} e^{-px} dx \\ &= x e^{r_1 x}. \end{aligned}$$

即

$$y_2(x) = x e^{r_1 x}.$$

因此，微分方程(9.6.1)的通解可表示为

$$y(x) = (C_1 + x C_2) e^{r_1 x}. \qquad (9.6.5)$$

情形 3 r_1 与 r_2 是一对共轭复根

在情形 3 下，因为 r_1 与 r_2 是一对共轭复根，则 $r_1 = \alpha + i\beta$，$r_2 =$

$\alpha - i\beta$. 此时，$y_1(x) = e^{r_1x}$，$y_2(x) = e^{r_2x}$ 为微分方程（9.6.1）的两个线性无关的特解.

故，微分方程（9.6.1）的通解可表示为

$$y = C_1 e^{r_1x} + C_2 e^{r_2x}. \tag{9.6.6}$$

但由于这里的 r_1，r_2 均为复数，因此公式（9.6.6）也称为微分方程（9.6.1）的复函数形式的通解. 然而，通常情况下，我们习惯得到实函数形式的通解，为此，利用**欧拉公式**（Euler formula），做如下变形

$$y_1(x) = e^{r_1x} = e^{\alpha x}(\cos\beta x + i\sin\beta x),$$
$$y_2(x) = e^{r_2x} = e^{\alpha x}(\cos\beta x - i\sin\beta x).$$

则，

$$\frac{y_1(x) + y_2(x)}{2} = e^{\alpha x}\cos\beta x,$$

$$\frac{y_1(x) - y_2(x)}{2i} = e^{\alpha x}\sin\beta x.$$

由线性微分方程解的线性性质（9.5 节定理 9.5.1）知，$\dfrac{y_1(x) + y_2(x)}{2}$ 和 $\dfrac{y_1(x) - y_2(x)}{2i}$ 也是微分方程（9.6.1）的两个线性无关的特解，即 $e^{\alpha x}\cos\beta x$，$e^{\alpha x}\sin\beta x$ 也是微分方程（9.6.1）的两个线性无关的特解. 故二阶线性常系数齐次微分方程（9.6.1）的通解还可表示为

$$y = e^{\alpha x}(C_1 \cos\beta x + C_2 \sin\beta x). \tag{9.6.7}$$

该通解形式较式（9.6.6）更为简洁明了，且为实函数，因此常用式（9.6.7）表示特征根为共轭复根时微分方程（9.6.1）的通解.

例 9.6.1 已知 $y = y(x)$，求微分方程 $y'' + y' - 2y = 0$ 的通解.

解 特征方程为：$r^2 + r - 2 = 0$，所以，特征根为

$$r_1 = 1, r_2 = -2.$$

所以，题设方程的通解为

$$y = C_1 e^x + C_2 e^{-2x}.$$

例 9.6.2 已知 $y = y(x)$，求微分方程 $y'' + 2y' + 3y = 0$ 的通解.

解 特征方程 $r^2 + 2r + 3 = 0$. 所以，特征根为

$$r_1 = \frac{-2 + i2\sqrt{2}}{2} = -1 + i\sqrt{2}, r_2 = -1 - i\sqrt{2},$$

所以，题设方程的通解为

$$y = e^{-x}(C_1 \cos\sqrt{2}x + C_2 \sin\sqrt{2}x).$$

综合考虑上述三种情形，二阶线性常系数齐次微分方程的通解表达式与其特征方程的根之间的关系可用表 9-6-1 来描述.

表 9-6-1　二阶线性常系数齐次微分方程的通解表达式与特征根的关系

特征根的情况	通解的表达式
实根 $r_1 \neq r_2$	$y(x) = C_1 e^{r_1 x} + C_2 e^{r_2 x}$
实根 $r_1 = r_2$	$y(x) = (C_1 + C_2 x) e^{r_1 x}$
复根 $r_{1,2} = \alpha \pm i\beta$	$y = e^{\alpha x}(C_1 \cos\beta x + C_2 \sin\beta x)$

这种求解二阶线性常系数齐次微分方程通解的方法称为**特征方程法**（characteristic equation method）. 该方法不仅适用于二阶微分方程，对更高阶的线性常系数齐次微分方程同样适用.

设 n 阶线性常系数齐次微分方程的一般形式为

$$y^{(n)} + a_1 y^{(n-1)} + a_2 y^{(n-2)} + \cdots + a_{n-1} y' + a_n y = 0, \quad (9.6.8)$$

其中，$a_i(i=1,2,\cdots,n)$ 是常数. 则微分方程(9.6.8)确定的特征方程为

$$r^n + a_1 r^{n-1} + a_2 r^{n-2} + \cdots + a_{n-1} r + a_n = 0. \quad (9.6.9)$$

(1) 若特征方程(9.6.9)有单根 r_1，则微分方程(9.6.8)有特解 $y_1 = e^{r_1 x}$.

(2) 若特征方程(9.6.9)有 k 重根 r_1，则微分方程(9.6.8)有 k 个形如 $y_1 = e^{r_1 x}$，$y_2 = x e^{r_1 x}$，$\cdots$，$y_k = x^{k-1} e^{r_1 x}$ 的线性无关的特解.

(3) 若特征方程(9.6.9)有单重复根 $r_{1,2} = \alpha \pm i\beta$，则微分方程(9.6.8)有特解 $y_1 = e^{\alpha x}\cos\beta x$，$y_2 = e^{\alpha x}\sin\beta x$；

(4) 若特征方程(9.6.9)有 k 重复根 $r_{1,2} = \alpha \pm i\beta$，则微分方程(9.6.8)有 $2k$ 个形如

$y_1 = e^{\alpha x}\cos\beta x, y_2 = e^{\alpha x}\sin\beta x, y_3 = x e^{\alpha x}\cos\beta x, y_4 = x e^{\alpha x}\sin\beta x, \cdots,$
$y_{2k-1} = x^{k-1} e^{\alpha x}\cos\beta x, y_{2k} = x^{k-1} e^{\alpha x}\sin\beta x$ 的线性无关的特解.

例 9.6.3　已知 $y = y(x)$，求微分方程 $y''' + 8y = 0$ 的通解.

解　特征方程为：$r^3 + 8 = 0$. 即 $(r+2)(r^2 - 2r + 4) = 0$.
所以，特征根为

$$r_1 = -2, r_{2,3} = \frac{2 \pm 2\sqrt{3}i}{2} = 1 \pm \sqrt{3}i,$$

所以，题设方程的通解为

$$y = C_1 e^{-2x} + C_2 e^x \cos\sqrt{3}x + C_3 e^x \sin\sqrt{3}x.$$

习题 9.6

1. 已知 $y = y(x)$，求微分方程 $y'' + y' - 2y = 0$ 的通解.
2. 已知 $y = y(x)$，求微分方程 $y'' + 4y' + 4y = 0$ 的通解.
3. 已知 $y = y(x)$，求微分方程 $y'' + 4y' + 6y = 0$ 的通解.
4. 已知 $y = y(x)$，求微分方程 $y^{(4)} - 16y = 0$ 的通解.

9.7 线性常系数非齐次微分方程

本节, 我们研究线性常系数非齐次微分方程的求解方法, 以及可化为线性常系数微分方程形式的变系数微分方程的求解方法.

9.7.1 二阶线性常系数非齐次微分方程

二阶线性常系数非齐次微分方程的一般形式为

$$y'' + py' + qy = f(x). \tag{9.7.1}$$

由线性微分方程解的结构(9.5 节)可知, 线性非齐次微分方程的通解等于其对应的齐次微分方程的通解加上自身的一个特解. 由于在 9.6 节中已经介绍了求解线性常系数齐次方程通解的方法, 因此, 要求微分方程(9.7.1)的通解, 只需要研究如何求出非齐次微分方程(9.7.1)的一个特解即可.

从方法上说, 由于式(9.7.1)是线性微分方程, 因此, 可利用 9.3 节介绍的常数变易法计算(9.7.1)的特解, 从而获得通解. 然而, 尽管这种方法可行, 但实际计算过程中会发现相当繁琐, 尤其是在实际应用中, 非齐次项(也称自由项)$f(x)$ 通常表现为如下四种形式:

(1) $f(x) = P(x)$, 其中 $P(x)$ 为多项式.

(2) $f(x) = P(x)e^{\alpha x}$, 为多项式与指数函数的乘积.

(3) $f(x) = P(x)e^{\alpha x}\cos\beta x$, 为多项式、指数函数与余弦函数的乘积.

(4) $f(x) = P(x)e^{\alpha x}\sin\beta x$, 为多项式、指数函数与正弦函数的乘积.

对于这四种形式的自由项, 我们可以不必用常数变易法, 而是预先给定方程(9.7.1)的特定形式的特解, 再把这种特定形式的特解代入到方程(9.7.1)中, 确定出特解中待定常数的值, 从而得出微分方程(9.7.1)的一个特解, 这种确定特解的方法称为**待定系数法**.

事实上, 自由项 $f(x)$ 的上述四种形式可以统一写为 $P(x)e^{\omega x}$, $\omega = \alpha + i\beta$. 当 $\alpha = \beta = 0$ 时, $\omega = 0$, 此时 $P(x)e^{\omega x}$ 对应的就是形式(1)多项式 $P(x)$; 当 $\alpha \neq 0$, $\beta = 0$ 时, ω 为非零实数, 此时 $P(x)e^{\omega x}$ 对应的就是形式(2)多项式与指数函数的乘积 $P(x)e^{\alpha x}$; 当 $\beta \neq 0$ 时, ω 为复数, 有 $P(x)e^{\omega x} = P(x)e^{\alpha x}\cos\beta x + iP(x)e^{\alpha x}\sin\beta x$. 此时 $P(x)e^{\omega x}$ 的实部对应的就是形式(3)$P(x)e^{\alpha x}\cos\beta x$, 而 $P(x)e^{\omega x}$ 的虚部对应的就是形式(4)$P(x)e^{\alpha x}\sin\beta x$.

为了分类的简洁与方便, 以下针对 $\omega = \lambda$ 为实数和 $\omega = \alpha + i\beta$ 复数两种情形, 分别介绍微分方程(9.7.1)特解的求法.

情形 1 $f(x)=P_m(x)e^{\lambda x}$ 型，$P_m(x)$ 为 m 次多项式，λ 为实数

要求非齐次方程(9.7.1)的一个特解，就是要找到一个满足方程(9.7.1)的函数 $y_0(x)$. 结合自由项的形式 $f(x)=P_m(x)e^{\lambda x}$，以及多项式函数和指数函数求导结果的特点(如多项式函数的导数仍然为多项式函数，$(e^{\lambda x})'=\lambda e^{\lambda x})$，可以推出方程(9.7.1)具有如下形式的特解

$$y_0(x)=Q(x)e^{\lambda x}. \tag{9.7.2}$$

其中，$Q(x)$ 为某一多项式函数. 因此，只要能确定公式(9.7.2)中的 $Q(x)$，也就得到了方程(9.7.1)的一个特解. 而确定 $Q(x)$ 的一个直接的想法就是将 $y_0(x)$ 代入到方程(9.7.1)中，使得等式成立，从而确定出函数 $Q(x)$. 为此，先计算 $y_0'(x)$ 和 $y_0''(x)$：

$$y_0'(x)=[\lambda Q(x)+Q'(x)]e^{\lambda x}.$$
$$y_0''(x)=[\lambda^2 Q(x)+2\lambda Q'(x)+Q''(x)]e^{\lambda x}.$$

代入方程(9.7.1)，得

$$[\lambda^2 Q(x)+2\lambda Q'(x)+Q''(x)]e^{\lambda x}+p[\lambda Q(x)+Q'(x)]e^{\lambda x}+qQ(x)e^{\lambda x}=P_m(x)e^{\lambda x}.$$

因为 $e^{\lambda x}\neq 0$，消去 $e^{\lambda x}$，合并 $Q(x)$ 及其各阶导数，得

$$Q''(x)+(2\lambda+p)Q'(x)+(\lambda^2+p\lambda+q)Q(x)=P_m(x).$$
$$\tag{9.7.3}$$

注意到 $P_m(x)$ 为 m 次多项式，$Q(x)$ 为多项式，为了保证公式(9.7.3)等号成立，需要依据特征方程

$$\lambda^2+p\lambda+q=0 \tag{9.7.4}$$

的特征根，做如下讨论：

(1) 若 λ 不是特征方程(9.7.4)的根，则 $\lambda^2+p\lambda+q\neq 0$，由于 $P_m(x)$ 为 m 次多项式，为了保证公式(9.7.3)成立，$Q(x)$ 也应该为 m 次多项式[相应地，$Q'(x)$ 为 $m-1$ 次多项式或等于 0(若 $m=0$)，$Q''(x)$ 为 $m-2$ 次多项式或等于 0(若 $m=0,1$)]，因此，设 $Q(x)=Q_m(x)$ 具有如下形式

$$Q_m(x)=b_0+b_1 x+\cdots+b_m x^m. \tag{9.7.5}$$

将 $Q_m(x)$ 代入公式(9.7.3)，利用两多项式相等则同次幂项对应的系数相同这一性质，可以得到以 $b_0,b_1,\cdots,b_m$ 为未知数(待定系数)的 $m+1$ 个方程构成的方程组，解出这些待定系数 $b_0,b_1,\cdots,b_m$，即可得到非齐次微分方程(9.7.1)的一个特解

$$y_0=Q_m(x)e^{\lambda x}. \tag{9.7.6}$$

在实际求解过程中，也可不必写出公式(9.7.3)，而是直接将 $Q_m(x)e^{\lambda x}$ 代入微分方程(9.7.1)，消去 $e^{\lambda x}$ 后，通过建立以 $b_0,b_1,\cdots,b_m$ 为未知数的 $m+1$ 个方程构成的方程组，解出这些待定系数 $b_0,b_1,\cdots,b_m$，从而得到(9.7.6)中特解 y_0 的具体形式.

(2) 若 λ 是特征方程(9.7.4)的单根，则 $\lambda^2+p\lambda+q=0$，但

$2\lambda + p \neq 0$. 即在式(9.7.3)中, $Q(x)$ 的系数为 0, 而 $Q'(x)$ 的系不为 0. 由于 $P_m(x)$ 为 m 次多项式, 为了保证公式(9.7.3)成立, $Q'(x)$ 应该为 m 次多项式, 故可设 $Q(x) = x Q_m(x)$, 其中 $Q_m(x)$ 为 m 次多项式, 形式与公式(9.7.5)相同. 这样, 非齐次微分方程(9.7.1)的一个特解就具有形式

$$y_0 = x Q_m(x) e^{\lambda x}. \tag{9.7.7}$$

将式(9.7.7)中的 $x Q_m(x) e^{\lambda x} = x(b_0 + b_1 x + \cdots + b_m x^m) e^{\lambda x}$ 代入微分方程(9.7.1), 消去 $e^{\lambda x}$ 后, 通过建立以 $b_0, b_1, \cdots, b_m$ 为未知数的 $m+1$ 个方程构成的方程组, 解出这些待定系数 $b_0, b_1, \cdots, b_m$. 从而得到式(9.7.7)中特解 y_0 的具体形式.

(3) 若 λ 是特征方程(9.7.4)的重根, 则 $\lambda^2 + p\lambda + q = 0$, 且 $2\lambda + p = 0$, 即在式(9.7.3)中, $Q(x)$ 和 $Q'(x)$ 的系数均为 0. 由于 $P_m(x)$ 为 m 次多项式, 为了保证公式(9.7.3)成立, $Q''(x)$ 应该为 m 次多项式, 故可设 $Q(x) = x^2 Q_m(x)$, 其中 $Q_m(x)$ 为 m 次多项式, 形式与公式(9.7.5)相同. 这样, 非齐次微分方程(9.7.1)的一个特解就具有形式

$$y_0 = x^2 Q_m(x) e^{\lambda x}. \tag{9.7.8}$$

将式(9.7.8)中的 $x^2 Q_m(x) e^{\lambda x} = x^2 (b_0 + b_1 x + \cdots + b_m x^m) e^{\lambda x}$ 代入微分方程(9.7.1), 消去 $e^{\lambda x}$ 后, 通过建立以 $b_0, b_1, \cdots, b_m$ 为未知数的 $m+1$ 个方程构成的方程组, 解出这些待定系数 $b_0, b_1, \cdots, b_m$. 从而得到式(9.7.8)中特解 y_0 的具体形式.

综上所述, 当自由项 $f(x) = P_m(x) e^{\lambda x}$ 时, 二阶线性常系数非齐次微分方程(9.7.1)的特解具有如下统一形式:

$$y_0 = x^k e^{\lambda x} Q_m(x). \tag{9.7.9}$$

其中, k 按照 λ 的不是特征根、是单根、是重根三种情形, 分别取值 0、1、2.

例 9.7.1 下列方程有什么形式的特解?

(1) $y'' + 3y' + 2y = e^{4x}$;

(2) $y'' + 3y' + 2y = x e^{-2x}$;

(3) $y'' - 2y' + y = (x^2 + 1) e^x$.

解 (1) 特征方程为: $r^2 + 3r + 2 = 0$, 即 $(r+1)(r+2) = 0$, 得特征根: $r_1 = -1$, $r_2 = -2$. 由于方程(1)中自由项为 $f(x) = P_m(x) e^{\lambda x} = e^{4x}$, 对应的 $\lambda = 4$, 不是特征根, 且多项式为 0 次多项式, 故方程(1)具有形如 $y_0 = b_0 e^{4x}$ 的特解.

(2) 特征方程为 $r^2 + 3r + 2 = 0$, 即 $(r+1)(r+2) = 0$, 得特征根 $r_1 = -1$, $r_2 = -2$. 由于方程(2)中自由项为 $f(x) = P_m(x) e^{\lambda x} = x e^{-2x}$, 对应的 $\lambda = -2$, 是特征根, 且为单根, 而多项式为 1 次多项式, 故方程(2)具有形如 $y_0 = x(b_0 + b_1 x) e^{-2x}$ 的特解.

(3) 特征方程为: $r^2 - 2r + 1 = 0$, 即 $(r-1)^2 = 0$, 得特征根:

$r_1 = r_2 = 1$. 由于方程（3）中自由项为 $f(x) = P_m(x) e^{\lambda x} = (x^2+1) e^x$，对应的 $\lambda = 1$，是特征根，且为重根，而多项式为 2 次多项式，故，方程（3）具有形如 $y_0 = x^2(b_0 + b_1 x + b_2 x^2) e^x$ 的特解.

例 9.7.2 求方程 $y'' + y' - 2y = 4x$ 的一个特解.

解 特征方程：$r^2 + r - 2 = 0$，即 $(r+2)(r-1) = 0$，特征根 $r_1 = 1$，$r_2 = -2$.

而自由项 $f(x) = P_m(x) e^{\lambda x} = 4x$，因此 $\lambda = 0$ 不是特征根，而 $P_m(x)$ 为 1 次多项式.

所以设特解 $y_0 = b_0 + b_1 x$，则 $(y_0)' = b_1$，$(y_0)'' = 0$，代入题设中的微分方程，得

$$b_1 - 2(b_0 + b_1 x) = 4x,$$

即，$b_1 = -2$，$b_0 = -1$. 所以，原方程的一个特解为：$y_0 = -1 - 2x$.

例 9.7.3 求方程 $y'' + 3y' + 2y = x e^{-2x}$ 的通解.

解 特征方程：$r^2 + 3r + 2 = 0$，即 $(r+1)(r+2) = 0$，特征根：$r_1 = -1$，$r_2 = -2$.

即，题设方程对应的齐次方程的通解为

$$\bar{y} = C_1 e^{-x} + C_2 e^{-2x}.$$

而自由项 $f(x) = P_m(x) e^{\lambda x} = x e^{-2x}$，因此 $\lambda = -2$ 是特征根，且为单根. 而 $P_m(x)$ 为 1 次多项式.

所以设特解 $y_0 = x(b_0 + b_1 x) e^{-2x}$，则

$$(y_0)' = (b_0 + 2(b_1 - b_0) x - 2 b_1 x^2) e^{-2x},$$
$$(y_0)'' = (2(b_1 - 2 b_0) - 4(2 b_1 - b_0) x + 4 b_1 x^2) e^{-2x}.$$

代入题设中的微分方程，得

$$(2 b_1 - b_0) - 2 b_1 x = x,$$

即 $b_1 = -\dfrac{1}{2}$，$b_0 = -1$. 所以，原方程的一个特解为

$$y_0 = \left(-x - \frac{1}{2} x^2\right) e^{-2x}.$$

因此，题设方程的通解为

$$y = \bar{y} + y_0 = C_1 e^{-x} + C_2 e^{-2x} + \left(-x - \frac{1}{2} x^2\right) e^{-2x}.$$

情形 2 $f(x) = P_m(x) e^{\alpha x} \cos\beta x$ 或 $f(x) = P_m(x) e^{\alpha x} \sin\beta x$ 型

对于二阶线性常系数非齐次微分方程（9.7.1），当其自由项 $f(x)$ 的形式为 $P_m(x) e^{\alpha x} \cos\beta x$ 或 $P_m(x) e^{\alpha x} \sin\beta x$ 时，其中 $P_m(x)$ 表示 m 次多项式，我们可以采用如下方法求解这类微分方程的通解.

同时考虑如下两个二阶常系数线性非齐次微分方程

$$y'' + py' + qy = P_m(x) e^{\alpha x} \cos\beta x, \tag{9.7.10}$$
$$y'' + py' + qy = P_m(x) e^{\alpha x} \sin\beta x. \tag{9.7.11}$$

因为 $P_m(x)\mathrm{e}^{\alpha x}\cos\beta x$ 和 $P_m(x)\mathrm{e}^{\alpha x}\sin\beta x$ 分别是 $P_m(x)\mathrm{e}^{(\alpha+\mathrm{i}\beta)x}=P_m(x)\mathrm{e}^{\alpha x}(\cos\beta x+\mathrm{i}\sin\beta x)$ 的实部和虚部. 为此, 我们考虑方程

$$y''+py'+qy=P_m(x)\mathrm{e}^{\omega x}, \qquad (9.7.12)$$

其中 $\omega=\alpha+\mathrm{i}\beta$.

将 ω 看作情形 1 中的 λ, 则同样可以利用情形 1 中给出的方法得到方程(9.7.12)的特解, 由线性微分方程解的结构理论(定理 9.5.6)可知, 微分方程(9.7.12)特解的实部就是微分方程(9.7.10)的特解, 而虚部就是微分方程(9.7.11)的特解.

方程(9.7.12)自由项 $\mathrm{e}^{\omega x}$ 中的 $\omega=\alpha+\mathrm{i}\beta(\beta\neq0)$ 是复数, 而特征方程(9.7.4)是实系数的二次方程, 所以 $\alpha+\mathrm{i}\beta$ 只有两种可能的情形: (1) 不是特征方程的特征根; (2) 是特征方程的单根. 不可能出现为重根的情形. 因此方程(9.7.12)的特解具有形式

$$y_0=x^k Q_m(x)\mathrm{e}^{(\alpha+\mathrm{i}\beta)x}. \qquad (9.7.13)$$

其中 $Q_m(x)$ 是 m 次多项式, 当 ω 不是特征根时, 特解(9.7.13)中的 k 取 0; 当 ω 是单根时, 特解(9.7.13)中的 k 取 1.

例 9.7.4 求方程 $y''+y=x\cos2x$ 的一个特解.

解 考虑方程

$$y''+y=x\mathrm{e}^{2\mathrm{i}x}, \qquad (9.7.14)$$

这里的自由项 $P_m(x)\mathrm{e}^{\omega x}=x\mathrm{e}^{2\mathrm{i}x}$, 即 $\omega=0+2\mathrm{i}=2\mathrm{i}$. 因此, 先求微分方程(9.7.14)的一个特解. 显然, 特征方程为 $r^2+1=0$, 其特征根: $r_1=\mathrm{i}$, $r_2=-\mathrm{i}$. 因为 $\omega=2\mathrm{i}$ 不是特征根, 而 $P_m(x)$ 为 1 次多项式. 所以, 设微分方程(9.7.14)的特解为

$$y_0=(b_0+b_1 x)\mathrm{e}^{2\mathrm{i}x},$$

则 $y_0'=(b_1+2b_0\mathrm{i}+2\mathrm{i}b_1 x)\mathrm{e}^{2\mathrm{i}x}$, $y_0''=(4\mathrm{i}b_1-4b_0-4b_1 x)\mathrm{e}^{2\mathrm{i}x}$. 代入微分方程(9.7.14)得

$$b_0=-\frac{4\mathrm{i}}{9},b_1=-\frac{1}{3}.$$

所以, 方程(9.7.14)的一个特解为

$$y_0=\left(-\frac{4\mathrm{i}}{9}-\frac{1}{3}x\right)\mathrm{e}^{2\mathrm{i}x}$$

$$=\left(-\frac{4\mathrm{i}}{9}-\frac{1}{3}x\right)(\cos2x+\mathrm{i}\sin2x)$$

$$=-\frac{1}{3}x\cos2x+\frac{4}{9}\sin2x+\mathrm{i}\left(-\frac{4}{9}\cos2x-\frac{1}{3}x\sin2x\right),$$

故该特解的实部就是题设方程 $y''+y=x\cos2x$ 的一个特解 $y_0=-\frac{1}{3}x\cos2x+\frac{4}{9}\sin2x$.

事实上, 我们通常会遇到自由项为 $\sin\beta x,\cos\beta x$ 或 $a\sin\beta x+b\cos\beta x$ 的形式, 在这种形式下, 为方便特解的计算, 可以直接设其

具有形如

$$y_0 = x^k [A\cos\beta x + B\sin\beta x]$$

的特解，其中当 $i\beta$ 不是根时，k 取 0；当 $i\beta$ 是单根时，k 取 1. 我们看一个例子.

例 9.7.5 求 $y'' + y = \sin x$ 的一个特解.

解 题设方程的自由项为 $\sin x$，即对应的 $\beta = 1$. 而题设方程的特征方程为：$r^2 + 1 = 0$，其特征根 $r_1 = i$，$r_2 = -i$. 由于 $i\beta = i$ 是特征根（单根），故设特解 $y_0 = x(A\cos x + B\sin x)$. 则，

$$(y_0)' = A\cos x + B\sin x + x(-A\sin x + B\cos x),$$

$$(y_0)'' = -A\sin x + B\cos x - A\sin x + B\cos x - x(A\cos x + B\sin x),$$

代入题设方程，得 $-2A\sin x + 2B\cos x = \sin x$，即：$A = -\dfrac{1}{2}$，$B = 0$.

所求特解为：$y_0 = -\dfrac{1}{2}x\cos x$.

9.7.2 n 阶线性常系数非齐次微分方程

用于确定二阶线性常系数非齐次微分方程特解的待定系数法，同样适用于 n 阶线性常系数非齐次微分方程，区别在于特解的构造形式.

(1) 在公式 (9.7.9) 中，$y_0 = x^k e^{\lambda x} Q_m(x)$，若 λ 不是特征根，$k = 0$；若 λ 是 s 重特征根，$k = s$.

(2) 在公式 (9.7.13) 中，$y_0 = x^k Q_m(x) e^{(\alpha + i\beta)x} = x^k Q_m(x) e^{\omega x}$，若 ω 不是特征根，$k = 0$；若 ω 是 s 重特征根，$k = s$.

例 9.7.6 求微分方程 $y''' - 2y'' - y' + 2y = e^{-2x}$ 的通解.

解 题设方程的特征方程为 $r^3 - 2r^2 - r + 2 = 0$，即 $(r-1)(r+1)(r-2) = 0$. 从而特征根为：$r_1 = 1$，$r_2 = -1$，$r_3 = 2$. 即该方程对应的齐次方程的通解为

$$\bar{y} = C_1 e^x + C_2 e^{-x} + C_3 e^{2x}.$$

由于自由项 $f(x) = P_m(x) e^{\lambda x} = e^{-2x}$，$\lambda = -2$ 不是特征根，$P_m(x)$ 为 0 次多项式. 所以设特解 $y_0 = b_0 e^{-2x}$，则 $y_0' = -2b_0 e^{-2x}$，$y_0'' = 4b_0 e^{-2x}$，$y_0''' = -8b_0 e^{-2x}$. 代入题设微分方程，得

$$(-8 - 8 + 2 + 2)b_0 e^{-2x} = e^{-2x},$$

即 $b_0 = -\dfrac{1}{12}$，从而特解为

$$y_0 = -\frac{1}{12} e^{-2x}.$$

故，题设方程的通解为：$y = \bar{y} + y_0 = C_1 e^x + C_2 e^{-x} + C_3 e^{2x} - \dfrac{1}{12} e^{-2x}$.

9.7.3　欧拉方程

待定系数法适用于线性常系数微分方程特解的求法,然而并不适用于变系数的微分方程. 一般来说,变系数微分方程是不容易求解的.

然而如果能够用变量代换的方法将某些特殊的线性变系数微分方程转换成线性常系数微分方程,则可以利用常系数微分方程的解法求解变系数微分方程问题. 欧拉方程就是典型的一类可以通过变量代换转换成常系数微分方程的变系数微分方程.

形式为
$$x^n y^{(n)} + p_1 x^{n-1} y^{(n-1)} + p_2 x^{n-2} y^{(n-2)} + \cdots + p_{n-1} x y' + p_n y = f(x)$$
$$(9.7.15)$$
的微分方程称为**欧拉方程**(Euler equation). 其中,$p_1, p_2, \cdots, p_n$ 为常数.

(1) $x > 0$ 时,作变量代换,令 $t = \ln x$,即 $x = \mathrm{e}^t$,将方程中的自变量 x 换成 t,则有:
$$\frac{\mathrm{d}y}{\mathrm{d}x} = \frac{1}{x}\frac{\mathrm{d}y}{\mathrm{d}t}, \frac{\mathrm{d}^2 y}{\mathrm{d}x^2} = -\frac{1}{x^2}\frac{\mathrm{d}y}{\mathrm{d}t} + \frac{1}{x^2}\frac{\mathrm{d}^2 y}{\mathrm{d}t^2}, \cdots,$$
将其代入欧拉方程(9.7.15),可将欧拉方程化为线性常系数微分方程. 求出解之后,再将变量 $t = \ln x$ 回代,即可得到欧拉方程的通解.

(2) $x < 0$ 时,可作变量代换,令 $t = \ln(-x)$,即 $x = -\mathrm{e}^t$,此时,同样有
$$\frac{\mathrm{d}y}{\mathrm{d}x} = \frac{1}{x}\frac{\mathrm{d}y}{\mathrm{d}t}, \frac{\mathrm{d}^2 y}{\mathrm{d}x^2} = -\frac{1}{x^2}\frac{\mathrm{d}y}{\mathrm{d}t} + \frac{1}{x^2}\frac{\mathrm{d}^2 y}{\mathrm{d}t^2}, \cdots,$$
所以,以后求解欧拉方程时,只需要考虑 $x > 0$ 的情形.

例 9.7.7　求微分方程 $x^2 y'' + x y' - y = 3x^2$ 的通解.

解　该方程为欧拉方程,令 $x = \mathrm{e}^t$,即 $t = \ln x$,有
$$\frac{\mathrm{d}y}{\mathrm{d}x} = \frac{1}{x}\frac{\mathrm{d}y}{\mathrm{d}t}, \frac{\mathrm{d}^2 y}{\mathrm{d}x^2} = -\frac{1}{x^2}\frac{\mathrm{d}y}{\mathrm{d}t} + \frac{1}{x^2}\frac{\mathrm{d}^2 y}{\mathrm{d}t^2}.$$
代入题设方程,得
$$\frac{\mathrm{d}^2 y}{\mathrm{d}t^2} - y = 3\mathrm{e}^{2t},$$
得通解
$$y = C_1 \mathrm{e}^t + C_2 \mathrm{e}^{-t} + \mathrm{e}^{2t},$$
因 $t = \ln x$,代入题设方程,得其通解为
$$y = C_1 x + \frac{C_2}{x} + x^2.$$

习题 9.7

1. 求下列方程的通解:

(1) $y'' + 4y' + 3y = e^{-2x}$;

(2) $y'' - 2y' - 3y = 3x$;

(3) $y'' - 5y' + 6y = xe^{2x}$.

2. 求微分方程 $y'' + y' - 2y = e^{-2x}$ 的通解.

3. 求 $y'' - y = \sin x$ 的一个特解.

4. 求微分方程 $y'' + y' - 2y = e^{-2x} + \cos x$ 的通解.

5. 若二阶常系数线性齐次微分方程 $y'' + ay' + by = 0$ 的通解为 $y = (C_1 + C_2 x)e^x$, 其中 C_1, C_2 为任意常数, 求非齐次方程 $y'' + ay' + by = x$ 满足条件 $y(0) = 2$, $y'(0) = 0$ 的特解.

6. 已知微分方程 $y'' + ay' + by = ce^x$ 的通解为 $y = (C_1 + C_2 x) e^{-x} + e^x$, 其中 C_1, C_2 为任意常数, 求 a, b, c 的值.

7. 已知 $y_1 = e^x + e^{\frac{x}{2}}$, $y_2 = e^x + e^{-x}$, $y_3 = e^x + e^{\frac{x}{2}} - 2e^{-x}$ 为某二阶线性常系数非齐次微分方程的三个解, 求此微分方程并求其通解.

8. 设 $f(x) = e^{-x} + \int_0^x (x-t)f(t)\mathrm{d}t$, 其中, $f(x)$ 连续, 求 $f(x)$.

9. 若函数 $f(x)$ 满足方程 $f''(x) + f'(x) - 2f(x) = 0$ 及 $f''(x) + f(x) = 2e^x$, 求 $f(x)$.

10. 求 $x^2 y'' + xy' - y = 8x^3$ 的通解.

11. 求 $y'' - \dfrac{y'}{x} + \dfrac{y}{x^2} = \dfrac{x}{2}$ 的通解.

9.8　微分方程应用

微分方程在几何、物理、经济、社会科学等领域都有着重要的应用, 本节以例题的形式, 介绍如何结合实际问题背景, 通过合理的假设, 对实际问题进行数学抽象, 建立用微分方程描述实际问题的数学模型, 也称为微分方程模型, 然后运用微分方程的知识, 对微分方程模型进行分析、求解, 最后利用原问题的数据对模型进行检验、修正, 进而为实际问题的解决从数学的角度提供指导、预测等方案.

9.8.1　人口模型

例 9.8.1　　马尔萨斯(Malthus)人口模型认为人口数量 P 是时间 t 的函数, $P = P(t)$. 在生育习惯和生活水平不变, 且拥有无限生存资源的情况下, 人口数量 $P(t)$ 的变化仅受出生率 β 和死亡率 μ 的影响, 且这类的 β, μ 均为常数, 分别表示人均新生婴儿出生率和人均死亡率. 因此, 决定人口数量变化的关键参数为 $r = \beta - \mu$, 该参数 r 为人口自然增长率, 也称之为马尔萨斯参数. 请以某国人口(见表 9-8-1)为例, 已知其马尔萨斯参数 $r = 2.84\%/$年, 若以该国 1800 年的人口数量 531 万人为初始值, 即 $P(0) = 531$,

试建立微分方程模型描述该国人口的变化规律，同时用所建模型计算 1870 年、1950 年和 2010 年的人口数量，并与表 9-8-1 中的实际数据进行比较.

表 9-8-1　某国 1800 年-2010 年人口数量

年份	1800	1810	1820	1830	1840	1850	1860	1870
人口(万)	531	724	963	1287	1707	2319	3144	3856
年份	1880	1890	1900	1910	1920	1930	1940	1950
人口(万)	5016	6298	7630	9197	10571	12278	13170	15133
年份	1960	1970	1980	1990	2000	2010		
人口(万)	17932	20330	22654	24872	28142	30875		

解　因为 t 时刻的人口数量为 $P(t)$，记 $P(t+\Delta t)$ 为 $t+\Delta t$ 时刻的人口数量. 则

$$P(t+\Delta t)-P(t)=rP(t)\cdot\Delta t. \tag{9.8.1}$$

对式 (9.8.1) 两端同除以 Δt，并让 $\Delta t\to 0$，得 $\lim\limits_{\Delta t\to 0}\dfrac{P(t+\Delta t)-P(t)}{\Delta t}=rP(t)$，即

$$\frac{\mathrm{d}P(t)}{\mathrm{d}t}=rP(t).$$

因此，描述该国人口变化的马尔萨斯人口模型就是如下初值问题

$$\begin{cases}\dfrac{\mathrm{d}P(t)}{\mathrm{d}t}=rP(t), \\ P(0)=p_0.\end{cases} \tag{9.8.2}$$

这里 $r=0.0284$，$p_0=531$. 利用分离变量法，可求解初值问题 (9.8.2)，得到解

$$P(t)=531\cdot\mathrm{e}^{0.0284t}.$$

代入计算，可得该国 1870 年人口数量为 $P(70)=3876.79$ 万人，与实际人口相差 $3876.79-3856=20.79$ 万人；1950 年人口数量为 $P(150)=37600.1$ 万人，与实际人口相差 $37600.1-15133=22467.1$ 万人；2010 年的人口数量为 $P(210)=206646$ 万人，与实际人口相差 $206646-30875=175771$ 万人.

事实上，利用例 9.8.1 中马尔萨斯人口模型 (9.8.2) 和表 9-8-1，可分别得到人口数量的模型值和观测值，如图 9-8-1 所示.

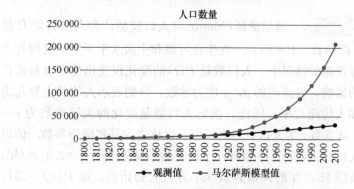

图 9-8-1　人口数量的模型值和观测值

从图 9-8-1 可以看出，在人口发展的初期(1880 年以前)，用马尔萨斯人口模型计算所得的结果与实际观测数据相符得较好，但随着时间的推移，模型计算值与实际观测值出现了较大的偏差，且愈加明显. 这是因为，马尔萨斯人口模型是指数增长模型，它是建立在人口自然增长率 r 为常数的假设之上的，该假设在人口发展的初期是基本成立的，此时人口的发展处于自由增长状态. 然而人口不可能无限制增长，其必然受到食物、环境等条件的影响. 因此，人口的增长率不能为一常数，其必然受当前人口数量的影响，一般而言，它会随着人口数量的增加而逐渐变小. 这样人口数量的增长速度便没有马尔萨斯人口模型预测的那么快，但会更符合实际.

例 9.8.2 人口阻滞增长模型是比利时生物学家弗胡斯特 (P. F. Verhulst) 在 1838 年提出的人口模型，是对马尔萨斯人口模型的改进. 人口阻滞增长模型假设人口的自然增长率 r 不是常数，而是关于人口数量的线性递减函数 $r = r(P) = \lambda - kP$，其中，$P = P(t)$ 为 t 时刻的人口数量，λ 为固有人口增长率，$r(0) = \lambda$ 为一常数. 设 M 为环境所能容纳的最大人口数量，也称为环境承载能力系数，即 $r(M) = 0$. 因此，$\lambda - kM = 0$，则 $k = \dfrac{\lambda}{M}$，从而 $r(P) = \lambda\left(1 - \dfrac{P}{M}\right)$. 将马尔萨斯人口模型(9.8.2)中的 r 用 $r(P)$ 代替，就得到了人口阻滞增长模型

$$\begin{cases} \dfrac{\mathrm{d}P(t)}{\mathrm{d}t} = \lambda\left(1 - \dfrac{P(t)}{M}\right)P(t), \\ P(0) = p_0. \end{cases} \qquad (9.8.3)$$

请以例 9.8.1 中某国人口数据为例，假设该国固有人口增长率 $\lambda = 0.0284$，环境承载能力系数 $M = 80000$ 万人，若以该国 1800 年的人口数量 531 万人为初始值，即 $P(0) = 531$，试利用人口阻滞增长模型(9.8.3)描述该国人口的变化规律，同时利用该模型计算 1870 年、1950 和 2010 年的人口数量，并与表 9-8-1 中的实际数据进行比较.

解 将式(9.8.3)中的方程进行变量分离，得

$$\frac{M}{(M - P(t))P(t)}\mathrm{d}P(t) = \lambda \mathrm{d}(t).$$

两边积分，得 $\ln P(t) - \ln(M\text{-}P(t)) = \lambda t + C_1$，即

$$\frac{P(t)}{M - P(t)} = C_2 e^{\lambda t},$$

或者写为

$$\frac{M - P(t)}{P(t)} = Ce^{-\lambda t}.$$

故得到通解

$$P(t) = \frac{M}{1+Ce^{-\lambda t}},$$

将 $P(0)=p_0$ 代入得

$$P(t) = \frac{M}{1+\left(\dfrac{M}{p_0}-1\right)e^{-\lambda t}}, \qquad (9.8.4)$$

将 $\lambda = 0.0284$，$M = 80000$，以及 $P(0) = p_0 = 531$ 代入式 (9.8.4)得

$$P(t) = \frac{80000}{1+\left(\dfrac{80000}{531}-1\right)e^{-0.0284t}}.$$

代入计算，可得该国 1870 年人口数量为 $P(70) = 3721.2$ 万人，与实际人口相差 $3856 - 3751.3 = 134.8$ 万人；1950 年人口数量为 $P(150) = 25694.3$ 万人，与实际人口相差 $25694.3 - 15133 = 10561.3$ 万人；2010 年的人口数量为 $P(210) = 57779.8$ 万人，与实际人口相差 $67506 - 30875 = 26904.8$ 万人.

利用例 9.8.2 中人口阻滞增长模型(9.8.4)和表 9-8-1，可分别得到人口数量的阻滞增长模型值和观测值，并与例 9.8.1 中的马尔萨斯模型值一起比较，如图 9-8-2 所示.

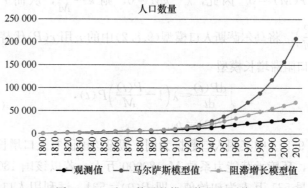

图 9-8-2　人口数量的模型值和观测值

从图 9-8-2 可以看出，人口阻滞增长模型比马尔萨斯人口模型与实际人口数量吻合程度高，但在后期，模型值与实际值仍然有较大偏差.

因此，如何建立恰当的人口模型来描述和预测某个国家乃至整个世界的人口变化情况，到目前为止，仍然是具有前沿性且有待解决的问题.

9.8.2　产品推广模型

例 9.8.2 中的阻滞增长模型也称为逻辑斯蒂(Logistic)模型，该模型不仅可以用于研究人口的变化，还可以用于研究新产品的推广. 第二次世界大战后，日本家电业就使用 Logistic 模型研究

电饭煲的销售.

例 9.8.3 某种新型的电饭煲要推向市场,已知市场上电饭煲的容量为 M,记 t 时刻已销售出的电饭煲数量为 $x(t)$,剩余的潜在购买客户数为 $M-x(t)$. 由于产品性能良好,每一个产品都是一个宣传品,假设平均每个产品单位时间内能对 λ 个客户构成宣传,而 λ 个客户中有些已经购买了电饭煲,因此宣传只会对潜在购买客户有效,即单个产品单位时间的有效宣传客户数为 $\lambda \cdot \dfrac{M-x(t)}{M}=\lambda \cdot \left(1-\dfrac{x(t)}{M}\right)$. 进一步假设被宣传到的潜在客户均会购买电饭煲,所以,t 时刻产品销售的增长率(销售速度)为

$$\frac{\mathrm{d}x(t)}{\mathrm{d}t}=\lambda \cdot x(t) \cdot \left(1-\frac{x(t)}{M}\right). \tag{9.8.5}$$

微分方程(9.8.5)也称为 Logistic 方程. 请证明,当销售量 $x(t)=\dfrac{M}{2}$ 时,产品最畅销,即销售速度最大.

证明 同例 9.8.2 类似,可用分离变量法得到方程(9.8.5)的通解为

$$x(t)=\frac{M}{1+C\mathrm{e}^{-\lambda t}}. \tag{9.8.6}$$

因此,分别计算 $x(t)$ 关于 t 的一阶导数和二阶导数

$$\frac{\mathrm{d}x(t)}{\mathrm{d}t}=\frac{MC\lambda \mathrm{e}^{-\lambda t}}{(1+C\mathrm{e}^{-\lambda t})^2}, \tag{9.8.7}$$

$$\frac{\mathrm{d}^2 x(t)}{\mathrm{d}t^2}=\frac{MC\lambda^2 \mathrm{e}^{-\lambda t}(C\mathrm{e}^{-\lambda t}-1)}{(1+C\mathrm{e}^{-\lambda t})^3}. \tag{9.8.8}$$

由方程(9.8.5)可知,当 $x(t)<M$ 时,$\dfrac{\mathrm{d}x(t)}{\mathrm{d}t}>0$,即产品的销售量 $x(t)$ 是单调增加的. 由公式(9.8.8)可知:当 $C\mathrm{e}^{-\lambda t}-1=0$,即 $C\mathrm{e}^{-\lambda t}=1$ 时,$\dfrac{\mathrm{d}^2 x(t)}{\mathrm{d}t^2}=0$,此时销售速度最大. 将 $C\mathrm{e}^{-\lambda t}=1$ 代入到通解公式(9.8.6),可得 $x(t)=\dfrac{M}{1+1}=\dfrac{M}{2}$. 即当销售量 $x(t)=\dfrac{M}{2}$ 时,产品最畅销.

研究与调查表明:很多产品的销售情况与例 9.8.3 类似,其对应的销售量 $x(t)$ 曲线如图 9-8-3 所示,销售量是单调递增的,因其形状与英文字母 S 类似,因此,也称为 S 形曲线.

当销售量小于最大需求量的一半 $\dfrac{M}{2}$ 时,销售速度是不断增加的,在销售量达到最大需求量的一半 $\dfrac{M}{2}$ 时,产品最为畅销,销售速度达到最大,随后销售速度开始下降. 如图 9-8-4 所示.

所以,有经济分析人士认为,在新产品销售初期,应采取小批量生成并辅以广告宣传,当用户从 20% 达到 80% 这段时期,应

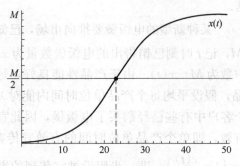

图 9-8-3　销售量曲线示意图

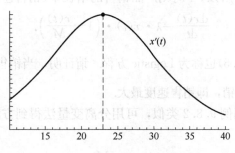

图 9-8-4　销售速度曲线示意图

该大批量生产，后期则应适时转产或推出新的更新换代的产品，以最大化经济效益.

9.8.3　价格调整模型

在健全的市场经济框架下，商品价格由市场机制调节，其变化主要受市场供求关系影响，从而使得偏高或者偏低的价格将会自动趋于平衡. 一般情况下，商品供给量 S 是价格 P 的单调递增函数，商品需求量 Q 是价格 P 的单调递减函数，当供给量 S 和需求量 Q 相等时，达到供求平衡对应的均衡价格，记为 P_e.

例 9.8.4 已知某种商品的供给函数为 $S(P)=a+bP$，需求函数为 $Q(P)=c-dP$，其中 P 为价格，a，b，c，d 均为常数，且 $b>0$，$d>0$. 若该商品的价格随时间 t 变化，即 $P=P(t)$，且价格的变化受市场供求关系影响：当商品供不应求，即 $S<Q$ 时，商品价格将上升；当商品供大于求，即 $S>Q$ 时，商品价格将下降. 因此，可假定 t 时刻商品的价格 $P(t)$ 的变化率与超额需求量 $Q-S$ 成正比，即满足方程

$$\frac{\mathrm{d}P}{\mathrm{d}t}=k(Q(P)-S(P)),\qquad(9.8.9)$$

其中 $k>0$ 为某一常数，用来反映商品价格的调整速度.

请计算该商品的均衡价格 P_e，并研究当商品的初始价格 $P(0)=P_0>P_e$ 时，商品价格 $P(t)$ 随时间的变化规律.

解 由于当供给量 S 和需求量 Q 相等，即 $S(P) = Q(P)$ 时，商品价格达到均衡价格. 所以由

$$a + bP = c - dP$$

可得均衡价格为

$$P_e = \frac{c-a}{b+d}. \qquad (9.8.10)$$

将 $S(P) = a + bP, Q(P) = c - dP$ 代入微分方程(9.8.9)，得

$$\frac{\mathrm{d}P}{\mathrm{d}t} = k(c - a - (b+d)P), \qquad (9.8.11)$$

由公式(9.8.10)可知 $c - a = (b+d)P_e$，代入微分方程(9.8.11)，并令 $\lambda = b + d$，得

$$\frac{\mathrm{d}P}{\mathrm{d}t} = k\lambda(P_e - P). \qquad (9.8.12)$$

微分方程(9.8.12)称为**价格调整模型**. 其通解为

$$P(t) = P_e + C\mathrm{e}^{-k\lambda t}.$$

将初始价格 $P(0) = P_0$ 代入通解，得 $C = P_0 - P_e$，即

$$P(t) = P_e + (P_0 - P_e)\mathrm{e}^{-k\lambda t}.$$

因为 $k > 0$，$\lambda > 0$，所以，$t \to +\infty$ 时，$\mathrm{e}^{-k\lambda t} \to 0$，即

$$\lim_{t \to +\infty} P(t) = \lim_{t \to +\infty} (P_e + (P_0 - P_e)\mathrm{e}^{-k\lambda t}) = P_e.$$

这说明，当商品的初始价格 $P_0 > P_e$ 时，商品价格 $P(t)$ 会从初始价格 P_0 随时间逐渐单调递减，并趋于均衡价格 P_e.

同理，也可以证明，若商品的初始价格 $P_0 < P_e$，则商品价格 $P(t)$ 会从初始价格 P_0 随时间逐渐单调递增，并趋于均衡价格 P_e.

然而，实际生活中的价格 $P(t)$ 一般是随时间在均衡价格 P_e 附近震荡而趋于 P_e，例 9.8.4 中获得的结果为价格 $P(t)$ 随时间 t 单调趋于均衡 P_e，造成这种情形的原因是，实际生活中商品价格 $P(t)$ 的变化率 $P'(t)$ 不仅与超额需求量 $Q - S$ 成正比，还与市场超额需求对时间 t 的累积量有关.

例 9.8.5 已知某种商品的供给函数为 $S(P) = a + bP$，需求函数为 $Q(P) = c - dP$，其中 P 为价格，a, b, c, d 均为常数，且 $b > 0$，$d > 0$. 若该商品的价格随时间 t 变化，即 $P = P(t)$，且假定 t 时刻商品的价格 $P(t)$ 的变化率与超额需求量 $Q - S$ 成正比，比例系数为 $k > 0$；同时还与市场超额需求对时间 t 的累积量 $\int_0^t (Q(t) - S(t))\mathrm{d}t$ 成正比，比例系数为 $m > 0$. 即满足方程

$$\frac{\mathrm{d}P}{\mathrm{d}t} = m\int_0^t (Q(P) - S(P))\mathrm{d}t + k(Q(P) - S(P)).$$

$$(9.8.13)$$

若记均衡价格 $P_e = \dfrac{c-a}{b+d}$，请研究当商品的初始价格 $P(0) = P_0 >$

P_e 时，商品价格 $P(t)$ 随时间的变化规律.

解   对方程(9.8.13)两边同时关于 t 求导，得
$$P''(t)=m(c-\mathrm{d}P(t)-a-bP(t))+k(-d\,P'(t)-b\,P'(t)),$$
即
$$P''(t)=m(c-a)-m(b+d)P(t)-k(b+d)P'(t). \tag{9.8.14}$$

将 $c-a=(b+d)P_e$ 代入式(9.8.14)，并令 $\lambda=b+d$，移项化简，得
$$P''(t)+k\lambda P'(t)+m\lambda P(t)=m\lambda P_e. \tag{9.8.15}$$

微分方程(9.8.15)也称为**价格调整模型**. 作换元，令 $F(t)=P(t)-P_e$，代入式(9.8.15)，得
$$F''(t)+k\lambda F'(t)+m\lambda F(t)=0.$$
这是关于函数 $F(t)$ 的二阶线性常系数齐次微分方程，其特征方程为
$$r^2+k\lambda r+m\lambda=0.$$
对应的特征根为
$$r_1=\frac{-k\lambda+\sqrt{(k\lambda)^2-4m\lambda}}{2},r_2=\frac{-k\lambda-\sqrt{(k\lambda)^2-4m\lambda}}{2}.$$

情形 1   当 $(k\lambda)^2\geqslant 4m\lambda$ 时，r_1，r_2 均为实数，且 $r_2\leqslant r_1<0$，则
$$F(t)=C_1\mathrm{e}^{r_1t}+C_2\mathrm{e}^{r_2t},$$
即
$$P(t)=C_1\mathrm{e}^{r_1t}+C_2\mathrm{e}^{r_2t}+P_e. \tag{9.8.16}$$

其中常数 C_1，C_2 可通过如下方法计算得到：将 $t=0$ 代入公式(9.8.13)，得 $P'(0)=k(c-a)=k(b+d)P_e=k\lambda P_e$，同时将 $P(0)=P_0$ 代入式(9.8.16)，可得 $C_1=-\dfrac{1}{r_2-r_1}(k\lambda P_e+(P_e-P_0)r_2)$，$C_2=\dfrac{1}{r_2-r_1}(k\lambda P_e+(P_e-P_0)r_1)$.

由模型的解(9.8.16)可知，在情形(1)下，$\lim\limits_{t\to+\infty}P(t)=\lim\limits_{t\to+\infty}(C_1\mathrm{e}^{r_1t}+C_2\mathrm{e}^{r_2t}+P_e)=P_e$，即商品价格 $P(t)$ 将随时间单调趋于均衡价格 P_e.

情形 2   当 $(k\lambda)^2<4m\lambda$ 时，$r_1=\alpha+\mathrm{i}\beta,r_2=\alpha-\mathrm{i}\beta$，其中，$\alpha=-\dfrac{k\lambda}{2},\beta=\dfrac{\sqrt{4m\lambda-(k\lambda)^2}}{2}$. 则
$$F(t)=\mathrm{e}^{\alpha t}(C_3\cos\beta t+C_4\sin\beta t),$$
即，
$$P(t)=\mathrm{e}^{\alpha t}(C_3\cos\beta t+C_4\sin\beta t)+P_e. \tag{9.8.17}$$

将 $P(0)=P_0,P'(0)=k\lambda P_e$ 代入式(9.8.17)，可得 $C_3=P_0-P_e,C_4=\dfrac{1}{\beta}(k\lambda P_e-\alpha(P_0-P_e))$.

由模型的解（9.8.17）可知，在情形（2）下，$\lim\limits_{t \to +\infty} P(t) = \lim\limits_{t \to +\infty} (e^{\alpha t}(C_3\cos\beta t + C_4\sin\beta t) + P_e) = P_e$，商品价格 $P(t)$ 将随时间在均衡价格 P_e 附近震荡而趋于 P_e.

9.8.4 衰变模型

20 世纪 30 年代，居里夫人发现了放射性元素铍、镭，卢瑟夫的研究揭示了放射性机理，即放射性物质不断放射出各种射线（如 α，β，γ 射线）的同时，自身原子数量不断减少，并把这种过程称为**衰变**. 衰变的机理为：衰变速度与当时的原子数成正比，即衰变速度与现存物质的质量成正比.

例 9.8.6 已知某放射性物质初始时刻 $t=0$ 时的质量为 m_0，其衰变的速度与物质现存的质量成正比，比例系数为 $k>0$，请研究该物质的质量随时间 t 的变化规律，并计算多长时间后，物质的质量为 $\dfrac{m_0}{2}$.

解 用 x 表示该放射性物质 t 时刻的质量，记作 $x=x(t)$，于是衰变的速度与物质现存的质量成正比用微分方程即可表示如下：

$$\frac{\mathrm{d}x(t)}{\mathrm{d}t} = -k \cdot x(t). \tag{9.8.18}$$

方程（9.8.18）就是放射性物质衰变的数学模型，其中 k 称为衰变常数，根据物质的不同而不同. 方程右边的负号表示随着时间，质量 $x(t)$ 在不断减少.

对方程（9.8.18）求解，得

$$x(t) = Ce^{-kt}.$$

将初始时刻的质量 $x(0) = m_0$ 代入，得 $C = m_0$，即

$$x(t) = m_0 e^{-kt}. \tag{9.8.19}$$

公式（9.8.19）描述了放射性物质的质量随时间 t 的变化规律，即从初始时刻的质量 m_0 以指数形式不断衰减，直至质量为 0.

对公式（9.8.19）两边取对数，得 $\ln x(t) = \ln(m_0) - kt$. 即

$$t = \frac{1}{k}(\ln(m_0) - \ln x(t)).$$

将 $x(t) = \dfrac{m_0}{2}$ 代入，得

$$t = \frac{1}{k}(\ln(m_0) - \ln(m_0) + \ln 2) = \frac{\ln 2}{k}.$$

即，在 $t = \dfrac{\ln 2}{k}$ 时刻，物质的质量衰变为初始质量的一半，即为

$\dfrac{m_0}{2}$. 这个时间也称为放射性物质的半衰期. 例如炭 14（^{14}C）作为一种具有放射性的元素，其半衰期约为 5730 年.

9.8.5　溶液混合模型

例 9.8.7　一容器内盛有 100L 盐水，共含盐 10kg. 现以 3L/min 的速度把净水由 A 管匀速注入容器，并以 2L/min 的速度让盐水由 B 管流出，期间不停搅拌，以保证容器中盐水浓度的均匀. 计算第 60min 末容器内溶液的含盐量.

解　如果能够计算出任何时刻 t 的含盐量，即可得到 60min 末的含盐量. 因为含盐量是动态变化的，所以，这类问题可以考虑采用微元的思想，通过观察含盐量在 Δt 时间段内的改变量，来研究含盐量的变化规律.

设容器中 t 时刻盐含量为 $m(t)$，则在 $t+\Delta t$ 时刻容器中的盐的含量为 $m(t+\Delta t)$.

Δt 时间段内盐量的改变量为 $m(t)-m(t+\Delta t)$.

这个差异等于多少呢？因为流入的是净水，流出的是盐水，这个差异就是 t 到 $t+\Delta t$ 时间内流出的盐量，也就等于流出的溶液体积乘以盐水浓度.

t 时刻容器中溶液的体积为 $Q(t)=100+(3-2)t=100+t$.

t 时刻容器中盐水的浓度为 $\dfrac{m(t)}{Q(t)}=\dfrac{m(t)}{100+t}$.

因此，t 到 $t+\Delta t$ 时间内流出溶液的体积×盐水的浓度就可近似表示为 $2\Delta t\times\dfrac{m(t)}{100+t}$.

所以，$m(t)-m(t+\Delta t)\approx 2\Delta t\times\dfrac{m(t)}{100+t}$，即

$$\frac{m(t)-m(t+\Delta t)}{\Delta t}\approx\frac{2\cdot m(t)}{100+t}.$$

两边取极限 ($\Delta t\to 0$)，得

$$\lim_{\Delta t\to 0}\frac{m(t)-m(t+\Delta t)}{\Delta t}=\frac{2\cdot m(t)}{100+t},$$

即

$$m'(t)=-\frac{2}{100+t}m(t).$$

结合初始时刻的含盐量 $m(0)=10$，可得到描述本题溶液混合的数学模型

$$\begin{cases}m'(t)=-\dfrac{2}{100+t}m(t),\\ m(0)=10.\end{cases} \tag{9.8.20}$$

利用分离变量法，可得

$$m(t)=\frac{10^5}{(100+t)^2}.$$

将 $t=60$ 代入，得：$m(60)\approx 3.91\mathrm{kg}$. 即，第 60min 末容器内溶液的含盐量约为 3.91kg.

习题 9.8

1. 高斯把 5 只草履虫放进一个盛有 0.5 cm³ 营养液的小试管，他发现，开始时草履虫的数量以每天 230.9% 的速率增长，以后增长速度呈线性不断减慢，到第五天到达最大量 375 个，试建立描述草履虫数量变化的阻滞增长模型，并求解.

2. 在某池塘内养鱼，该池塘内最多能养 1000 尾，设在 t 时刻该池塘内鱼数 y 是时间 t 的函数 $y=y(t)$，其变化率与鱼数 y 及 $1000-y$ 的乘积成正比，比例常数为 $k>0$. 已知在池塘内放养鱼 100 尾，3 个月末池塘内有鱼 250 尾，求放养 t 个月末池塘内鱼数 $y(t)$ 的表达式，以及放养 6 个月末有多少尾鱼？

3. 已知炭 14(^{14}C) 作为一种具有放射性的元素，其半衰期约为 5730 年. 70 年代中期从我国南方某处发掘的古墓中，测得墓中木制样品中的炭 14(^{14}C) 是初始值的 80%，试估计该古墓的年代.

4. 把温度为 100 摄氏度的物体放入温度为 20 摄氏度的空气中（设空气为恒温），设该物体的冷却过程服从牛顿冷却定律，即：温度为 T 的物体在温度为 T_0($T_0<T$) 的环境中冷却的速度与温差 $T-T_0$ 成正比. 已知 20 分钟后物体冷却到了 60 摄氏度，求物体的温度冷却到 30 摄氏度的时间（从放入空气中开始计时）.

5. 某湖泊的水量为 v，每年排入湖泊内含污染物 S 的污水量为 $\dfrac{v}{6}$，流入湖泊内不包含 S 的正常水量同样为 $\dfrac{v}{6}$，每年流出湖泊的水量为 $\dfrac{v}{3}$，已知 1999 年底，该湖泊中 S 的含量为 $5m_0$，超过了国家规定的标准，为了治理污染，从 2000 年初开始，限定排入湖泊中含 S 污水的浓度不超过 $\dfrac{m_0}{v}$，问至多需要多少年，该湖泊中污染物 S 的含量能降至 m_0 以内？（注．假设湖水中 S 的浓度时刻都是均匀的）.

9.9 差分方程及其应用

微分方程研究的变量均属于**连续型变量**(continuous variable)，然而在经济、管理等实际问题的研究中，大多数变量不是连续型变量，例如，经济变量中的月收入，年利率等，而是定义在整数集 $(0,1,2,\cdots)$ 上的以数列形式变化的量，数学上把这种类型的变量称为**离散型变量**(discrete variable). 对于离散型变量，相对容易获得它们在不同取值点处因变量之间的关系，如递推关系等，利用这种关系可建立描述离散型变量的数学模型，称之为离散型数学模型．这类模型通常以**差分方程**(difference equation)的形式呈现，求解差分方程可以得到描述离散型变量的发展变化规律．

本节将介绍用以描述离散型变量变化关系的差分方程，以及差分方程的解法和应用．

9.9.1　差分的概念与性质

设变量 y 是时间 t 的函数 $y=y(t)$，在时间 t 连续取值的情况下，如果 y 关于 t 可导，则因变量 y 关于自变量 t 的变化率可用 y 关于 t 的导数 $\dfrac{\mathrm{d}y}{\mathrm{d}t}$ 刻画．但在许多经济、管理等问题中，时间 t 是通常按天、周、月、年等形式离散地取值，这导致变量 y 也只能依据 t 的取值而离散地变化．这种情况下，y 关于时间 t 的变化率常用规定时间区间上的差商 $\dfrac{\Delta y}{\Delta t}$ 来刻画．特别地，若取 Δt 为单位 1，即 $\Delta t=1$，则 $\Delta y=y(t+1)-y(t)$ 就可近似地表示 y 关于时间 t 的变化率．由此给出差分的概念如下：

定义 9.9.1　设函数 $y_t=y(t)$，$t=0,1,2,\cdots$．当自变量从 t 变到 $t+1$ 时，函数的改变量 $y_{t+1}-y_t$ 称为函数 y_t 的**差分**，也称为函数 y_t 的**一阶差分**，记作 Δy_t，即

$$\Delta y_t=y(t+1)-y(t),t=0,1,2,\cdots. \tag{9.9.1}$$

例 9.9.1　计算下列函数的一阶差分 Δy_t．

(1) $y_t=C$，（C 为常数）；(2) $y_t=t^3$；(3) $y_t=a^t$，（$a>0$ 且 $a\neq1$）；(4) $y_t=\sin bt$．

解　(1) $\Delta y_t=y(t+1)-y(t)=C-C=0$．即常数的差分为 0．

(2) $\Delta y_t=y(t+1)-y(t)=(t+1)^3-t^3=3t^2+3t+1$．

(3) $\Delta y_t=y(t+1)-y(t)=a^{t+1}-a^t=a^t(a-1)$．特别地，$\Delta(2^t)=2^t$．

(4) $\Delta y_t=y(t+1)-y(t)=\sin b(t+1)-\sin bt=2\cos b\left(t+\dfrac{1}{2}\right)\sin\dfrac{b}{2}$．

由差分的定义 9.9.1，可以得到差分的四则运算法则：

定理 9.9.1　设函数 $y_t=y(t)$，$z_t=z(t)$，$t=0,1,2,\cdots$．则

(1) $\Delta(Cy_t)=C\Delta y_t$（C 为常数）；

(2) $\Delta(y_t\pm z_t)=\Delta y_t\pm\Delta z_t$；

(3) $\Delta(y_t\cdot z_t)=z_t\Delta y_t+y_{t+1}\Delta z_t=z_t\Delta y_t+z_{t+1}\Delta y_t$；

(4) $\Delta\left(\dfrac{y_t}{z_t}\right)=\dfrac{z_t\Delta y_t-y_t\Delta z_t}{z_t z_{t+1}}=\dfrac{z_{t+1}\Delta y_t-y_{t+1}\Delta z_t}{z_t z_{t+1}}$（$z_t\neq0$）．

证明　这里仅给出(4)商的运算法则的证明，其他运算法则可

类似证明.

$$\Delta\left(\frac{y_t}{z_t}\right)=\frac{y_{t+1}}{z_{t+1}}-\frac{y_t}{z_t}$$

$$=\frac{z_t y_{t+1}-y_t z_{t+1}}{z_t z_{t+1}}$$

$$=\frac{z_t y_{t+1}-z_t y_t+z_t y_t-y_t z_{t+1}}{z_t z_{t+1}}$$

$$=\frac{z_t(y_{t+1}-y_t)-y_t(z_{t+1}-z_t)}{z_t z_{t+1}}$$

$$=\frac{z_t \Delta y_t-y_t \Delta z_t}{z_t z_{t+1}},$$

同理，$\Delta\left(\dfrac{y_t}{z_t}\right)$ 还可以写成

$$\Delta\left(\frac{y_t}{z_t}\right)=\frac{y_{t+1}}{z_{t+1}}-\frac{y_t}{z_t}$$

$$=\frac{z_t y_{t+1}-y_t z_{t+1}}{z_t z_{t+1}}$$

$$=\frac{z_t y_{t+1}-z_{t+1} y_{t+1}+z_{t+1} y_{t+1}-y_t z_{t+1}}{z_t z_{t+1}}$$

$$=\frac{-y_{t+1}(z_{t+1}-z_t)+z_{t+1}(y_{t+1}-y_t)}{z_t z_{t+1}}$$

$$=\frac{z_{t+1} \Delta y_t-y_{t+1} \Delta z_t}{z_t z_{t+1}}.$$

例 9.9.2　计算下列函数的一阶差分 Δy_t

(1) $y_t=t^3 \cdot \cos t$；(2) $y_t=\dfrac{t^2}{2^t}$.

解　(1)因为 $\Delta(t^3)=3t^2+3t+1$，$\Delta(\cos t)=\cos(t+1)-\cos t=$
$-2\sin\left(t+\dfrac{1}{2}\right)\sin\left(\dfrac{1}{2}\right)$，即

$$\Delta y_t=\cos t \cdot \Delta(t^3)+(t+1)^3 \cdot \Delta(\cos t)$$

$$=\cos t \cdot (3t^2+3t+1)-(t+1)^3 \cdot 2\sin\frac{1}{2} \cdot \sin\left(t+\frac{1}{2}\right).$$

(2) 因为 $\Delta(t^2)=2t+1$，$\Delta(2^t)=2^t$ 即

$$\Delta\left(\frac{t^2}{2^t}\right)=\frac{2^t(2t+1)-t^2 \, 2^t}{2^{2t+1}}$$

$$=\frac{2t+1-t^2}{2^{t+1}}.$$

通过例 9.9.1 和例 9.9.2 可以发现，函数 $y_t=y(t)$ 的一阶差
分仍然为 t 的函数，因此，可以在此基础上再次差分.

定义 9.9.2　设函数 $y_t=y(t)$，$t=0,1,2,\cdots$. 当自变量从 t
变到 $t+1$ 时，一阶差分的差分

$$\Delta(\Delta y_t)=\Delta(y_{t+1}-y_t)=\Delta y_{t+1}-\Delta y_t$$

$$=y_{t+2}-2y_{t+1}+y_t, t=0,1,2,\cdots$$

称为函数的**二阶差分**，记为$\Delta^2 y_t$，即

$$\Delta^2 y_t = y_{t+2} - 2y_{t+1} + y_t. \tag{9.9.2}$$

同理，函数y_t的二阶差分的差分称为三阶差分，记为$\Delta^3 y_t$，即

$$\Delta^3 y_t = y_{t+3} - 3y_{t+2} + 3y_{t+1} - y_t. \tag{9.9.3}$$

更一般地，函数y_t的$n-1$阶差分的差分称为 **n阶差分**，记为$\Delta^n y_t$，即

$$\Delta^n y_t = \Delta^{n-1}(\Delta y_t) = \Delta^{n-1} y_{t+1} - \Delta^{n-1} y_t = \sum_{i=0}^{n} (-1)^i C_n^i y_{t+n-i}. \tag{9.9.4}$$

二阶及二阶以上的差分统称为**高阶差分**.

例 9.9.3 已知$y_t = t^3 + 2t + 1$，求$\Delta^2 y_t$，$\Delta^3 y_t$，$\Delta^4 y_t$.

解 $\Delta y_t = \Delta(t^3) + 2\Delta(t) + \Delta(1) = (3t^2 + 3t + 1) + 2 = 3t^2 + 3t + 3$，

$\Delta^2 y_t = \Delta(\Delta y_t) = 3(\Delta(t^2) + \Delta(t) + \Delta(1)) = 3(2t + 1 + 1) = 6(t + 1)$，

$\Delta^3 y_t = \Delta(\Delta^2 y_t) = 6(\Delta(t) + \Delta(1)) = 6$，

$\Delta^4 y_t = \Delta(\Delta^3 y_t) = \Delta(6) = 0$.

从例9.9.3可以看出，一般情况下，高阶差分是通过差分的运算法则，并逐阶差分计算得到. 此外，对多项式函数的差分，有这样一个规律：k次多项式，其k阶差分为常数，k阶以上差分为零.

9.9.2 差分方程的概念

与常微分方程的定义类似，我们将含有差分的等式定义为差分方程，具体如下：

定义 9.9.3 含有未知函数y_t及其差分的等式称为**差分方程**.

差分方程的一般形式为

$$F(t, y_t, \Delta y_t, \Delta^2 y_t, \cdots, \Delta^n y_t) = 0, \tag{9.9.5}$$

或者为

$$G(t, y_t, y_{t+1}, y_{t+2}, \cdots, y_{t+n}) = 0. \tag{9.9.6}$$

方程(9.9.5)和方程(9.9.6)是差分方程的两种不同表现形式，且这两种形式是可以相互转化的. 例如，$y_{t+3} - 3y_{t+2} + 3y_{t+1} - y_t - 2^t = 0$可转化为$\Delta^3 y_t - 2^t = 0$.

在定义9.9.3中，差分方程所含未知函数差分的最高阶数称为该差分方程的**阶**. 其等价定义为：未知函数的最大下标与最小下标的差称为该差分方程的**阶**. 这两种等价定义形式分别对应了定义9.9.3中的公式(9.9.5)和公式(9.9.6).

例 9.9.4 确定下列差分方程的阶

(1) $y_{t+2} + 2y_t - y_{t-1} + 3^t = 0$；(2)$\Delta^2 y_t = 2^t$.

解 (1)由于未知函数的最大下标与最小下标的差为3，所以该差分方程的阶为3.

（2）由于差分方程所含未知函数差分的最高阶数为 2，所以该差分方程的阶为 2.

与常微分方程解的定义类似，我们将差分方程的解定义如下：

定义 9.9.4　满足差分方程的函数称为差分方程的**解**. 如果差分方程的解中含有相互独立的任意常数的个数与差分方程的阶数相同，则称这个解为差分方程的**通解**. 在处理具体问题时，通常会需要根据系统初始时刻所处的状态，对差分方程附加一定的条件，这样的条件称为**初始条件**. 依据初始条件确定通解中的任意常数后得到的解，称为差分方程的**特解**.

在差分方程的讨论中，线性差分方程是其中重要的一类，其定义如下：

定义 9.9.5　若差分方程中所含未知函数及未知函数的各阶差分的幂均为一次，则称差分方程为**线性差分方程**. 其一般形式也可等价描述如下

$$y_{t+n} + a_1(t)y_{t+n-1} + \cdots + a_{n-1}(t)y_{t+1} + a_n(t)y_t = f(t).$$

$$(9.9.7)$$

其中，y_{t+n}，y_{t+n-1}，$\cdots$，y_t 的幂都是一次的.

例 9.9.5　确定下列等式是否为差分方程，若是差分方程，进一步指出其是否为线性差分方程.

（1）$-2\Delta y_t - 2y_t = 2t$；（2）$\Delta^2 y_t = y_{t+1} - y_t + 2^t$.

解　（1）因为 $\Delta y_t = y_{t+1} - y_t$，所以，$-2\Delta y_t - 2y_t = -2y_{t+1}$，等式（1）为 $-2y_{t+1} = 2t$，只含有自变量 t 的函数，不含差分，所以等式（1）不是差分方程.

（2）因为 $y_{t+1} - y_t = \Delta y_t$，所以等式（2）为 $\Delta^2 y_t - \Delta y_t = 2^t$，由定义 9.9.3 和定义 9.9.5 可知，等式（2）是差分方程，并且是线性差分方程，且阶数为 2 阶，也称其为 2 阶线性差分方程.

从差分方程及其解的定义可以发现，它与微分方程及其解的定义非常类似，事实上，微分与差分都是描述因变量对自变量变化的快慢（或者说速率），而微分基于的是连续变化过程，差分基于的是离散变化过程. 当单位时间为 1，且时间单位很小的情况下，差分和微分二者之间的近似关系可描述如下

$$\Delta y_t = y(t+1) - y(t) = \frac{y(t+1) - y(t)}{1} \approx \lim_{\Delta t \to 0} \frac{y(t+\Delta t) - y(t)}{\Delta t} = \frac{\mathrm{d}y}{\mathrm{d}t}.$$

$$(9.9.8)$$

因此，差分可看作描述连续变化过程的微分的近似. 不仅如此，线性差分方程与线性微分方程在解的结构和求解方法等方面都有着许多类似之处，以下将在研究线性差分方程求解方法的过程中用到.

9.9.3 一阶常系数线性差分方程

一阶常系数线性差分方程的一般形式为：

$$y_{t+1} - P y_t = f(t). \tag{9.9.9}$$

其中，P 为非零常数，$f(t)$ 为关于离散自变量 t 的函数. 如果 $f(t) \equiv 0$，则方程(9.9.9)为

$$y_{t+1} - P y_t = 0. \tag{9.9.10}$$

方程(9.9.10)称为一阶常系数齐次线性差分方程，若 $f(t)$ 不恒为 0，则方程(9.9.9)称为一阶常系数非齐次线性差分方程.

以下分别研究一阶常系数齐次线性和非齐次线性差分方程的解法.

1. 一阶常系数齐次线性差分方程的解法

一阶常系数齐次线性差分方程的解法通常有两种(1)迭代法；(2)特征根法.

方法 1：迭代法

设 y_0 已知，由方程(9.9.10)依次迭代可得

$$y_1 = P y_0, y_2 = P y_1 = P^2 y_0, y_3 = P y_2 = P^3 y_0, \cdots, y_t = P y_{t-1} = P^t y_0.$$

即，$y_t = P^t y_0$ 为方程(9.9.10)的解，且容易验证，对于任意的常数 C，$y_t = C P^t$ 都是方程(9.9.10)的解. 由通解的定义可知，一阶常系数齐次线性差分方程(9.9.10)的通解为

$$y_t = C P^t. \tag{9.9.11}$$

方法 2 特征根法

由方程(9.9.10)可知，$\Delta y_t = (P-1) y_t$，因此可以考虑用某个指数函数表示 y_t，不妨设 $y_t = \lambda^t$，$\lambda \neq 0$，代入方程得：$\lambda^{t+1} - P \lambda^t = 0$. 因为 $\lambda^t \neq 0$，所以

$$\lambda - P = 0. \tag{9.9.12}$$

称方程(9.9.12)为一阶常系数齐次线性差分方程(9.9.10)的**特征方程**. 而 $\lambda = P$ 为特征方程的**特征根**. 于是，$y_t = P^t$ 为方程(9.9.10)的解，且容易验证，$y_t = C P^t$ 是方程(9.9.10)的通解，这里 C 为任意常数. 这个结果与利用迭代法得到的结果(9.9.11)是相同的.

例 9.9.6 求差分方程 $y_{t+1} + 2 y_t = 0$ 的通解，以及满足初始条件 $y_0 = 3$ 的特解.

解 利用通解公式(9.9.11)可知，题设方程的通解为 $y_t = C(-2)^t$. 将 $y_0 = 3$ 代入通解公式得 $C = 3$. 因此，满足初始条件 $y_0 = 3$ 的特解为 $y_t = 3 \cdot (-2)^t$.

2. 一阶常系数非齐次线性差分方程的解法

与线性微分方程解的结构类似，线性非齐次差分方程的通解也可用其对应的齐次差分方程的通解与自己的一个特解之和来表

示. 具体如下:

定理 9.9.2　　设 y_t^* 是一阶常系数非齐次线性差分方程 (9.9.9)的特解, $\bar{y}_t$ 是其对应的齐次线性差分方程(9.9.10)的通解, 则 $y_t = \bar{y}_t + y_t^*$ 是方程(9.9.9)的通解.

证明　由定理条件知: $y_{t+1}^* - Py_t^* = f(t)$, 及 $\bar{y}_{t+1} - P\bar{y}_t = 0$. 将两式相加, 得

$$(y_{t+1}^* + \bar{y}_{t+1}) - P(y_t^* + \bar{y}_t) = f(t).$$

这说明, $y_t = \bar{y}_t + y_t^*$ 是方程(9.9.9)的解, 且含有一个任意常数, 因此, 也是方程(9.9.9)的通解.

定理 9.9.2 说明, 在已经掌握了一阶常系数齐次线性差分方程通解的基础上, 若要求解非齐次线性差分方程的通解, 只需要研究非齐次差分方程特解的求法即可.

以下将根据非齐次方程(9.9.9)的右端项 $f(t)$ 的几种特殊形式, 研究其特解 y_t^* 的求法.

情形 1　$f(t) = F_n(t)$, $F_n(t)$ 表示 t 的 n 次多项式.

该形式下, 方程(9.9.9)为 $y_{t+1} - Py_t = F_n(t)$. 即

$$\Delta y_t + (1-P)y_t = F_n(t). \tag{9.9.13}$$

由差分的运算性质可知, 多项式的差分仍然为多项式, 且 $n(n \geqslant 1)$ 次多项式的差分为 $n-1$ 次多项式. 因此:

若 $P \neq 1$, 可设 $y_t^* = Q_n(t)$ 为某一 n 次多项式作为方程 (9.9.13)的特解. 令

$$y_t^* = Q_n(t) = a_n t^n + a_{n-1} t^{n-1} + \cdots + a_1 t + a_0.$$

将此特解代入原非齐次方程(9.9.9), 结合同次幂项的系数相等, 利用待定系数法, 求出 $Q_n(t)$, 即可得到非齐次差分方程的特解 y_t^*.

若 $P = 1$, 可设 $y_t^* = tQ_n(t)$ 为某一 $n+1$ 次多项式作为方程 (9.9.13)的特解. 令

$$y_t^* = t \cdot Q_n(t) = t(a t^n + a_{n-1} t^{n-1} + \cdots + a_1 t + a_0).$$

同样将此特解代入原非齐次方程(9.9.9), 结合同次幂项的系数相等, 利用待定系数法, 求出 $Q_n(t)$, 即可得到非齐次差分方程的特解 y_t^*.

综上所述, 若 $f(t) = F_n(t)$, 则一阶常系数非齐次线性差分方程 $y_{t+1} - Py_t = f(t)$ 的特解可具有如下形式

$$y_t^* = t^k \cdot Q_n(t), \text{其中}, k = \begin{cases} 0, P \neq 1, \\ 1, P = 1. \end{cases} \tag{9.9.14}$$

例 9.9.7　　求非齐次差分方程 $y_{t+1} - 2y_t = 3$ 的通解.

解　题设方程对应的齐次方程 $y_{t+1} - 2y_t = 0$, 这里 $P = 2$, 所以, 齐次方程的通解为 $\bar{y}_t = C2^t$, C 为任意常数. 由于 $P \neq 1$, 且右端项为常数, 即 0 次多项式, 故设方程特解为 $y_t^* = a_0$. 代入题设方

程,得 $a_0-2a_0=3$,即 $a_0=-3$. 因此,所求通解为 $y_t=\bar{y}_t+y_t^*=C2^t-3$.

例 9.9.8 求非齐次差分方程 $y_{t+1}-y_t=t^2+1$ 的通解.

解 题设方程对应的齐次方程 $y_{t+1}-y_t=0$,这里 $P=1$,所以,齐次方程的通解为:$\bar{y}_t=C$,C 为任意常数. 由于 $P=1$,且右端项为 2 次多项式,故设方程特解为 $y_t^*=t(a_2t^2+a_1t+a_0)$. 代入题设方程,得 $a_2(3t^2+3t+1)+a_1(2t+1)+a_0=t^2+1$. 即

$$\begin{cases} 3a_2=1, \\ 3a_2+2a_1=0, \\ a_2+a_1+a_0=1, \end{cases} \quad 解得 a_2=\frac{1}{3},a_1=-\frac{1}{2},a_0=\frac{7}{6}.$$

因此,所求通解为 $y_t=\bar{y}_t+y_t^*=C+\dfrac{t^3}{3}-\dfrac{t^2}{2}+\dfrac{7t}{6}$.

情形 2 $f(t)=F_n(t)\cdot b^t$,其中,$F_n(t)$ 表示 t 的 n 次多项式,b 为常数,且 $b\neq0,1$.

该形式下,方程(9.9.9)为 $y_{t+1}-Py_t=F_n(t)\cdot b^t$. 即

$$\Delta y_t+(1-P)y_t=F_n(t)b^t. \tag{9.9.15}$$

由指数函数的差分 $\Delta b^t=(b-1)b^t$,以及两个函数乘积的差分运算性质可知,公式(9.9.15)的特解可表示为某个多项式函数 $Q(t)$ 与 b^t 的乘积,即 $y_t^*=Q(t)\cdot b^t$. 而

$$\Delta(Q(t)\cdot b^t)=Q(t)\Delta b^t+b^{t+1}\Delta Q(t)=(Q(t)(b-1)+b\Delta Q(t))b^t.$$

代入到(9.9.15)得

$$(Q(t)(b-1)+b\Delta Q(t))b^t+(1-P)Q(t)\cdot b^t=F_nb^t.$$

两边消去 b^t 并化简,得

$$Q(t)(b-P)+b\Delta Q(t)=F_n(t).$$

因此,若 $b\neq P$,可设 $y_t^*=Q_n(t)b^t$ 为方程(9.9.15)的特解. 令

$$y_t^*=Q_n(t)b^t=(a_nt^n+a_{n-1}t^{n-1}+\cdots+a_1t+a_0)b^t,$$

将此特解代入原非齐次方程(9.9.9),结合同次幂项的系数相等,利用待定系数法,求出 $Q_n(t)$,即可得到非齐次差分方程的特解 $y_t^*=Q_n(t)b^t$.

同理,若 $b=P$,可设 $y_t^*=tQ_n(t)b^t$ 为方程(9.9.15)的特解. 令

$$y_t^*=tQ_n(t)b^t=t(a_nt^n+a_{n-1}t^{n-1}+\cdots+a_1t+a_0)b^t.$$

同样将此特解代入原非齐次方程(9.9.9),结合同次幂项的系数相等,利用待定系数法,求出 $Q_n(t)$,即可得到非齐次差分方程的特解 $y_t^*=tQ_n(t)b^t$.

综上所述,若 $f(t)=F_n(t)\cdot b^t$,则一阶常系数非齐次线性差分方程 $y_{t+1}-Py_t=f(t)$ 的特解可具有如下形式

$$y_t^*=t^k\cdot Q_n(t)\cdot b^t,其中,k=\begin{cases} 0,P\neq b, \\ 1,P=b. \end{cases} \tag{9.9.16}$$

例 9.9.9 求非齐次差分方程 $y_{t+1}+y_t=3\left(\frac{1}{2}\right)^t$ 满足 $y_0=3$ 的特解.

解 题设方程对应的齐次方程 $y_{t+1}+y_t=0$，这里 $P=-1$，所以，齐次方程的通解为 $\bar{y}_t=C(-1)^t$，C 为任意常数. 由于 $P\neq\frac{1}{2}$，且右端项为 0 次多项式与 $\left(\frac{1}{2}\right)^t$ 的乘积，故设方程特解为 $y_t^*=a_0\left(\frac{1}{2}\right)^t$. 代入题设方程，得 $a_0\left(\frac{1}{2}\right)^{t+1}+a_0\left(\frac{1}{2}\right)^t=3\left(\frac{1}{2}\right)^t$，即 $\frac{a_0}{2}+a_0=3$，所以 $a_0=2$.

因此，所求通解为 $y_t=\bar{y}_t+y_t^*=C(-1)^t+2\left(\frac{1}{2}\right)^t$. 将 $y_0=3$ 代入通解公式，得 $C=1$.

即满足题设要求的特解为 $y_t=(-1)^t+2\left(\frac{1}{2}\right)^t$.

例 9.9.10 求非齐次差分方程 $y_{t+1}-3y_t=12t\cdot 3^t$ 的通解.

解 题设方程对应的齐次方程 $y_{t+1}-3y_t=0$，这里 $P=3$，所以，齐次方程的通解为 $\bar{y}_t=C\cdot 3^t$，C 为任意常数. 由于 $P=3$，且右端项为 1 次多项式与 3^t 的乘积，故设方程特解为 $y_t^*=t(a_1t+a_0)\cdot 3^t$. 代入题设方程，得

$$a_1(t+1)^2\cdot 3^{t+1}+a_0(t+1)\cdot 3^{t+1}-3t(a_1t+a_0)\cdot 3^t=12t\cdot 3^t.$$

两边消去 3^t 并化简，得

$$6a_1t+3a_1+3a_0=12t.$$

即，$a_1=2$，$a_0=-2$. 因此，题设方程的通解为 $y_t=\bar{y}_t+y_t^*=(2t^2-2t+C)\cdot 3^t$.

9.9.4 二阶常系数线性差分方程

二阶常系数线性差分方程的一般形式为

$$y_{t+2}+Py_{t+1}+Qy_t=f(t). \tag{9.9.17}$$

其中，P，Q 为常数，且 $Q\neq 0$，$f(t)$ 为关于离散自变量 t 的函数. 如果 $f(t)\equiv 0$，则方程(9.9.17)为

$$y_{t+2}+Py_{t+1}+Qy_t=0. \tag{9.9.18}$$

方程(9.9.18)称为二阶常系数齐次线性差分方程，若 $f(t)$ 不恒为 0，则方程(9.9.17)称为二阶常系数非齐次线性差分方程.

以下分别研究二阶常系数齐次线性和非齐次线性差分方程的解法.

1. 二阶常系数齐次线性差分方程的解法

与二阶常系数线性齐次微分方程通解的结构类似，二阶常系数齐次线性差分方程的任意两个线性无关特解的线性组合就是该

差分方程的通解. 因此, 只需要找到差分方程(9.9.18)的两个线性无关的特解即可.

将方程(9.9.18)用差分的形式可表示如下

$$\Delta^2 y_t + (2+P)\Delta y_t + (1+P+Q)y_t = 0, (Q \neq 0). \quad (9.9.19)$$

与一阶常系数线性齐次差分方程类似, 考虑用某个指数函数 $y_t = \lambda^t$, $\lambda \neq 0$ 作为式(9.9.19)的特解. 将之代入方程得 $(\lambda-1)^2 \lambda^t + (2+P)(\lambda-1)\lambda^t + (1+P+Q)\lambda^t = 0$. 因为 $\lambda^t \neq 0$, 所以

$$\lambda^2 + P\lambda + Q = 0. \quad (9.9.20)$$

称方程(9.9.20)为二阶常系数齐次线性差分方程(9.9.18)的**特征方程**.

与二阶常系数齐次线性微分方程类似, 需要根据特征根的三种不同情况, 分别研究方程(9.9.18)的通解.

情形 1 特征方程(9.9.20)有两个不相等的实根: λ_1, λ_2. 则 $y_t^1 = (\lambda_1)^t$ 与 $y_t^2 = (\lambda_2)^t$ 是方程(9.9.18)的两个线性无关的特解, 从而其通解为

$$y_t = C_1(\lambda_1)^t + C_2(\lambda_2)^t. \quad (9.9.21)$$

其中, C_1, C_2 为任意常数.

情形 2 特征方程(9.9.20)有两个相等的实根. $\lambda_1 = \lambda_2 = \lambda$. 则, $y_t = \lambda^t$ 是方程(9.9.18)的一个特解, 设另一特解形式为 $y_t^2 = \mu(t) \cdot \lambda^t$, 其中 $\mu(t)$ 是 t 的函数, 且不是常数(否则与 λ^t 线性相关). 代入差分方程(9.9.18), 得

$$\mu(t+2) \cdot \lambda^{t+2} + P\mu(t+1) \cdot \lambda^{t+1} + Q\mu(t) \cdot \lambda^t = 0.$$

因为 $\lambda^t \neq 0$, 两边消去 λ^t, 有 $\mu(t+2) \cdot \lambda^2 + P\mu(t+1) \cdot \lambda + Q\mu(t) = 0$,

用差分的形式可表示为 $\lambda^2 \cdot \Delta^2 u_t + \lambda(2\lambda+P)\Delta u_t + (\lambda^2+P\lambda+Q)u_t = 0$.

因为 λ 是特征方程(9.9.20)的特征根且为二重根, 所以 $\lambda = -\dfrac{P}{2}$. 即 $\lambda^2 + P\lambda + Q = 0$, $2\lambda + P = 0$. 因此, $\Delta^2 u_t = 0$. 由于这里 u_t 不能是常数, 所以取一个简洁的形式 $u_t = t$. 这样, $y_t^2 = t \cdot \lambda^t$ 就是方程(9.9.18)的另一个与 $y_t = \lambda^t$ 线性无关的特解. 从而方程的通解为

$$y_t = C_1 \lambda^t + C_2 t \lambda^t = (C_1 + C_2 t)\lambda^t. \quad (9.9.22)$$

其中, C_1, C_2 为任意常数.

情形 3 特征方程(9.9.20)有两个共轭的复根. $\lambda_1 = \alpha + i\beta$, $\lambda_2 = \alpha - i\beta$. 则, $y_t^1 = (\alpha+i\beta)^t$ 与 $y_t^2 = (\alpha-i\beta)^t$ 是方程(9.9.18)的两个线性无关的特解, 从而其通解为

$$y_t = C_1(\alpha+i\beta)^t + C_2(\alpha-i\beta)^t, 其中 C_1, C_2 为任意常数.$$

但为了将解写成实函数的情形, 可令 $r = \sqrt{\alpha^2 + \beta^2}$, 则

$$y_t^1 = (\alpha + i\beta)^t = \left(r\left(\frac{\alpha}{r} + i\frac{\beta}{r}\right)\right)^t$$
$$= r^t(\cos\theta + i\sin\theta)^t = r^t(\cos\theta t + i\sin\theta t),$$

其中，$\tan\theta = \dfrac{\sin\theta}{\cos\theta} = \dfrac{\beta}{\alpha}$. 这里取 $\beta > 0$，且当 $\alpha > 0$ 时，$\theta = \arctan\dfrac{\beta}{\alpha}$，

当 $\alpha < 0$ 时，$\theta = \pi + \arctan\dfrac{\beta}{\alpha}$，当 $\alpha = 0$ 时，$\theta = \dfrac{\pi}{2}$. 同理，

$$y_t^2 = (\alpha - i\beta)^t = \left(r\left(\frac{\alpha}{r} - i\frac{\beta}{r}\right)\right)^t$$
$$= r^t(\cos\theta - i\sin\theta)^t = r^t(\cos\theta t - i\sin\theta t),$$

因此，$\dfrac{y_t^1 + y_t^2}{2} = r^t\cos\theta t$，以及 $\dfrac{y_t^1 - y_t^2}{2i} = r^t\sin\theta t$ 也是二阶常系数齐次线性差分方程(9.9.18)的两个线性无关的特解，且以实函数的形式呈现. 这样，方程(9.9.18)的通解可表示为

$$y_t = r^t(C_1\cos\theta t + C_2\sin\theta t), \qquad (9.9.23)$$

其中，C_1，C_2 为任意常数，$r = \sqrt{\alpha^2 + \beta^2}$，$\tan\theta = \dfrac{\beta}{\alpha}$，$\beta$ 和 θ 取法如上.

例 9.9.11　求二阶常系数齐次线性差分方程 $y_{t+2} - 5y_{t+1} + 6y_t = 0$ 的通解.

解　特征方程：$\lambda^2 - 5\lambda + 6 = 0$，特征根为 $\lambda_1 = 2$，$\lambda_2 = 3$，因此，题设方程的通解为

$$y_t = C_1 2^t + C_2 3^t.$$

例 9.9.12　求二阶常系数齐次线性差分方程 $y_{t+2} - 2y_{t+1} + 2y_t = 0$ 的通解.

解　特征方程：$\lambda^2 - 2\lambda + 2 = 0$，特征根为 $\lambda_1 = 1 + i$，$\lambda_2 = 1 - i$，由通解公式(9.9.23)，$r = \sqrt{2}$，$\tan\theta = 1$，即 $\theta = \dfrac{\pi}{4}$，所以题设方程的通解为

$$y_t = (\sqrt{2})^t\left(C_1\cos\frac{\pi}{4}t + C_2\sin\frac{\pi}{4}t\right).$$

2. 二阶常系数非齐次线性差分方程的解法

与线性微分方程解的结构类似，二阶常系数线性非齐次差分方程(9.9.17)的通解等于其对应的齐次线性差分方程(9.9.18)的通解加上自身的一个特解. 因此，在已经掌握了齐次线性差分方程(9.9.18)通解求法的基础上，若要求解非齐次线性差分方程的通解，只需要研究非齐次差分方程特解的求法即可.

以下将根据非齐次方程(9.9.17)的右端项 $f(t)$ 的几种特殊形式，研究其特解 y_t^* 的求法.

情形 1　$f(t) = F_n(t)$，$F_n(t)$ 表示 t 的 n 次多项式.

该形式下，方程(9.9.17)为 $y_{t+2} + Py_{t+1} + Qy_t = F_n(t)$. 即

$$\Delta^2 y_t + (2 + P)\Delta y_t + (1 + P + Q)y_t = F_n(t). \qquad (9.9.24)$$

由差分的运算性质可知，多项式的差分仍然为多项式，且 n ($n \geqslant 1$) 次多项式的一阶差分为 $m-1$ 次多项式. 因此：

若 $1+P+Q \neq 0$，这等价于 1 不是特征方程 $\lambda^2 + P\lambda + Q = 0$ 的根. 此时可设 $y_t^* = G_n(t)$ 为某一 n 次多项式作为方程 (9.9.24) 的特解. 令

$$y_t^* = G_n(t) = a_n t^n + a_{n-1} t^{n-1} + \cdots + a_1 t + a_0.$$

将此特解代入原非齐次方程 (9.9.17)，结合同次幂项的系数相等，利用待定系数法，求出 $G_n(t)$，即可得到非齐次差分方程的特解 y_t^*.

若 $1+P+Q=0$，但 $2+P \neq 0$，这等价于 1 是特征方程 $\lambda^2 + P\lambda + Q = 0$ 的单根. 此时可设 $y_t^* = tG_n(t)$ 为某一 $n+1$ 次多项式作为方程 (9.9.24) 的特解. 令

$$y_t^* = t \cdot G_n(t) = t(a\,t^n + a_{n-1} t^{n-1} + \cdots + a_1 t + a_0).$$

同样将此特解代入原非齐次方程 (9.9.17)，利用待定系数法，求出 $G_n(t)$，即可得到非齐次差分方程的特解 y_t^*.

若 $1+P+Q=0$，且 $2+P=0$，这等价于 1 是特征方程 $\lambda^2 + P\lambda + Q = 0$ 的重根. 此时可设 $y_t^* = t^2 G_n(t)$ 为某一 $n+2$ 次多项式作为方程 (9.9.24) 的特解. 令

$$y_t^* = t^2 \cdot G_n(t) = t(a\,t^n + a_{n-1} t^{n-1} + \cdots + a_1 t + a_0).$$

同样将此特解代入原非齐次方程 (9.9.17)，利用待定系数法，求出 $G_n(t)$，即可得到非齐次差分方程的特解 y_t^*.

综上所述，若 $f(t) = F_n(t)$，则二阶常系数非齐次线性差分方程 $y_{t+2} + Py_{t+1} + Qy_t = f(t)$ 的特解可具有如下形式

$$y_t^* = t^k \cdot G_n(t), \text{其中}, k = \begin{cases} 0, 1 \text{ 不是特征方程的根}, \\ 1, 1 \text{ 是特征方程的单根}, \\ 2, 1 \text{ 是特征方程的重根}. \end{cases}$$

例 9.9.13　求非齐次差分方程 $y_{t+2} + 4y_{t+1} - 5y_t = 1 - 12t$ 的通解.

解　题设方程对应的齐次方程 $y_{t+2} + 4y_{t+1} - 5y_t = 0$，特征方程为 $\lambda^2 + 4\lambda - 5 = 0$，解出特征根为 $\lambda_1 = 1$，$\lambda_2 = -5$. 因此，对应的齐次方程的通解为 $\bar{y}_t = C_1 + C_2 (-5)^t$.

由于这里 1 是特征方程的单根，所以，设特解 $y_t^* = t \cdot (a_1 t + a_0)$. 代入到题设方程，得

$$a_1 (t+2)^2 + a_0(t+2) + 4a_1 (t+1)^2 + 4a_0(t+1) - 5a_1 t^2 - 5a_0 t = 1 - 12t.$$

化简，得 $12a_1 t + 8a_1 + 6a_0 = 12t + 1$，从而，$a_1 = -1$，$a_0 = \dfrac{3}{2}$. 即

$$y_t^* = -t^2 + \frac{3}{2} t.$$

所以，题设方程的通解为 $y_t = \bar{y}_t + y_t^* = C_1 + C_2 (-5)^t - t^2 +$

$\frac{3}{2}t$.

情形 2　$f(t)=F_n(t)\cdot b^t$，其中，$F_n(t)$ 表示 t 的 n 次多项式，b 为常数，且 $b\neq 0,1$.

该形式下，方程(9.9.17)为 $y_{t+2}+Py_{t+1}+Qy_t=F_n(t)\cdot b^t$.结合该方程的特点，可以猜想其特解可表示为某个函数 $z(t)$ 与 b^t 的乘积，即 $y_t^*=z(t)\cdot b^t$. 代入方程，得

$$z(t+2)\cdot b^{t+2}+Pz(t+1)b^{t+1}+Qz(t)b^t=F_n(t)b^t.$$

两边消去b^t 并化简，得

$$z(t+2)b^2+Pz(t+1)b+Qz(t)=F_n(t).$$

因为 $b\neq 0$，所以也可写成如下形式

$$z_{t+2}+\frac{P}{b}z_{t+1}+\frac{Q}{b^2}z_t=\frac{1}{b^2}F_n(t).$$

这恰是关于函数 z_t 的二阶常系数非齐次线性差分方程，且其右端项为多项式的情形，按照情形 1 中介绍的方法，可以得到 z_t，进而得到 $y_t^*=z(t)\cdot b^t$.

当然，关于特解 y_t^* 的构造方法也可以采用"一阶常系数非齐次线性差分方程的解法"中情形 2 介绍的方法，这里不再赘述.

例 9.9.14　求非齐次差分方程 $y_{t+2}+3y_{t+1}+2y_t=(t+2)\cdot 2^t$ 的通解.

解　其对应的齐次差分方程为 $y_{t+2}+3y_{t+1}+2y_t=0$，特征方程为$\lambda^2+3\lambda+2=0$，特征根为 $\lambda_1=-1$，$\lambda_2=-2$. 因此，对应的齐次方程的通解为 $\bar{y}_t=C_1(-1)^t+C_2(-2)^t$.

设非齐次方程的特解 $y_t^*=z(t)\cdot 2^t$. 代入题设方程，得

$$z(t+2)\cdot 2^{t+2}+3z(t+1)\cdot 2^{t+1}+2z(t)\cdot 2^t=(t+2)\cdot 2^t.$$

两边消去2^t，令 $z_t=z(t)$，并化简，得

$$z_{t+2}+\frac{3}{2}z_{t+1}+\frac{1}{2}z_t=\frac{t}{4}+\frac{1}{2}.$$

其特征方程为$\lambda^2+\frac{3}{2}\lambda+\frac{1}{2}=0$. 显然 1 不是该特征方程的特征根，所以，设 $z_t^*=a_1t+a_0$，并代入方程 $z_{t+2}+\frac{3}{2}z_{t+1}+\frac{1}{2}z_t=\frac{t}{4}+\frac{1}{2}$，得

$$a_1(t+2)+a_0+\frac{3}{2}a_1(t+1)+\frac{3}{2}a_0+\frac{1}{2}a_1t+\frac{1}{2}a_0=\frac{t}{4}+\frac{1}{2},$$

即

$$3a_1t+3a_0+\frac{7}{2}a_1=\frac{t}{4}+\frac{1}{2}.$$

比较同次幂项的系数得 $a_1=\frac{1}{12}$，$a_0=\frac{5}{72}$. 即 $z_t^*=\frac{1}{12}t+\frac{5}{72}$.

所以，题设方程的通解为 $y_t=\bar{y}_t+y_t^*=C_1(-1)^t+C_2(-2)^t+$

$$\left(\frac{1}{12}t+\frac{5}{72}\right)2^t.$$

9.9.5 差分方程的应用

差分方程在经济领域有着广泛的应用，许多经济问题都可以通过建立差分方程模型来描述，并通过差分方程的求解，对所研究的经济问题进行量化分析. 以下举一些例子来说明差分方程的应用.

1. 价格调整模型

在健全的市场经济框架下，商品价格由市场机制调节，其变化主要受市场供求关系影响，呈现出如图 9-9-1 所示的现象：

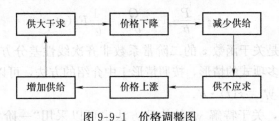

图 9-9-1　价格调整图

例 9.9.15 已知某商品 t 时期的价格为 $P_t=P(t),t=0,1,2,\cdots$. 该商品的供给函数为 $S_t=S(t)$，且受商品上一时期价格的影响，用函数表示为 $S_t=a+bP_{t-1},(a<0,b>0)$. 商品的需求函数为 $Q_t=Q(t)$，且受商品本时期价格的影响，用函数表示为 $Q_t=c-dP_t,(c>0,d>0)$. 假设价格对应的供给 S_t 等于需求 Q_t，即市场售清 $S_t=Q_t$ 情形. 若商品的初始价格为 $P(0)=P_0$，请在此情形下，研究商品价格 P_t 随时期 t 的变化规律和趋势.

解　因为 $S_t=Q_t$，即，$a+bP_{t-1}=c-dP_t$，从而得到关于商品价格的一阶差分方程

$$P_t+\frac{b}{d}P_{t-1}=\frac{1}{d}(c-a).$$

对应的齐次方程 $P_t+\frac{b}{d}P_{t-1}=0$，齐次方程的通解为 $\bar P_t=C\cdot\left(-\frac{b}{d}\right)^t$，$C$ 为任意常数. 由于 $-\frac{b}{d}<0\neq1$，且右端项为常数，即 0 次多项式，故设方程特解为 $P_t^*=k$. 代入题设方程，得 $k+\frac{b}{d}k=\frac{1}{d}(c-a)$，即 $k=\frac{c-a}{b+d}$. 因此，通解为

$$P_t=\bar P_t+P_t^*=C\cdot\left(-\frac{b}{d}\right)^t+\frac{c-a}{b+d}.$$

将初始价格 $P(0)=P_0$ 代入通解表达式，得 $C=P_0-\frac{c-a}{b+d}$. 即，商品价格 P_t 随时期 t 的变化规律可用如下公式表示

$$P_t = \left(P_0 - \frac{c-a}{b+d}\right)\left(-\frac{b}{d}\right)^t + \frac{c-a}{b+d}.$$

其变化趋势可分类讨论如下

（1）当 $\left|-\dfrac{b}{d}\right| < 1$ 时，$\lim\limits_{t \to +\infty} P_t = \dfrac{c-a}{b+d}$. 即随着时期 $t \to +\infty$，

商品价格趋于均衡价格 $P_e = \dfrac{c-a}{b+d}$.

（2）当 $\left|-\dfrac{b}{d}\right| > 1$ 时，$\lim\limits_{2t \to +\infty} P_{2t} = +\infty$，$\lim\limits_{2t+1 \to +\infty} P_{2t+1} = -\infty$.

即随着时期 $t \to +\infty$，商品价格波动幅度越来越大，且呈现发散状态.

（3）当 $\left|-\dfrac{b}{d}\right| = 1$ 时，$\lim\limits_{2t \to +\infty} P_{2t} = P_0$，$\lim\limits_{2t+1 \to +\infty} P_{2t+1} = 2P_e - P_0$. 显然，若 $P_0 = P_e$，则 $2P_e - P_0 = P_e$；若 $P_0 > P_e$，则 $2P_e - P_0 < P_e$；若 $P_0 < P_e$，则 $2P_e - P_0 > P_e$；这说明，当 $P_0 = P_e$ 时，商品价格始终等于均衡价格 P_e，当 $P_0 \neq P_e$ 时，随着时期 $t \to +\infty$，商品价格围绕均衡价格 P_e 上下波动.

2. 种群增长模型

例 9.9.16　13 世纪意大利著名数学家斐波那契（Fibonacci）在他的著作《算盘书》中记载着这样一个有趣的问题：一对刚出生的幼兔经过一个月可长为成兔，成兔再经过一个月后可以繁殖出一对幼兔. 用 $y_t = y(t)$ 表示第 t 个月的兔子数量（单位：对），假设初始月份为 0，$y_0 = 1$. 若不计兔子的死亡，问第 12 个月共有多少对兔子（y_{12}）？

解　因为 $y_t = y(t)$ 表示第 t 个月的兔子数量，即幼兔数量（对）与成兔数量的和. 相应地，y_{t+2} 表示第 $t+2$ 个月的幼兔数量与成兔数量的和. 由题目的描述可知：

（1）第 $t+2$ 个月的成兔数量等于第 $t+1$ 个月成兔数量与幼兔数量的和（y_{t+1}）；

（2）第 $t+2$ 个月的幼兔数量等于第 $t+1$ 个月成兔数量，也就等于第 t 个月成兔数量（对）与幼兔数量的和（y_t）.

因此，得到关于兔子数量增长的二阶差分方程

$$y_{t+2} = y_{t+1} + y_t.$$

特征方程为 $\lambda^2 - \lambda - 1 = 0$. 得特征根为 $\lambda_1 = \dfrac{1+\sqrt{5}}{2}$，$\lambda_2 = \dfrac{1-\sqrt{5}}{2}$.

所以，其通解为 $y_t = C_1\left(\dfrac{1+\sqrt{5}}{2}\right)^t + C_2\left(\dfrac{1-\sqrt{5}}{2}\right)^t$. 由题意知，$y_0 = 1$，$y_1 = 1$，代入得

$$C_1 = \frac{5+\sqrt{5}}{10}, \quad C_2 = \frac{5-\sqrt{5}}{10},$$

即，兔子数量的变化可用如下公式表示

$$y_t = \frac{5+\sqrt{5}}{10} \cdot \left(\frac{1+\sqrt{5}}{2}\right)^t + \frac{5-\sqrt{5}}{10} \cdot \left(\frac{1-\sqrt{5}}{2}\right)^t.$$

将 $t=12$ 代入，得 $y_{12}=233$. 因此，若不计兔子的死亡，第 12 个月共有 233 对兔子.

事实上，本题中 $y_{t+2}=y_{t+1}+y_t$ 对应了一个数列，恰好就是斐波那契数列.

3. 国民经济收支平衡模型

国民经济收支涉及国民收入、消费、投资以及政府支出等，研究国民经济收支平衡对国家经济稳定运行有着重要的意义. 下面以例题的形式，研究国民收入的变化规律与趋势.

例 9.9.17   设 $Y_t = Y(t)$ 为第 t 时期的国民收入，$C_t = C(t)$ 为第 t 时期的消费，$I_t = I(t)$ 为第 t 时期的投资，G 为政府支出（各时期均相同）. 同一时期的国民收入等于该时期的消费、投资与政府支出的和，即：$Y_t = C_t + I_t + G$. 美国经济学家萨缪尔森提出的国民经济收支均衡模型认为，第 t 时期的消费与前一时期的国民收入相关，具体为：$C_t = A Y_{t-1}, (0<A<1)$，A 为常数，也称为边际消费倾向；同时，第 t 时期的投资与消费水平的变化 $(C_t - C_{t-1})$ 成正比，即 $I_t = B(C_t - C_{t-1}), (B>0)$；这里比例系数 B 为常数，也称为加速数. 将这些关系整理，就得到了国民经济收支平衡模型，也称为乘数-加

速数模型：$\begin{cases} Y_t = C_t + I_t + G, \\ C_t = A Y_{t-1}, (0<A<1), \\ I_t = B(C_t - C_{t-1}), (B>0). \end{cases}$ 请依据该模型，求解国民收

入 Y_t 的一般表达式，并分析当 $A = \frac{1}{4}$，$B=1$，$Y_0 = 3$，$Y_1 = 4$ 时，Y_t 随时期 t 的变化规律和趋势.

解   因为 $C_t = A Y_{t-1}$，$I_t = B(C_t - C_{t-1}) = B \cdot A(Y_{t-1} - Y_{t-2})$，代入 $Y_t = C_t + I_t + G$，得

$$Y_t - A(1+B)Y_{t-1} + AB Y_{t-2} = G.$$

或者等价地写成

$$Y_{t+2} - A(1+B)Y_{t+1} + AB Y_t = G.$$

这是关于 Y_t 的二阶常系数非齐次线性差分方程，其对应的齐次方程为

$$Y_{t+2} - A(1+B)Y_{t+1} + AB Y_t = 0.$$

特征方程为 $\lambda^2 - A(1+B)\lambda + AB = 0$. 特征根为

$$\lambda_1 = \frac{1}{2}\left(A(1+B) + \sqrt{A^2(1+B)^2 - 4AB}\right),$$

$$\lambda_2 = \frac{1}{2}\left(A(1+B) - \sqrt{A^2(1+B)^2 - 4AB}\right).$$

以下分情况讨论：

（1）当 $A^2(1+B)^2 - 4AB > 0$ 时，齐次方程的通解为 $\overline{Y_t} = $

$C_1 (\lambda_1)^t + C_2 (\lambda_2)^t$.

(2) 当 $A^2 (1+B)^2 - 4AB = 0$ 时，齐次方程的通解为 $\bar{Y}_t = (C_1 + C_2 t)(\lambda_1)^t$.

(3) 当 $A^2 (1+B)^2 - 4AB < 0$ 时，由公式(9.9.23)，齐次方程的通解为 $\bar{Y}_t = r^t (C_1 \cos\theta t + C_2 \sin\theta t)$，其中，$r = \frac{1}{2}\sqrt{A^2(1+B)^2 + 4AB - A^2 (1+B)^2} = \sqrt{AB}, \tan\theta = \frac{\sqrt{4AB - A^2 (1+B)^2}}{A(1+B)}$.

另外，因为 $0 < A < 1$，所以，1 不是特征方程的根，则可设特解 $Y_t^* = k$，代入到非齐次方程 $Y_{t+2} - A(1+B)Y_{t+1} + AB Y_t = G$，可得 $k - A(1+B)k + ABk = G$，即 $k = \frac{G}{1-A}$.

因此，通解(即 Y_t 的一般表达式)为

$$Y_t = \bar{Y}_t + Y_t^*$$

$$= \begin{cases} C_1 (\lambda_1)^t + C_2 (\lambda_2)^t + \dfrac{G}{1-A}, & A^2 (1+B)^2 - 4AB > 0, \\ (C_1 + C_2 t)(\lambda_1)^t + \dfrac{G}{1-A}, & A^2 (1+B)^2 - 4AB = 0, \\ r^t (C_1 \cos\theta t + C_2 \sin\theta t) + \dfrac{G}{1-A}, & A^2 (1+B)^2 - 4AB < 0. \end{cases}$$

当 $A = \frac{1}{4}$，$B = 1$，$A^2 (1+B)^2 - 4AB = -\frac{3}{4} < 0$. 此时，$r = \sqrt{AB} = \frac{1}{2}$，$\tan\theta = \sqrt{3}$，$\theta = \frac{\pi}{3}$.

所以，$Y_t = \left(\frac{1}{2}\right)^t (C_1 \cos\frac{\pi}{3}t + C_2 \sin\frac{\pi}{3}t) + \frac{4}{3}G$. 将 $Y_0 = 3$，$Y_1 = 4$ 代入，得 $C_1 = 3$，$C_2 = \frac{13\sqrt{3}}{3}$.

即国民收入 Y_t 随时期 t 的变化规律和趋势可用公式描述如下

$$Y_t = \left(\frac{1}{2}\right)^t (3\cos\frac{\pi}{3}t + \frac{13\sqrt{3}}{3}\sin\frac{\pi}{3}t) + \frac{4}{3}G.$$

这表明国民收入 Y_t 在 $\frac{4}{3}G$ 上下波动，且最终趋于 $\frac{4}{3}G$.

习题 9.9

1. 计算下列函数的一阶差分 Δy_t：

(1) $y_t = t^2$；

(2) $y_t = \ln 2t$；

(3) $y_t = e^t$；

(4) $y_t = \cos at$.

2. 求下列一阶常系数齐次线性差分方程的通解：

(1) $y_{t+1}+y_t=0$；

(2) $y_{t+1}-3y_t=0.$

3. 求下列一阶常系数非齐次线性差分方程的通解：

(1) $y_{t+1}-y_t=4t+1$；

(2) $y_{t+1}-3y_t=2t^2$；

(3) $y_{t+1}-2y_t=3\cdot4^t$；

(4) $y_{t+1}+2y_t=3t(-2)^t.$

4. 求一阶常系数非齐次线性差分方程 $3y_{t+1}-3y_t=t\cdot3^t+1$ 的通解.

5. 求一阶常系数非齐次线性差分方程 $y_{t+1}-5y_t=4t+5^t$ 满足初始条件 $y_0=2$ 的特解.

6. 求差分方程 $y_{t+2}-y_{t+1}-6y_t=0$ 的通解.

7. 求差分方程 $y_{t+2}-6y_{t+1}+9y_t=0$ 的通解.

8. 求差分方程 $y_{t+2}-2y_{t+1}+y_t=4$ 的通解.

9. 求差分方程 $y_{t+2}-y_{t+1}-6y_t=(2t+1)\cdot3^t$ 的通解.

10. 某家庭从现在开始，从工资中每月(月末)拿出一部分资金存入银行，用于未来子女教育，打算 18 年后开始从投资账户中每月(月末)取 2000 元，直到 7 年后子女研究生毕业用完全部资金，要实现这个投资目标，18 年内共要筹措多少资金？每月要存入多少钱？假设投资的月利率为 0.5%.

11. 设 $X_t=X(t)$ 表示第 t 时期国民收入，$Y_t=Y(t)$ 为第 t 时期储蓄，$Z_t=Z(t)$ 为第 t 时期投资，三者关系为：$\begin{cases} Y_t=\alpha X_t+\beta, & 0<\alpha<1, \beta\geqslant0, \\ Z_t=\gamma(X_t-X_{t-1}), & \gamma>0, \\ Y_t=kZ_t, & k>0, \end{cases}$ 这里的 α，β，γ，k 均为常数. 请分析国民收入 $X(t)$ 随时期 t 的变化规律和趋势.

第 10 章

无穷级数

本章将介绍无穷级数(series)，所谓无穷级数，就是无穷项的和．无穷级数的理论和计算是微积分学的重要组成部分，无论在理论上还是在实际应用上，都有重要价值．总体来看，无穷级数由常数项级数(无穷个数的和)与函数项级数(无穷个函数的和)两部分组成，本章将先介绍常数项级数，给出级数收敛性的定义，并讨论判断级数是否收敛的方法．然后介绍函数项级数，尤其是幂级数的相关收敛性问题，最后还将对函数的幂级数展开进行讨论．

10.1　常数项级数的概念和性质

10.1.1　常数项级数的概念

人们很早就使用级数研究一些数学问题，例如，对无限循环小数 $0.\dot{3}$ 的研究，

$$0.\dot{3}=0.3333\cdots,$$

即

$$0.\dot{3}=0.3+0.03+0.003+0.0003+\cdots=\frac{3}{10}+\frac{3}{10^2}+\frac{3}{10^3}+\frac{3}{10^4}+\cdots.$$

也就是说，$0.\dot{3}$ 可以用 $\frac{3}{10}$ 加 $\frac{3}{10^2}$，再加 $\frac{3}{10^3}$，再加 $\frac{3}{10^4}$，$\cdots$，一直加下去，从而形成了无穷项的和，这就是级数．通过对级数的学习，我们会知道，这无穷项的和恰好等于 $\frac{1}{3}$，并且还可以证明，任何一个循环小数都能用一个分数表示．

如何给级数一个一般化的定义呢？既然级数是用来表示无穷项的和，因此，对参与求和的每一项进行排序和编号，就形成了一个数列，而级数就是将该数列中的每一项按顺序累加求和．因此，级数可定义如下：

定义 10.1.1　设 $\{u_n\}$ 是一个给定的数列，$n=1,2,\cdots$．称和式

$$u_1+u_2+\cdots+u_n+\cdots. \tag{10.1.1}$$

为**无穷级数**，简称**级数**，该级数可简写为 $\sum\limits_{n=1}^{\infty} u_n$，其中，$u_1, u_2, \cdots,$ $u_n, \cdots$ 称为级数的项，u_n 称为级数的**通项**或**一般项**.

　　级数在形式上表现为无穷多项求和，如何计算无穷项的和，这个问题曾经困扰了数学家长达几个世纪. 例如，级数 $1-1+1-1+$ $1-1+\cdots$的求和问题就引起过极大的争议. 17 世纪，数学家格朗迪认为，级数 $1-1+1-1+1-1+\cdots$存在且等于$\dfrac{1}{2}$，并给出了如下解释：因为

$$\frac{1}{1+x}=1-x+x^2-x^3+x^4-x^5+\cdots,$$

令 $x=1$，则有

$$\frac{1}{2}=1-1+1-1+1-1+\cdots.$$

　　莱布尼茨也认为这是可以接受的，因为级数 $1-1+1-1+1-$ $1+\cdots$的前 n 项和 S_n 分别为 $S_1=1$，$S_2=0$，$S_3=1$，$S_4=0$，$\cdots$如此循环往复，取 1 和取 0 的概率是相同的，因此，其算术平均值$\dfrac{1}{2}$是最有可能的取值.

　　然而，公式$\dfrac{1}{1+x}=1-x+x^2-x^3+x^4-x^5+\cdots$存在无法解释的问题，即如果将 $x=-2$ 代入，则等式左边为$\dfrac{1}{1-2}=-1$，而等式右边趋于无穷，显然等式是不成立的. 那么，问题出现在哪里呢？

　　19 世纪上半叶，法国数学家柯西第一次提出了级数**收敛**(convergence)的概念，解决了上述问题，同时为无穷级数建立了严密的理论基础，并使得级数成了一个强大的数学工具.

　　因此，级数是否收敛的研究在级数的研究和应用中占据了重要地位，是级数研究的核心内容. 基于是否收敛可以将级数分为两类：一类是**收敛的级数**(convergent series)；另一类是不收敛的级数，也称为**发散的级数**(divergent series). 大家学习完本节关于级数收敛的定义之后，就会明白数学家格朗迪关于级数 $1-1+1-1+1-1+\cdots$认识的错误之处.

　　那么，什么样的级数是收敛的级数呢？

　　从定义 10.1.1 可以发现，级数是无穷项求和，而任意有限项的和都是可以完全确定的，因此，可以通过考察级数前 n 项和 S_n 随着 n 的增大而变化的趋势，即是否趋于某个具体的值，来定义级数是否收敛.

　　为此，设级数 $\sum\limits_{n=1}^{\infty} u_n$ 如公式(10.1.1)所示，将该级数的前 n

项相加有

$$S_n = \sum_{i=1}^{n} u_i = u_1 + u_2 + \cdots + u_n \qquad (10.1.2)$$

称为级数(10.1.1)的**前 n 项部分和**或简称为**部分和**.

通过这种形式定义的部分和,就构成了一个数列$\{S_n\}$,称为部分和数列. 基于部分和数列当$n \to \infty$时极限是否存在,即可定义原级数是否收敛,具体如下:

定义 10.1.2　若级数 $\sum\limits_{n=1}^{\infty} u_n$ 的前 n 项部分和 $S_n = \sum\limits_{i=1}^{n} u_i$ 构成的数列$\{S_n\}$当 $n \to \infty$时收敛,即存在 S,使得

$$\lim_{n \to \infty} S_n = S,$$

则称级数 $\sum\limits_{n=1}^{\infty} u_n$ **收敛**,且将极限值 S 称为级数 $\sum\limits_{n=1}^{\infty} u_n$ 的和,即 $\sum\limits_{n=1}^{\infty} u_n = S$. 如果部分和构成的数列$\{S_n\}$当 $n \to \infty$时发散,则称级数 $\sum\limits_{n=1}^{\infty} u_n$ **发散**.

在定义 10.1.2 中,$S_n = \sum\limits_{i=1}^{n} u_i$,记 $R_n = \sum\limits_{i=n+1}^{\infty} u_i$ 并称之为级数 $\sum\limits_{n=1}^{\infty} u_n$ 的**余项**. 若级数 $\sum\limits_{n=1}^{\infty} u_n$ 收敛,且 $\sum\limits_{n=1}^{\infty} u_n = S$,则余项$R_n = S - S_n$,且$\lim\limits_{n \to \infty} R_n = 0$. 因此,对于收敛的级数,可用前 n 项部分和近似表示级数和,其误差为余项R_n,是 $n \to \infty$过程下的无穷小量.

定义 10.1.2 的意义在于,关于级数是否收敛的判断,可以归结为部分和构成的数列$\{S_n\}$是否收敛(极限是否存在)的判断. 这为判断级数是否收敛,以及收敛级数的求和提供了方法.

例 10.1.1　讨论级数:$0.3 + 0.03 + 0.003 + 0.0003 + \cdots$的敛散性,若收敛,求其和.

解　前 n 项部分和可表示为

$$S_n = \frac{3}{10} + \frac{3}{10^2} + \cdots + \frac{3}{10^n} = \frac{3}{10}\left(1 + \frac{1}{10} + \cdots + \frac{1}{10^{n-1}}\right)$$

$$= \frac{3}{10}\left(\frac{1 - \dfrac{1}{10^n}}{1 - \dfrac{1}{10}}\right) = \frac{1}{3}\left(1 - \frac{1}{10^n}\right).$$

而部分和 S_n 的极限

$$\lim_{n \to \infty} S_n = \lim_{n \to \infty} \frac{1}{3}\left(1 - \frac{1}{10^n}\right) = \frac{1}{3}.$$

因此,级数 $0.3 + 0.03 + 0.003 + 0.0003 + \cdots$收敛,且其和等于$\frac{1}{3}$.

例 10.1.1 的结果进一步说明了无限循环小数与分数的关系：
$0.333\cdots = \dfrac{1}{3}$.

例 10.1.2　讨论级数 $\displaystyle\sum_{n=1}^{\infty} \dfrac{1}{(2n-1)(2n+1)}$ 的敛散性，若收敛，求其和.

解　通项可表示为

$$u_n = \frac{1}{(2n-1)(2n+1)} = \frac{1}{2}\left(\frac{1}{2n-1} - \frac{1}{2n+1}\right).$$

所以，部分和为

$$S_n = \sum_{i=1}^{n} u_i = \frac{1}{1\cdot3} + \frac{1}{3\cdot5} + \cdots + \frac{1}{(2n-1)\cdot(2n+1)}$$

$$= \frac{1}{2}\left(1 - \frac{1}{3}\right) + \frac{1}{2}\left(\frac{1}{3} - \frac{1}{5}\right) + \cdots + \frac{1}{2}\left(\frac{1}{2n-1} - \frac{1}{2n+1}\right)$$

$$= \frac{1}{2}\left(1 - \frac{1}{2n+1}\right),$$

而部分和 S_n 的极限

$$\lim_{n\to\infty} S_n = \lim_{n\to\infty} \frac{1}{2}\left(1 - \frac{1}{2n+1}\right) = \frac{1}{2}.$$

因此，级数 $\displaystyle\sum_{n=1}^{\infty} \dfrac{1}{(2n-1)(2n+1)}$ 收敛，且其和等于 $\dfrac{1}{2}$.

例 10.1.3　证明级数：$1 + \dfrac{1}{2!} + \dfrac{1}{3!} + \cdots + \dfrac{1}{n!} + \cdots$ 收敛.

证明　通项 $u_n = \dfrac{1}{n!} > 0$，且

$$u_n = \frac{1}{n!} = \frac{1}{n(n-1)\cdots1} < \frac{1}{n(n-1)}, n\geq2.$$

所以，部分和

$$S_n = \sum_{i=1}^{n} u_i < 1 + \frac{1}{1\cdot2} + \frac{1}{2\cdot3} + \cdots + \frac{1}{n(n-1)}$$

$$= 1 + \left(1 - \frac{1}{2}\right) + \left(\frac{1}{2} - \frac{1}{3}\right) + \cdots + \left(\frac{1}{n-1} - \frac{1}{n}\right)$$

$$= 1 + 1 - \frac{1}{n}$$

$$< 2.$$

因为题设中级数的每一项 $u_n > 0$，所以部分和构成的数列 $\{S_n\}$ 为单调递增数列，又因为 $S_n < 2$，即 $\{S_n\}$ 为有界数列. 利用"单调增加且有上界的数列一定有极限"这一极限存在的判断准则，可知部分和数列 $\{S_n\}$ 收敛，从而级数：$1 + \dfrac{1}{2!} + \dfrac{1}{3!} + \cdots + \dfrac{1}{n!} + \cdots$ 收敛.

例 10.1.4 证明级数 $\sum\limits_{n=1}^{\infty}(-1)^{n-1}=1-1+1-1+\cdots$ 发散.

证明 通项 $u_n=(-1)^{n-1}$，所以，部分和

$$S_n=\sum_{i=1}^{n}(-1)^{i-1}=1-1+1-1+\cdots+(-1)^{n-1}$$

$$=\begin{cases}1,n=2k-1,\\0,n=2k,\end{cases}k=1,2,\cdots.$$

即部分和构成的数列 $\{S_n\}$ 为 $\{1,0,1,0,\cdots,\}$，显然，部分和数列 $\{S_n\}$ 为发散的数列.

因此，级数：$1-1+1-1+\cdots+(-1)^{n-1}+\cdots$ 发散.

例 10.1.5 讨论**几何级数**（也称为**等比级数**）$\sum\limits_{n=0}^{\infty}aq^n=a+aq+aq^2+\cdots,(a\neq0)$ 的敛散性.

解 为了计算该级数的部分和，需要依据 q 的取值分情况讨论：

(1) $q=1$ 时，几何级数为 $\sum\limits_{n=0}^{\infty}a=a+a+a+\cdots,(a\neq0)$，部分和 $S_n=na$，显然 $\lim\limits_{n\to\infty}S_n$ 不存在，即级数发散.

(2) $q\neq1$ 时，几何级数的部分和为

$$S_n=a+aq+aq^2+\cdots+aq^{n-1}$$

$$=\frac{a(1-q^n)}{1-q}.$$

显然，当 $|q|>1$ 时，$\lim\limits_{n\to\infty}q^n=\infty$. 所以，$\lim\limits_{n\to\infty}S_n=\lim\limits_{n\to\infty}\frac{a(1-q^n)}{1-q}=\infty$，即级数发散；

当 $|q|<1$ 时，$\lim\limits_{n\to\infty}q^n=0$. 所以，$\lim\limits_{n\to\infty}S_n=\lim\limits_{n\to\infty}\frac{a(1-q^n)}{1-q}=\frac{a}{1-q}$，即级数收敛.

当 $q=-1$ 时，等比级数的部分和为

$$S_n=a-a+a-a+\cdots+(-1)^{n-1}a$$

$$=\begin{cases}0,n=2k,\\a,n=2k-1,\end{cases}k=1,2,\cdots,$$

即，$\lim\limits_{n\to\infty}S_n$ 不存在，级数发散.

综上所述，当 $|q|\geqslant1$ 时，几何级数 $\sum\limits_{n=0}^{\infty}aq^n=a+aq+aq^2+\cdots,(a\neq0)$ 发散；

当 $|q|<1$ 时，几何级数 $\sum\limits_{n=0}^{\infty}aq^n=a+aq+aq^2+\cdots,(a\neq0)$ 收敛，且 $\sum\limits_{n=0}^{\infty}aq^n=\frac{a}{1-q}$.

例 10.1.6 证明调和级数 $\sum\limits_{n=1}^{\infty} \dfrac{1}{n} = 1 + \dfrac{1}{2} + \dfrac{1}{3} + \cdots$ 发散.

证明 由不等式 $x > \ln(1+x), (x > 0)$,所以,$\dfrac{1}{n} > \ln\left(1 + \dfrac{1}{n}\right)$.

部分和

$$
\begin{aligned}
S_n &= \sum_{i=1}^{n} \frac{1}{i} > \sum_{i=1}^{n} \ln\left(1 + \frac{1}{i}\right) \\
&= \ln 2 + \ln\frac{3}{2} + \ln\frac{4}{3} + \cdots + \ln\frac{n+1}{n} \\
&= \ln 2 + (\ln 3 - \ln 2) + (\ln 4 - \ln 3) + \cdots + (\ln(n+1) - \ln n) \\
&= \ln(n+1),
\end{aligned}
$$

而部分和 S_n 的极限

$$\lim_{n \to \infty} S_n \geqslant \lim_{n \to \infty} \ln(n+1) = \infty.$$

即 $\lim\limits_{n \to \infty} S_n$ 不存在,所以调和级数 $\sum\limits_{n=1}^{\infty} \dfrac{1}{n}$ 发散.

注 调和级数的通项是 $u_n = \dfrac{1}{n}$,且容易发现 $\lim\limits_{n \to \infty} u_n = \lim\limits_{n \to \infty} \dfrac{1}{n} = 0$. 然而,调和级数却是发散的. 曾经有数学家认为,只要级数的通项 $u_n \to 0, (n \to \infty)$,级数就一定收敛. 调和级数就是这一错误论断的典型反例.

10.1.2 常数项级数的性质

由定义 10.1.2 可知,级数敛散性的判断可以转化为其部分和构成数列的敛散性的判断. 因此,基于数列的性质,可以得到级数的基本性质.

性质 10.1.1 级数收敛的必要条件:若级数 $\sum\limits_{n=1}^{\infty} u_n$ 收敛,则必有:$\lim\limits_{n \to \infty} u_n = 0$.

证明 设 $S_n = \sum\limits_{i=1}^{n} u_i$,则 $u_n = S_n - S_{n-1}$. 又因为级数 $\sum\limits_{n=1}^{\infty} u_n$ 收敛,所以部分和数列有极限. 因此,$\lim\limits_{n \to \infty} u_n = \lim\limits_{n \to \infty} (S_n - S_{n-1}) = \lim\limits_{n \to \infty} S_n - \lim\limits_{n \to \infty} S_{n-1} = 0$.

注 1 性质 10.1.1 中的命题是必要而非充分的,调和级数即可说明其逆命题不成立.

注 2 性质 10.1.1 的逆否命题通常用来证明级数发散,即如果某个级数的通项不收敛到 0,则该级数一定是发散级数.

性质 10.1.2 若级数 $\sum\limits_{n=1}^{\infty} u_n$,$\sum\limits_{n=1}^{\infty} v_n$ 都收敛,则对任意的常

数 α，β，级数 $\sum\limits_{n=1}^{\infty}(\alpha u_n+\beta v_n)$ 收敛，且

$$\sum_{n=1}^{\infty}(\alpha u_n+\beta v_n)=\alpha\sum_{n=1}^{\infty}u_n+\beta\sum_{n=1}^{\infty}v_n.$$

证明　因为级数 $\sum\limits_{n=1}^{\infty}u_n$，$\sum\limits_{n=1}^{\infty}v_n$ 都收敛，所以，部分和数列收敛，不妨设

$$K_n=\sum_{i=1}^{n}u_i,M_n=\sum_{i=1}^{n}v_i.$$

则 $\sum\limits_{n=1}^{\infty}u_n=\lim\limits_{n\to\infty}K_n$，$\sum\limits_{n=1}^{\infty}v_n=\lim\limits_{n\to\infty}M_n$．级数 $\sum\limits_{n=1}^{\infty}(\alpha u_n+\beta v_n)$ 的部分和

$$\begin{aligned}
S_n&=\sum_{i=1}^{n}(\alpha u_i+\beta v_i)\\
&=(\alpha u_1+\beta v_1)+(\alpha u_2+\beta v_2)+\cdots+(\alpha u_n+\beta v_n)\\
&=(\alpha u_1+\alpha u_2+\cdots+\alpha u_n)+(\beta v_1+\beta v_2+\cdots+\beta v_n)\\
&=\alpha(u_1+u_2+\cdots+u_n)+\beta(v_1+v_2+\cdots+v_n)\\
&=\alpha\sum_{i=1}^{n}u_i+\beta\sum_{i=1}^{n}v_i\\
&=\alpha K_n+\beta M_n,
\end{aligned}$$

因此，

$$\begin{aligned}
\sum_{n=1}^{\infty}(\alpha u_n+\beta v_n)&=\lim_{n\to\infty}S_n\\
&=\lim_{n\to\infty}(\alpha K_n+\beta M_n)\\
&=\alpha\lim_{n\to\infty}K_n+\beta\lim_{n\to\infty}M_n\\
&=\alpha\sum_{n=1}^{\infty}u_n+\beta\sum_{n=1}^{\infty}v_n.
\end{aligned}$$

例 10.1.7　证明级数 $\sum\limits_{n=1}^{\infty}\left(\dfrac{1}{n}-\dfrac{1}{4^n}\right)$ 发散.

证明　用反证法，假设级数收敛，而 $\sum\limits_{n=1}^{\infty}\dfrac{1}{4^n}$ 为几何级数，$|q|=\dfrac{1}{4}<1$，因此 $\sum\limits_{n=1}^{\infty}\dfrac{1}{4^n}$ 收敛. 由级数收敛的性质 10.1.2 可知，$\sum\limits_{n=1}^{\infty}\dfrac{1}{n}=\sum\limits_{n=1}^{\infty}\left[\left(\dfrac{1}{n}-\dfrac{1}{4^n}\right)+\dfrac{1}{4^n}\right]$ 应收敛，而事实上，调和级数 $\sum\limits_{n=1}^{\infty}\dfrac{1}{n}$ 为发散级数，从而导出矛盾，这说明假设不成立，即级数 $\sum\limits_{n=1}^{\infty}\left(\dfrac{1}{n}-\dfrac{1}{4^n}\right)$ 发散.

性质 10.1.3　在级数中去掉、加上或改变有限项，不会改变级数的敛散性.

结合数列极限的性质容易证明性质 10.1.3 成立. 关于该性质, 有两点需要注意:

注1 对收敛的级数而言, 尽管去掉、加上或改变级数的有限项, 该级数仍然收敛, 但级数和会改变.

注2 级数 $\sum\limits_{n=1}^{\infty} u_n$ 的余项 $R_n = \sum\limits_{i=n+1}^{\infty} u_i$ 仍然是一个级数, 且它的敛散性与原级数相同.

性质 10.1.4 在一个收敛级数中, 不改变级数中各项的顺序, 任意添加括号后所形成的新的级数仍然收敛, 且和不变.

证明 设级数 $\sum\limits_{n=1}^{\infty} u_n$ 收敛且 $\sum\limits_{n=1}^{\infty} u_n = S$, 即部分和 $S_n = \sum\limits_{i=1}^{n} u_i$ 收敛, 且 $\lim\limits_{n \to \infty} S_n = S$. 在不改变级数中各项顺序的情况下, 任意添加括号, 设得到的新级数为:

$$(u_1 + u_2 + \cdots + u_{n_1}) + (u_{n_1+1} + u_{n_1+2} + \cdots + u_{n_2}) + \cdots + (u_{n_{k-1}+1} + u_{n_{k-1}+2} + \cdots + u_{n_k}) + \cdots = \sum_{k=1}^{\infty} v_k,$$

其中, $v_1 = u_1 + u_2 + \cdots + u_{n_1}, \cdots, v_k = u_{n_{k-1}+1} + u_{n_{k-1}+2} + \cdots + u_{n_k}$.

记新级数 $\sum\limits_{k=1}^{\infty} v_k$ 的前 k 项为 $\sigma_k = \sum\limits_{i=1}^{k} v_i$, 则

$$\lim_{k \to \infty} \sigma_k = \lim_{k \to \infty} S_{n_k} = \lim_{n \to \infty} S_n = S.$$

这说明新级数 $\sum\limits_{k=1}^{\infty} v_k$ 收敛, 且和不变.

注1 性质 10.1.4 成立的前提是原级数收敛. 然而若原级数发散, 则即使不改变级数中各项的顺序, 任意添加括号后所形成的新的级数可能发散, 也可能收敛. 例如, 级数 $1 + 2 + \cdots + n + \cdots$, 无论如何添加括号, 得到的新级数仍然是发散的; 再例如, 级数 $1 - 1 + 1 - 1 + \cdots + (-1)^{n-1} + \cdots$ 是发散级数, 若加括号后形成的新级数为 $(1-1) + (1-1) + \cdots + (1-1) + \cdots$, 则这样加括号后形成的级数是收敛级数.

注2 如果加括号后形成的新级数发散, 则原级数一定发散.

例 10.1.8 判断级数 $\sum\limits_{n=1}^{\infty} \left[\dfrac{1}{3^n} + \dfrac{1}{(2n-1)(2n+1)} \right]$ 的敛散性, 若收敛, 求其和.

解 因为级数 $\sum\limits_{n=1}^{\infty} \dfrac{1}{3^n}$ 为几何级数, 公比为 $\dfrac{1}{3}$, 因此收敛, 且 $\sum\limits_{n=1}^{\infty} \dfrac{1}{3^n} = \dfrac{1/3}{1 - 1/3} = \dfrac{1}{2}$. 又由例 10.1.2 可知, 级数 $\sum\limits_{n=1}^{\infty} \dfrac{1}{(2n-1)(2n+1)}$ 收敛, 且 $\sum\limits_{n=1}^{\infty} \dfrac{1}{(2n-1)(2n+1)} = \dfrac{1}{2}$. 因此, 由性质 10.1.2 知,

题设级数收敛，且

$$\sum_{n=1}^{\infty}\left(\frac{1}{3^n}+\frac{1}{(2n-1)(2n+1)}\right)=\sum_{n=1}^{\infty}\frac{1}{3^n}+\sum_{n=1}^{\infty}\frac{1}{(2n-1)(2n+1)}$$

$$=\frac{1}{2}+\frac{1}{2}=1.$$

习题 10.1

1. 讨论级数 $\displaystyle\sum_{n=1}^{\infty}\frac{1}{n(n+1)}$ 的敛散性，若收敛，求其和.

2. 讨论级数 $\displaystyle\sum_{n=1}^{\infty}\frac{2^n+(-1)^n}{3^n}$ 的敛散性，若收敛，求其和.

3. 已知级数 $\displaystyle\sum_{n=1}^{\infty}u_n$ 的前 n 项和为 $S_n=\dfrac{2n}{n+1}$，求此级数的通项 u_n，并判别级数的敛散性.

4. 已知一个乒乓球从 a 米高处垂直落下，球落到地面后弹起，然后再落下再弹起. 假设每次弹起的高度是之前落下高度的 r 倍($0<r<1$)，计算这个乒乓球上下的总距离.

10.2 正项级数

级数研究的核心问题之一就是敛散性的判断，级数收敛的定义，即部分和构成的数列是否收敛，是判断级数是否收敛的基本方法，但在实际应用中，并不具备普适性，只有少数具有特殊形式的级数才能依据定义判断敛散性. 因此，有必要研究一些简便易行的判断级数敛散性的判别法. 为此，先来研究一类简单的通项为非负数的级数.

定义 10.2.1 若通项 $u_n\geqslant0$，$n=1$，2，…，则称级数 $\displaystyle\sum_{n=1}^{\infty}u_n$ 为**正项级数**.

正项级数的特点在于其通项为非负数，因此其部分和 $S_n=\displaystyle\sum_{i=1}^{n}u_i$ 构成的数列 $\{S_n\}$ 为单调递增数列. 由数列极限存在的单调有界准则，即可得到判断正项级数是否收敛的基本定理：

定理 10.2.1 正项级数收敛的充分必要条件是部分和数列有界.

该定理可以用于判断正项级数的敛散性，但更重要的是，基于定理 10.2.1 可以得到判断正项级数是否收敛更方便的判别法.

定理 10.2.2 （比较判别法） 设 $\displaystyle\sum_{n=1}^{\infty}u_n$ 和 $\displaystyle\sum_{n=1}^{\infty}v_n$ 均为正项级

数且满足 $u_n \leqslant v_n (n = 1, 2, \cdots)$，则有

(1) 若 $\displaystyle\sum_{n=1}^{\infty} v_n$ 收敛，则 $\displaystyle\sum_{n=1}^{\infty} u_n$ 收敛.

(2) 若 $\displaystyle\sum_{n=1}^{\infty} u_n$ 发散，则 $\displaystyle\sum_{n=1}^{\infty} v_n$ 发散.

证明 (1) 因为 $\displaystyle\sum_{n=1}^{\infty} v_n$ 收敛，不妨记 $\sigma = \displaystyle\sum_{n=1}^{\infty} v_n$，因为 $u_n \leqslant v_n$，所以

$$S_n = u_1 + u_2 + \cdots + u_n \leqslant v_1 + v_2 + \cdots + v_n \leqslant \sigma.$$

即正向级数 $\displaystyle\sum_{n=1}^{\infty} u_n$ 的部分和数列有界，从而由定理 10.2.1 可知，

正项级数 $\displaystyle\sum_{n=1}^{\infty} u_n$ 收敛.

(2) 反证法. 假设 $\displaystyle\sum_{n=1}^{\infty} v_n$ 收敛，由(1)知 $\displaystyle\sum_{n=1}^{\infty} u_n$ 收敛，这与已

知 $\displaystyle\sum_{n=1}^{\infty} u_n$ 发散矛盾，因此假设不成立，即 $\displaystyle\sum_{n=1}^{\infty} v_n$ 发散.

注1 比较判别法中的(2)是(1)的逆否命题，二者事实上是一致的，因为原命题成立，逆否命题一定成立.

注2 由 10.1 节中级数收敛的性质 10.1.3，在级数中去掉、加上或改变有限项，不会改变级数的敛散性这一性质可知，比较判别法中的条件 $u_n \leqslant v_n (n = 1, 2, \cdots)$ 可以弱化为 $u_n \leqslant v_n (n = k, k + 1, \cdots)$，即从级数的某一项开始 $u_n \leqslant v_n$ 成立即可.

注3 因为若 $\displaystyle\sum_{n=1}^{\infty} v_n$ 收敛，则 $\displaystyle\sum_{n=1}^{\infty} C v_n (C > 0)$ 收敛，所以，比较判别法中的条件 $u_n \leqslant v_n (n = 1, 2, \cdots)$ 可以弱化为 $u_n \leqslant C v_n (n = k, k + 1, \cdots)$，即从级数的某一项开始成立 $u_n \leqslant C v_n$ 即可，这进一步扩大了比较判别法的应用范围.

注4 比较判别法是较为常用的判别正项级数是否收敛的方法，但使用该方法的前提是，选取一个可与待判断级数进行比较的正项级数，且该级数的敛散性已知.

例 10.2.1 称级数 $\displaystyle\sum_{n=1}^{\infty} \dfrac{1}{n^p}$ 为 p-级数，讨论 p-级数的敛散性.

解 (1) 当 $p \leqslant 1$ 时，有 $\dfrac{1}{n^p} \geqslant \dfrac{1}{n}$，而调和级数 $\displaystyle\sum_{n=1}^{\infty} \dfrac{1}{n}$ 是发散级数，由比较判别法知 p-级数发散.

(2) 当 $p > 1$ 时，由 $n - 1 < x < n$ 知，$\dfrac{1}{n^p} < \dfrac{1}{x^p}$. 则 $\dfrac{1}{n^p} = \displaystyle\int_{n-1}^{n} \dfrac{1}{n^p} dx <$

$\displaystyle\int_{n-1}^{n} \dfrac{1}{x^p} dx (n = 2, 3, \cdots).$

相应地，级数 $\sum\limits_{n=1}^{\infty} \dfrac{1}{n^p}$ 的部分和

$$S_n = \frac{1}{1} + \frac{1}{2^p} + \cdots + \frac{1}{n^p} < 1 + \int_1^2 \frac{1}{x^p}\mathrm{d}x + \cdots + \int_{n-1}^n \frac{1}{x^p}\mathrm{d}x$$

$$= 1 + \int_1^n \frac{1}{x^p}\mathrm{d}x$$

$$= 1 + \frac{1}{1-p}\left(\frac{1}{n^{p-1}} - 1\right)$$

$$= 1 + \frac{1}{p-1}\left(1 - \frac{1}{n^{p-1}}\right)$$

$$< 1 + \frac{1}{p-1},$$

即部分和有上界，由定理 10.2.1 知，p-级数收敛.

综上所述，当 $p \leqslant 1$ 时，p-级数发散；当 $p > 1$ 时，p-级数收敛.

例 10.2.2 判断级数 $\sum\limits_{n=1}^{\infty} \dfrac{1}{n^n}$ 的敛散性.

解 级数的通项为 $\dfrac{1}{n^n}$，因此该级数为正项级数，且显然有 $\dfrac{1}{n^n} < \dfrac{1}{n^2}(n > 2)$，而由 $\dfrac{1}{n^2}$ 作为通项的级数 $\sum\limits_{n=1}^{\infty} \dfrac{1}{n^2}$ 是 p-级数，且 $p > 1$，因此 $\sum\limits_{n=1}^{\infty} \dfrac{1}{n^2}$ 收敛，由比较判别法可知题设级数收敛.

例 10.2.3 判断级数 $\sum\limits_{n=1}^{\infty} \dfrac{1}{\sqrt{n(n+1)}}$ 的敛散性.

解 级数的通项为 $\dfrac{1}{\sqrt{n(n+1)}}$，显然 $\dfrac{1}{\sqrt{n(n+1)}} > \dfrac{1}{n+1}$，而由 $\dfrac{1}{n+1}$ 作为通项的级数 $\sum\limits_{n=1}^{\infty} \dfrac{1}{n+1}$ 是调和级数 $\sum\limits_{n=1}^{\infty} \dfrac{1}{n}$ 去掉了第一项，不改变级数的敛散性，因此级数 $\sum\limits_{n=1}^{\infty} \dfrac{1}{n+1}$ 发散，从而由比较判别法可知题设级数发散.

对于比较判别法来说，重要的是找到可用于比较且敛散性已知的参照级数，通常采用的参照级数有**几何级数**、**调和级数** 和 **p-级数**. 由于级数的敛散性与前有限项无关，所以，为了更方便地使用比较判别法，以下给出比较判别法的极限形式.

定理 10.2.3 （比较判别法的极限形式） 设 $\sum\limits_{n=1}^{\infty} u_n$ 与 $\sum\limits_{n=1}^{\infty} v_n$ 均为正项级数，$v_n \neq 0$，且 $\lim\limits_{n \to \infty} \dfrac{u_n}{v_n} = \lambda$.

(1) 当 $0<\lambda<+\infty$ 时，$\sum\limits_{n=1}^{\infty}u_n$ 与 $\sum\limits_{n=1}^{\infty}v_n$ 具有相同的敛散性.

(2) 当 $\lambda=0$ 时，若 $\sum\limits_{n=1}^{\infty}v_n$ 收敛，则 $\sum\limits_{n=1}^{\infty}u_n$ 收敛；若 $\sum\limits_{n=1}^{\infty}u_n$ 发散，则 $\sum\limits_{n=1}^{\infty}v_n$ 发散.

(3) 当 $\lambda=+\infty$ 时，若 $\sum\limits_{n=1}^{\infty}v_n$ 发散，则 $\sum\limits_{n=1}^{\infty}u_n$ 发散；若 $\sum\limits_{n=1}^{\infty}u_n$ 收敛，则 $\sum\limits_{n=1}^{\infty}v_n$ 收敛.

证明 (1) 因 $\lim\limits_{n\to\infty}\dfrac{u_n}{v_n}=\lambda>0$，由极限的 ε-N 定义可知，若取 $\varepsilon=\dfrac{\lambda}{2}$，则存在正数 N，当 $n>N$ 时，恒有 $\left|\dfrac{u_n}{v_n}-\lambda\right|<\dfrac{\lambda}{2}$，即 $\dfrac{\lambda}{2}<\dfrac{u_n}{v_n}<\dfrac{3\lambda}{2}$，即 $\dfrac{\lambda}{2}v_n<u_n<\dfrac{3\lambda}{2}v_n$. 因此，由比较判别法可知，因为 $u_n<\dfrac{3\lambda}{2}v_n$，所以，若 $\sum\limits_{n=1}^{\infty}v_n$ 收敛，则 $\sum\limits_{n=1}^{\infty}u_n$ 收敛；若 $\sum\limits_{n=1}^{\infty}u_n$ 发散，则 $\sum\limits_{n=1}^{\infty}v_n$ 发散. 同理，因为 $\dfrac{\lambda}{2}v_n<u_n$，所以，若 $\sum\limits_{n=1}^{\infty}v_n$ 发散，则 $\sum\limits_{n=1}^{\infty}u_n$ 发散；若 $\sum\limits_{n=1}^{\infty}u_n$ 收敛，则 $\sum\limits_{n=1}^{\infty}v_n$ 收敛. 即 $\sum\limits_{n=1}^{\infty}u_n$ 与 $\sum\limits_{n=1}^{\infty}v_n$ 具有相同的敛散性.

(2) 当 $\lambda=0$ 时，$\lim\limits_{n\to\infty}\dfrac{u_n}{v_n}=0$，若取 $\varepsilon=1$，则存在正数 N，当 $n>N$ 时，恒有 $\left|\dfrac{u_n}{v_n}-0\right|<1$，即 $-1<\dfrac{u_n}{v_n}<1$，即 $u_n<v_n$. 因此，由比较判别法可知，若 $\sum\limits_{n=1}^{\infty}v_n$ 收敛，则 $\sum\limits_{n=1}^{\infty}u_n$ 收敛；若 $\sum\limits_{n=1}^{\infty}u_n$ 发散，则 $\sum\limits_{n=1}^{\infty}v_n$ 发散.

(3) 当 $\lambda=+\infty$ 时，$\dfrac{u_n}{v_n}\to+\infty\,(n\to\infty)$，若取 $M=1$，则存在正数 N，当 $n>N$ 时，恒有 $\dfrac{u_n}{v_n}>1$，即 $v_n<u_n$. 因此，由比较判别法可知，若 $\sum\limits_{n=1}^{\infty}v_n$ 发散，则 $\sum\limits_{n=1}^{\infty}u_n$ 发散；若 $\sum\limits_{n=1}^{\infty}u_n$ 收敛，则 $\sum\limits_{n=1}^{\infty}v_n$ 收敛.

由级数收敛的必要性条件可知，若级数收敛，则通项为 $n\to\infty$ 过程下的无穷小. 因此，判断级数是否收敛，首先应观察其通项是否为无穷小，在明确通项为无穷小的前提下，由比较判别法的极限形式可知，若无穷小的阶数越高 $\left(\text{以 }\dfrac{1}{n}\text{ 为标准无穷小}\right)$，级数收敛的可能性就越大. 对 p-级数而言, 其通项 $\dfrac{1}{n^p}$ 是 $n \to \infty$ 过程下的 p 阶无穷小. 因此, 对于能计算出通项阶数的级数, 可以将 p-级数作为参考级数, 进而判断自身的敛散性. 当然, 并非所有的无穷小都能计算出阶数. 例如, 在 $n \to \infty$ 过程下, $\dfrac{1}{n \ln n}$ 的阶数就无法明确计算出结果, 所以, 由这类无穷小作为通项的级数, 其敛散性的判断需要尝试多种方法. 若进一步以 p-级数为桥梁, 还有如下推论成立:

推论 10.2.1 若两正项级数的通项在 $n \to \infty$ 的过程下是同阶无穷小, 则两级数具有相同的敛散性.

例 10.2.4 判断下列级数的敛散性.

(1) $\displaystyle\sum_{n=1}^{\infty} \dfrac{n}{n^2+1}$；   (2) $\displaystyle\sum_{n=1}^{\infty} \ln\left(1+\dfrac{1}{2n^2}\right)$；

(3) $\displaystyle\sum_{n=1}^{\infty}\left(1-\cos\dfrac{\pi}{n}\right)\ln n.$

解 (1) 显然该级数为正项级数, 通项 $\dfrac{n}{n^2+1}$ 为 $n \to \infty$ 过程下的一阶无穷小, 因此选择 $\displaystyle\sum_{n=1}^{\infty} \dfrac{1}{n}$ 为参照级数.

因为 $\displaystyle\lim_{n \to \infty} \dfrac{\frac{n}{n^2+1}}{\frac{1}{n}} = \lim_{n \to \infty} \dfrac{n^2}{n^2+1} = 1$, 所以题设级数与 $\displaystyle\sum_{n=1}^{\infty} \dfrac{1}{n}$ 具有

相同的敛散性, 而 $\displaystyle\sum_{n=1}^{\infty} \dfrac{1}{n}$ 是发散的, 所以, 题设级数发散.

(2) 显然该级数为正项级数, 且因为 $\ln(1+x) \sim x(x \to 0)$, 所以通项 $\ln\left(1+\dfrac{1}{2n^2}\right)$ 为 $n \to \infty$ 过程下的二阶无穷小, 故选择 $\displaystyle\sum_{n=1}^{\infty} \dfrac{1}{n^2}$ 为

参照级数. 因为 $\displaystyle\lim_{n \to \infty} \dfrac{\ln\left(1+\frac{1}{2n^2}\right)}{\frac{1}{n^2}} = \lim_{n \to \infty} \dfrac{\frac{1}{2n^2}}{\frac{1}{n^2}} = \dfrac{1}{2}$, 所以题设级数与

$\displaystyle\sum_{n=1}^{\infty} \dfrac{1}{n^2}$ 具有相同的敛散性, 而 $\displaystyle\sum_{n=1}^{\infty} \dfrac{1}{n^2}$ 是收敛的, 所以题设级数收敛.

(3) 显然该级数为正项级数, 且因为 $1-\cos x \sim \dfrac{x^2}{2}(x \to 0)$, 容易知道 $1-\cos\dfrac{\pi}{n}$ 为 $n \to \infty$ 过程下的二阶无穷小. 然而尽管可以证明 $\left(1-\cos\dfrac{\pi}{n}\right)\ln n$ 为 $n \to \infty$ 过程下的无穷小, 但其具体的阶数是不

知道的. 为此, 考察通项

$$\left(1-\cos\frac{\pi}{n}\right)\ln n\sim\frac{\pi^2\ln n}{2\,n^2}=\frac{\ln n}{\sqrt{n}}\cdot\frac{\pi^2}{2\,n^{3/2}}$$

可以发现, 通项的阶数高于 $\frac{3}{2}$ 阶. 因此选择收敛级数 $\displaystyle\sum_{n=1}^{\infty}\frac{1}{n^{3/2}}$ 为参照级数, 而

$$\lim_{n\to\infty}\frac{\left(1-\cos\dfrac{\pi}{n}\right)\ln n}{\dfrac{1}{n^{3/2}}}=\lim_{n\to\infty}\frac{\dfrac{\pi^2\ln n}{2\,n^2}}{\dfrac{1}{n^{3/2}}}=\lim_{n\to\infty}\frac{\pi^2\ln n}{2\sqrt{n}}=0.$$

由比较判别法的极限形式知题设级数收敛.

　　应用比较判别法对正项级数的敛散性进行判断时, 需要找到一个已知敛散性且适合比较的级数, 这需要经验的积累和一些比较技巧, 存在一定的难度. 能不能不与其他级数比较, 仅利用级数自身的特点来判断敛散性呢? 数学家们也在这方面做了大量贡献, 得到了一些判别方法.

　　定理 10.2.4　（比值判别法, 也称达朗贝尔判别法）　设 $\displaystyle\sum_{n=1}^{\infty}u_n$ 为正项级数, 且 $\displaystyle\lim_{n\to\infty}\frac{u_{n+1}}{u_n}=\rho$.

　　(1) 当 $\rho<1$ 时, 级数 $\displaystyle\sum_{n=1}^{\infty}u_n$ 收敛.

　　(2) 当 $\rho>1$ 或 $\rho=+\infty$ 时, 级数发散.

　　证明　(1) 因为 $\displaystyle\lim_{n\to\infty}\frac{u_{n+1}}{u_n}=\rho$, 且 $\rho<1$, 取 $\varepsilon=\frac{1}{2}(1-\rho)>0$, 则对此 ε, 存在正数 N_1, 当 $n>N_1$ 时, 恒有 $\left|\dfrac{u_{n+1}}{u_n}-\rho\right|<\varepsilon$, 即 $\rho-\varepsilon<\dfrac{u_{n+1}}{u_n}<\rho+\varepsilon=\frac{1}{2}(1+\rho)$. 记 $r=\frac{1}{2}(1+\rho)<1$. 由 $\dfrac{u_{n+1}}{u_n}<r$, 得 $u_{n+1}<ru_n$, 从而对每个 u_{N_1+m}, $m=1,\ 2,\ \cdots$, 有 $u_{N_1+m}<ru_{N_1+m-1}<\cdots<r^{m-1}u_{N_1+1}$. 而以 $r^{m-1}u_{N_1+1}$ 为通项的级数 $\displaystyle\sum_{m=1}^{\infty}r^{m-1}u_{N_1+1}=u_{N_1+1}\sum_{m=1}^{\infty}r^{m-1}$ 是等比级数, 且 $r<1$, 即收敛. 所以, 由比较判别法可知级数 $\displaystyle\sum_{m=1}^{\infty}u_{N_1+m}$ 收敛. 又因为级数收敛与否与前有限项无关, 所以级数 $\displaystyle\sum_{n=1}^{\infty}u_n$ 收敛.

　　(2) 当 $1<\rho<+\infty$ 时, 因为 $\displaystyle\lim_{n\to\infty}\frac{u_{n+1}}{u_n}=\rho$, 取 $\varepsilon=\frac{1}{2}(\rho-1)>0$, 则对此 ε, 存在正数 N_2, 当 $n>N_2$ 时, 恒有 $\left|\dfrac{u_{n+1}}{u_n}-\rho\right|<\varepsilon$, 即 $\rho-\varepsilon<\dfrac{u_{n+1}}{u_n}<\rho+\varepsilon$. 而 $\rho-\varepsilon=\frac{1}{2}(1+\rho)>1$, 则 $u_{n+1}>u_n$. 这说明,

在第N_2项之后，正项级数 $\sum\limits_{n=1}^{\infty} u_n$ 的通项 u_n 严格单调递增，因此通项不可能收敛到 0，由级数收敛的必要条件可知，级数发散.

当 $\rho=+\infty$ 时，即 $\dfrac{u_{n+1}}{u_n}\to+\infty(n\to\infty)$，显然在某项之后，正项级数 $\sum\limits_{n=1}^{\infty} u_n$ 的通项 u_n 严格单调递增，因此通项不可能收敛到 0，由级数收敛的必要条件可知，级数发散.

注 1　比值判别法仅仅给出了 $\rho<1$，$\rho>1$ 和 $\rho=+\infty$ 的情形，并没有给出 $\rho=1$ 的情形. 事实上，当 $\rho=1$ 时，比较判别法是失效的. 例如，调和级数 $\sum\limits_{n=1}^{\infty}\dfrac{1}{n}$ 发散，而 p-级数 $\sum\limits_{n=1}^{\infty}\dfrac{1}{n^2}$ 收敛，但其后项与前项比的极限均为 $\lim\limits_{n\to\infty}\dfrac{u_{n+1}}{u_n}=1$. 当比值判别法失效时，不能说级数的敛散性无法判断，而是需要我们寻找别的判别方法进行判断.

注 2　比值判别法要求后项与前项比的极限 $\left(\lim\limits_{n\to\infty}\dfrac{u_{n+1}}{u_n}\right)$ 存在或为 $+\infty$，否则比值判别法同样是失效的.

注 3　比值判别法是充分而非必要的条件. 例如，当 $\rho=\lim\limits_{n\to\infty}\dfrac{u_{n+1}}{u_n}<1$ 时，正项级数 $\sum\limits_{n=1}^{\infty} u_n$ 收敛，但若某个正项级数收敛，即使 $\rho=\lim\limits_{n\to\infty}\dfrac{u_{n+1}}{u_n}$ 存在，也未必有 $\rho<1$. p-级数 $\sum\limits_{n=1}^{\infty}\dfrac{1}{n^2}$ 就是一个例子.

例 10.2.5　判断下列级数的敛散性.

(1) $\sum\limits_{n=1}^{\infty}\dfrac{1}{n!}$；(2) $\sum\limits_{n=1}^{\infty}\dfrac{n!}{3^n}$；(3) $\sum\limits_{n=1}^{\infty}\dfrac{n!a^n}{n^n}$，其中 $a>0$.

解　(1) 因为该级数为正项级数，设 $u_n=\dfrac{1}{n!}$，则 $\lim\limits_{n\to\infty}\dfrac{u_{n+1}}{u_n}=$

$\lim\limits_{n\to\infty}\dfrac{\frac{1}{(n+1)!}}{\frac{1}{n!}}=\lim\limits_{n\to\infty}\dfrac{n!}{(n+1)!}=\lim\limits_{n\to\infty}\dfrac{1}{n+1}=0<1$. 由比值判别法知，

级数 $\sum\limits_{n=1}^{\infty}\dfrac{1}{n!}$ 收敛.

(2) 因为该级数为正项级数，设 $u_n=\dfrac{n!}{3^n}$，则 $\lim\limits_{n\to\infty}\dfrac{u_{n+1}}{u_n}=$

$\lim\limits_{n\to\infty}\dfrac{\frac{(n+1)!}{3^{n+1}}}{\frac{n!}{3^n}}=\lim\limits_{n\to\infty}\dfrac{(n+1)!\cdot 3^n}{n!\cdot 3^{n+1}}=\lim\limits_{n\to\infty}\dfrac{n+1}{3}=+\infty$. 由比值判别法知，级数 $\sum\limits_{n=1}^{\infty}\dfrac{n!}{3^n}$ 发散.

（3）因为该级数为正项级数，设 $u_n = \dfrac{n! \, a^n}{n^n}$，则 $\lim\limits_{n \to \infty} \dfrac{u_{n+1}}{u_n} =$

$\lim\limits_{n \to \infty} \dfrac{(n+1)! \cdot a^{n+1} \cdot n^n}{n! \cdot a^n \cdot (n+1)^{n+1}} = \lim\limits_{n \to \infty} a \left(\dfrac{n}{n+1} \right)^n = \lim\limits_{n \to \infty} \dfrac{a}{\left(1 + \dfrac{1}{n}\right)^n} = \dfrac{a}{e}$. 由比

值判别法知，若 $a < e$，则级数 $\sum\limits_{n=1}^{\infty} \dfrac{n! a^n}{n^n}$ 收敛；若 $a > e$，则级数

$\sum\limits_{n=1}^{\infty} \dfrac{n! a^n}{n^n}$ 发散. 若 $a = e$，因为数列 $\left\{ \left(1 + \dfrac{1}{n}\right)^n \right\}$ 是严格单调增加且

以 e 为极限的数列，所以，$\dfrac{u_{n+1}}{u_n} = \dfrac{e}{\left(1 + \dfrac{1}{n}\right)^n} > 1$，这表明 $u_{n+1} > u_n$，

即级数的通项不可能收敛到 0，所以级数 $\sum\limits_{n=1}^{\infty} \dfrac{n! a^n}{n^n}$ 发散.

定理 10.2.5　（根式判别法，也称柯西判别法）　设 $\sum\limits_{n=1}^{\infty} u_n$

为正项级数，且 $\lim\limits_{n \to \infty} \sqrt[n]{u_n} = \rho$.

（1）当 $\rho < 1$ 时，级数 $\sum\limits_{n=1}^{\infty} u_n$ 收敛.

（2）当 $\rho > 1$ 或 $\rho = +\infty$ 时，级数发散.

根式判别法的证明与比值判别法的证明方法基本一致，这里不再赘述. 同时，两个判别法的结论也是相同的. 若 $\rho = 1$，根式判别法同样也是失效的.

例 10.2.6　判断下列级数的敛散性.

（1）$\sum\limits_{n=1}^{\infty} \left(\dfrac{n+1}{2n-1} \right)^n$；（2）$\sum\limits_{n=1}^{\infty} \dfrac{3^n}{e^n - 1}$；（3）$\sum\limits_{n=1}^{\infty} \left(1 - \dfrac{1}{n} \right)^{n^2}$.

解　（1）因为该级数为正项级数，设 $u_n = \left(\dfrac{n+1}{2n-1} \right)^n$，则

$\lim\limits_{n \to \infty} \sqrt[n]{u_n} = \lim\limits_{n \to \infty} \dfrac{n+1}{2n-1} = \dfrac{1}{2} < 1$，由根式判别法知，级数

$\sum\limits_{n=1}^{\infty} \left(\dfrac{n+1}{2n-1} \right)^n$ 收敛.

（2）因为该级数为正项级数，且 $\dfrac{3^n}{e^n - 1} > \dfrac{3^n}{e^n}$，设 $u_n = \dfrac{3^n}{e^n}$，则

$\lim\limits_{n \to \infty} \sqrt[n]{u_n} = \dfrac{3}{e} > 1$，由根式判别法知，级数 $\sum\limits_{n=1}^{\infty} \dfrac{3^n}{e^n}$ 发散，再结合比

较判别法知，级数 $\sum\limits_{n=1}^{\infty} \dfrac{3^n}{e^n - 1}$ 发散.

（3）因为该级数为正项级数，设 $u_n = \left(1 - \dfrac{1}{n} \right)^{n^2}$，则 $\lim\limits_{n \to \infty} \sqrt[n]{u_n} =$

$\lim\limits_{n \to \infty} \left(1 - \dfrac{1}{n} \right)^n = \dfrac{1}{e} < 1$，由根式判别法知，级数 $\sum\limits_{n=1}^{\infty} \left(1 - \dfrac{1}{n} \right)^{n^2}$ 收敛.

例 10.2.7　判断级数 $\sum\limits_{n=1}^{\infty} \dfrac{3+(-1)^n}{2^n}$ 的敛散性.

解　因为该级数为正项级数,设 $u_n=\dfrac{3+(-1)^n}{2^n}$,则 $\lim\limits_{n\to\infty}\sqrt[n]{u_n}=$

$$\lim_{n\to\infty}\frac{\sqrt[n]{3+(-1)^n}}{2}=\frac{1}{2}<1,$$

由根式判别法知,级数 $\sum\limits_{n=1}^{\infty} \dfrac{3+(-1)^n}{2^n}$ 收敛.

但是,在例 10.2.7 中若用比值判别法则会遇到困难,因为

$$\lim_{n\to\infty}\frac{u_{n+1}}{u_n}=\lim_{n\to\infty}\frac{3+(-1)^{n+1}}{2(3+(-1)^n)}.$$ 显然,当 n 为偶数时,该极限值为

$\dfrac{1}{4}$,当 n 为奇数时,该极限值为 1. 这说明极限不存在,因此,比值判别法在本例中不适用. 这也提醒我们在研究级数的敛散性时,要多尝试一些方法.

定理 10.2.6　**（积分判别法）**　设 $\sum\limits_{n=1}^{\infty} u_n$ 为正项级数,$f(x)$ 为定义在 $[1,+\infty)$ 上的单调减少的正值连续函数,且 $f(n)=u_n$ $(n=1,2,\cdots)$,则级数 $\sum\limits_{n=1}^{\infty} u_n$ 和广义积分 $\displaystyle\int_1^{+\infty}f(x)\mathrm{d}x$ 具有相同的敛散性.

证明　如图 10-2-1 所示,令 $F(n)$ 为曲线 $y=f(x)$ 与直线 $x=1$,$x=n$ 及 x 轴所围成的面积. 由已知条件知 $f(x)$ 为单调减少的正值连续函数,所以,该面积 $F(n)$ 介于图中的阶梯状高、矮矩形面积和之间,即

$$u_2+u_3+\cdots+u_n\leqslant F(n)\leqslant u_1+u_2+\cdots+u_{n-1}.$$

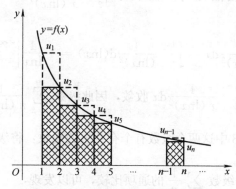

图 10-2-1　积分判别法证明示意图

一方面,级数 $\sum\limits_{n=1}^{\infty} u_n$ 的部分和 $S_n=u_1+u_2+\cdots+u_n\leqslant F(n)+u_1$. 如果广义积分 $\displaystyle\int_1^{+\infty}f(x)\mathrm{d}x$ 收敛,不妨设 $M=\displaystyle\int_1^{+\infty}f(x)\mathrm{d}x$,则 $F(n)<M$,则有

$$S_n \leqslant M + u_1,$$

即正项级数部分和有上界，故级数 $\sum\limits_{n=1}^{\infty} u_n$ 收敛.

另一方面，如果正项级数 $\sum\limits_{n=1}^{\infty} u_n$ 收敛，不妨设 $S = \sum\limits_{n=1}^{\infty} u_n$，则有 $S_n \leqslant S$，即

$$F(n) \leqslant u_1 + u_2 + \cdots + u_{n-1} = S_n - u_n \leqslant S,$$

再结合 $f(x)$ 为定义在 $[1, +\infty)$ 上的正值连续函数，可知广义积分 $\int_1^{+\infty} f(x)\mathrm{d}x$ 收敛.

注 积分判别法中的 n 是从 1 开始的，事实上，n 不从 1 开始，而是从任意一个正整数开始，也是可以的. 只需要将广义积分的积分下限作相应调整即可.

例 10.2.8 判断下列级数的敛散性.

(1) $\sum\limits_{n=2}^{\infty} \dfrac{1}{n\ln n}$；(2) $\sum\limits_{n=2}^{\infty} \dfrac{1}{n\,(\ln n)^2}$.

解 (1) 因为该级数为正项级数，由积分判别法可知，级数 $\sum\limits_{n=2}^{\infty} \dfrac{1}{n\ln n}$ 敛散性与广义积分 $\int_2^{+\infty} \dfrac{1}{x\ln x}\mathrm{d}x$ 的敛散性相同. 而

$$\int_2^{+\infty} \frac{1}{x\ln x}\mathrm{d}x = \int_2^{+\infty} \frac{1}{\ln x}\mathrm{d}(\ln x) = \ln(\ln x)\Big|_2^{+\infty} = +\infty.$$

即广义积分 $\int_2^{+\infty} \dfrac{1}{x\ln x}\mathrm{d}x$ 发散，因此级数 $\sum\limits_{n=2}^{\infty} \dfrac{1}{n\ln n}$ 发散.

(2) 因为该级数为正项级数，由积分判别法可知，级数 $\sum\limits_{n=2}^{\infty} \dfrac{1}{n\,(\ln n)^2}$ 敛散性与广义积分 $\int_2^{+\infty} \dfrac{1}{x\,(\ln x)^2}\mathrm{d}x$ 的敛散性相同. 而

$$\int_2^{+\infty} \frac{1}{x\,(\ln x)^2}\mathrm{d}x = \int_2^{+\infty} \frac{1}{(\ln x)^2}\mathrm{d}(\ln x) = -\frac{1}{\ln x}\Big|_2^{+\infty} = \frac{1}{\ln 2}.$$

即广义积分 $\int_2^{+\infty} \dfrac{1}{x\,(\ln x)^2}\mathrm{d}x$ 收敛，因此级数 $\sum\limits_{n=2}^{\infty} \dfrac{1}{n\,(\ln n)^2}$ 收敛.

例 10.2.8 中这两个级数有个有意思的现象：将级数 $\sum\limits_{n=2}^{\infty} \dfrac{1}{n\ln n}$ 的通项与调和级数 $\sum\limits_{n=2}^{\infty} \dfrac{1}{n}$ 的通项比较，可以发现，

$$\lim_{n\to\infty} \frac{\dfrac{1}{n\ln n}}{\dfrac{1}{n}} = \lim_{n\to\infty} \frac{1}{\ln n} = 0,$$

即，级数 $\sum\limits_{n=2}^{\infty} \dfrac{1}{n\ln n}$ 的通项 $\dfrac{1}{n\ln n}$ 是 $\dfrac{1}{n}$ 的高阶无穷小（$n \to \infty$），然而级

数 $\sum\limits_{n=2}^{\infty} \dfrac{1}{n\ln n}$ 却是发散的. 如果通项的分母再多乘一个 $\ln n$，则级数

$\sum\limits_{n=2}^{\infty} \dfrac{1}{n\,(\ln n)^2}$ 却收敛了. 有兴趣的读者还可以依据 k 的不同取值，

进一步研究级数 $\sum\limits_{n=2}^{\infty} \dfrac{1}{n\,(\ln n)^k}$ 敛散性的一般规律.

习题 10.2

1. 判断下列级数的敛散性.

(1) $\sum\limits_{n=1}^{\infty} \dfrac{1}{2n-1}$；

(2) $\sum\limits_{n=1}^{\infty} \dfrac{1}{(n+1)(n+3)}$；

(3) $\sum\limits_{n=1}^{\infty} \dfrac{1}{n^n}$；

(4) $\sum\limits_{n=1}^{\infty} (e^{\frac{1}{n^2}}-1)$；

(5) $\sum\limits_{n=1}^{\infty} \ln\left(1+\dfrac{1}{n^2}\right)$；

(6) $\sum\limits_{n=1}^{\infty} \sqrt{n+1}\left(1-\cos\dfrac{\pi}{n}\right)$；

(7) $\sum\limits_{n=1}^{\infty} \left(\dfrac{1}{n}-\ln\dfrac{n+1}{n}\right)$；

(8) $\sum\limits_{n=1}^{\infty} \dfrac{\ln n}{n^2}$；

(9) $\sum\limits_{n=1}^{\infty} \dfrac{e^n}{n^n}$；

(10) $\sum\limits_{n=2}^{\infty} \dfrac{1}{n\,(\ln n)^{3/2}}$；

(11) $\sum\limits_{n=2}^{\infty} \dfrac{1}{n\ln n(\ln\ln n)}$；

(12) $\sum\limits_{n=2}^{\infty} \dfrac{1}{n\ln n\,(\ln\ln n)^2}$.

2. 设 $a_n \leqslant c_n \leqslant b_n (n=1,2,\cdots)$，且级数 $\sum\limits_{n=1}^{\infty} a_n$ 与级数 $\sum\limits_{n=1}^{\infty} b_n$ 均

收敛，证明级数 $\sum\limits_{n=1}^{\infty} c_n$ 收敛.（注意，这里的 $\sum\limits_{n=1}^{\infty} a_n$，$\sum\limits_{n=1}^{\infty} b_n$ 未必是
正项级数）

3. 若级数 $\sum\limits_{n=1}^{\infty} a_n^2$ 与级数 $\sum\limits_{n=1}^{\infty} b_n^2$ 均收敛，证明下列级数收敛：

(1) $\sum\limits_{n=1}^{\infty} |a_n b_n|$；

(2) $\sum\limits_{n=1}^{\infty} (a_n+b_n)^2$.

4. 设 a 为正数，且使得级数 $\sum\limits_{n=1}^{\infty} \dfrac{1}{1+a^n}$ 收敛，求 a 的取值范围.

10.3 任意项级数

在 10.2 节，我们研究了正项级数敛散性的判别方法，正项级
数对其通项 u_n 有明确的要求，即 $u_n \geqslant 0$. 本节，我们将研究任意
项级数敛散性的判别方法. 这里的任意项，就是指没有对级数中
的项附加特殊要求，即有些项可以大于 0，有些项可以小于 0，有

些项还可以等于 0. 对任意项级数敛散性的判断显然是困难的，为此，我们先研究一类最为简单的任意项级数，即交错项级数.

10.3.1　交错项级数

交错项级数的一般形式为
$$u_1 - u_2 + u_3 - u_4 + \cdots + (-1)^{n-1} u_n + \cdots \tag{10.3.1}$$
简记为 $\displaystyle\sum_{n=1}^{\infty} (-1)^{n-1} u_n$，其中 $u_n > 0 (n=1,2,\cdots)$.

定理 10.3.1　（**莱布尼茨判别法**）　如果交错项级数 $\displaystyle\sum_{n=1}^{\infty} (-1)^{n-1} u_n$ 满足

(1) $0 < u_{n+1} \leqslant u_n (n=1,2,\cdots)$；

(2) $\displaystyle\lim_{n\to\infty} u_n = 0$.

则级数 $\displaystyle\sum_{n=1}^{\infty} (-1)^{n-1} u_n$ 收敛.

证明　设 S_n 为交错项级数前 n 项部分和，则前 $2m$ 项部分和
$$S_{2m} = (u_1 - u_2) + (u_3 - u_4) + \cdots + (u_{2m-1} - u_{2m}),$$
由已知条件(1)可知，括号中的每一项均大于等于 0，所以 $\{S_{2m}\}$ 为单调递增数列. 另一方面
$$S_{2m} = u_1 - (u_2 - u_3) - (u_4 - u_5) - \cdots - (u_{2m-2} - u_{2m-1}) - u_{2m}.$$

同样因为括号中的每一项均大于等于 0，所以 $S_{2m} \leqslant u_1$. 因为单调递增且有上界的数列一定有极限，所以极限 $\displaystyle\lim_{m\to\infty} S_{2m}$ 存在，记 $S = \displaystyle\lim_{m\to\infty} S_{2m}$，结合已知条件(2) $\displaystyle\lim_{n\to\infty} u_n = 0$，有
$$\lim_{m\to\infty} S_{2m+1} = \lim_{m\to\infty} (S_{2m} + u_{2m+1}) = S.$$

由于数列 $\{S_{2m}\}$ 和数列 $\{S_{2m+1}\}$ 极限都存在且相等，所以数列 $\{S_m\}$ 极限存在，也就是部分和 $\{S_n\}$ 极限存在：$\displaystyle\lim_{n\to\infty} S_n = S$. 从而级数 $\displaystyle\sum_{n=1}^{\infty} (-1)^{n-1} u_n$ 收敛.

注 1　在定理 10.3.1 的证明过程中，用到了 $S_{2m} \leqslant u_1$，由极限的保号性可知 $S \leqslant u_1$，即交错项级数和不超过其首项.

注 2　由于级数的敛散性与前有限项无关，因此，定理 10.3.1 中的条件(1)可以弱化为：从某项后满足 $0 < u_{n+1} \leqslant u_n (n=m, m+1, \cdots)$ 即可.

注 3　级数的余项 $R_n = (-1)^n (u_{n+1} - u_{n+2} + \cdots)$，因此余项 R_n 的符号与 $(-1)^n$ 相同，而 $u_{n+1} - u_{n+2} + \cdots$ 也是交错项级数，其和不超过其首项 u_{n+1}. 所以 $|R_n| \leqslant u_{n+1}$.

注 4　定理 10.3.1 中的条件(1)作为保证交错项级数收敛是必要的，没有(1)，即使 $\displaystyle\lim_{n\to\infty} u_n = 0$，级数也有可能发散，例如交错项

级数 $\displaystyle\sum_{n=1}^{\infty}(-1)^{n-1}u_n$，其中 $\begin{cases} u_{2n-1}=\dfrac{1}{2n-1}, \\ u_{2n}=\dfrac{1}{2^n}, \end{cases}$ $n=1,2,\cdots$，就是发散级数.

例 10.3.1　判断级数 $\displaystyle\sum_{n=1}^{\infty}(-1)^{n-1}\dfrac{1}{n}$ 的敛散性.

解　设 $u_n=\dfrac{1}{n}>0$，即题设级数为交错项级数，且有 $0<u_{n+1}\leqslant u_n(n=1,2,\cdots)$，以及 $\lim\limits_{n\to\infty}u_n=0$. 因此由莱布尼茨判别法可知，级数 $\displaystyle\sum_{n=1}^{\infty}(-1)^{n-1}\dfrac{1}{n}$ 收敛.

若设 $S=\displaystyle\sum_{n=1}^{\infty}(-1)^{n-1}\dfrac{1}{n}$，则有 $S\leqslant1$. 若用前 n 项部分和 S_n 近似表示 S，则误差 $|R_n|\leqslant\dfrac{1}{n+1}$.

例 10.3.2　判断级数 $\displaystyle\sum_{n=2}^{\infty}(-1)^n\dfrac{\sqrt{n}}{n-1}$ 的敛散性.

解　设 $u_n=\dfrac{\sqrt{n}}{n-1}>0$，即题设级数为交错项级数. 又因为，$\left(\dfrac{\sqrt{x}}{x-1}\right)'=\dfrac{-(1+x)}{2\sqrt{x}(x-1)^2}<0(x\geqslant2)$. 所以函数 $\dfrac{\sqrt{x}}{x-1}$ 单调递减，从而 $u_{n+1}\leqslant u_n$. 而 $\lim\limits_{n\to\infty}u_n=\lim\limits_{n\to\infty}\dfrac{\sqrt{n}}{n-1}=0$. 因此由莱布尼茨判别法可知，级数 $\displaystyle\sum_{n=2}^{\infty}(-1)^n\dfrac{\sqrt{n}}{n-1}$ 收敛.

10.3.2　绝对收敛与条件收敛

在学习绝对收敛与条件收敛的概念之前，我们先看一个定理.

定理 10.3.2　设级数 $\displaystyle\sum_{n=1}^{\infty}u_n$ 为任意项级数，若级数 $\displaystyle\sum_{n=1}^{\infty}|u_n|$ 收敛，则级数 $\displaystyle\sum_{n=1}^{\infty}u_n$ 收敛，反之未必成立.

证明　令 $v_n=\dfrac{1}{2}(u_n+|u_n|)(n=1,2,\cdots)$，显然 $0\leqslant v_n\leqslant|u_n|$，这说明级数 $\displaystyle\sum_{n=1}^{\infty}v_n$ 为正项级数，而已知级数 $\displaystyle\sum_{n=1}^{\infty}|u_n|$ 收敛，所以由正项级数的比较判别法可知，级数 $\displaystyle\sum_{n=1}^{\infty}v_n$ 收敛. 又因为 $\displaystyle\sum_{n=1}^{\infty}u_n=\displaystyle\sum_{n=1}^{\infty}(2v_n-|u_n|)$，所以由级数收敛的性质 10.1.2 可知，级数 $\displaystyle\sum_{n=1}^{\infty}u_n$ 收敛.

反之未必成立，这是显然的，例如交错项级数 $\sum\limits_{n=1}^{\infty}(-1)^{n-1}\dfrac{1}{n}$ 是收敛级数，但 $\sum\limits_{n=1}^{\infty}\left|(-1)^{n-1}\dfrac{1}{n}\right|=\sum\limits_{n=1}^{\infty}\dfrac{1}{n}$ 为调和级数，是发散的级数.

注 定理 10.3.2 的意义在于，为判断任意项级数的敛散性提供了方法. 即，对于一个任意项级数，当不能直接判断出敛散性时，可以通过对其通项加绝对值，从而得到由通项绝对值构成的级数，显然是正项级数. 然后利用正项级数的各种判别法判断通项绝对值构成级数的敛散性，若其收敛，则由定理 10.3.2 可知，原任意项级数一定收敛.

为了区分原级数收敛与通项加绝对值后构成的新的级数收敛之间的区别，给出如下**绝对收敛**(absolutely convergence)和**条件收敛**(conditional convergence)的定义：

定义 10.3.1 如果级数 $\sum\limits_{n=1}^{\infty}|u_n|$ 收敛，则称级数 $\sum\limits_{n=1}^{\infty}u_n$ **绝对收敛**；如果级数 $\sum\limits_{n=1}^{\infty}u_n$ 收敛，而级数 $\sum\limits_{n=1}^{\infty}|u_n|$ 发散，则称级数 $\sum\limits_{n=1}^{\infty}u_n$ 条件收敛.

例 10.3.3 判断下列级数的敛散性，若收敛，指出是绝对收敛还是条件收敛.

(1) $\sum\limits_{n=1}^{\infty}\dfrac{\cos n}{n^2}$；　　　　　(2) $\sum\limits_{n=1}^{\infty}(-1)^n\dfrac{1}{\sqrt{n}}$；

(3) $\sum\limits_{n=1}^{\infty}\dfrac{(-1)^n a^n}{n}$（$a$ 为常数）.

解 (1)因为 $\left|\dfrac{\cos n}{n^2}\right|\leqslant\dfrac{1}{n^2}$，而 $\sum\limits_{n=1}^{\infty}\dfrac{1}{n^2}$ 是收敛级数，因此由正项级数的比较判别法可知级数 $\sum\limits_{n=1}^{\infty}\dfrac{\cos n}{n^2}$ 收敛，且是绝对收敛.

(2) 设 $u_n=\dfrac{1}{\sqrt{n}}>0$，即 $\sum\limits_{n=1}^{\infty}(-1)^n\dfrac{1}{\sqrt{n}}$ 为交错项级数，且有 $0<u_{n+1}\leqslant u_n(n=1,2,\cdots)$，以及 $\lim\limits_{n\to\infty}u_n=\lim\limits_{n\to\infty}\dfrac{1}{\sqrt{n}}=0$. 因此由莱布尼茨判别法可知级数收敛. 然而，绝对值级数 $\sum\limits_{n=1}^{\infty}\left|(-1)^n\dfrac{1}{\sqrt{n}}\right|=\sum\limits_{n=1}^{\infty}\dfrac{1}{\sqrt{n}}$ 为 $p=\dfrac{1}{2}$ 的 p-级数，是发散的级数. 因此级数 $\sum\limits_{n=1}^{\infty}(-1)^n\dfrac{1}{\sqrt{n}}$ 条件收敛.

(3) 先对级数的通项加绝对值，$\sum\limits_{n=1}^{\infty}\left|\dfrac{(-1)^n a^n}{n}\right|=\sum\limits_{n=1}^{\infty}\dfrac{|a|^n}{n}$.

设 $u_n = \dfrac{|a|^n}{n}$，由比值判别法，得

$$\lim_{n \to \infty} \frac{u_{n+1}}{u_n} = \lim_{n \to \infty} \frac{n(|a|^{n+1})}{(n+1)|a|^n} = \lim_{n \to \infty} \frac{n|a|}{(n+1)} = |a|.$$

即，当 $|a| < 1$ 时，$\displaystyle\sum_{n=1}^{\infty} \frac{(-1)^n a^n}{n}$ 绝对收敛；当 $|a| > 1$ 时，

$\displaystyle\sum_{n=1}^{\infty} \frac{(-1)^n a^n}{n}$ 不是绝对收敛. 然而，当 $|a| > 1$ 时，可以发现级数的

通项 $\dfrac{(-1)^n a^n}{n}$ 不趋于 0，由级数收敛的必要条件可知 $\displaystyle\sum_{n=1}^{\infty} \frac{(-1)^n a^n}{n}$

发散.

当 $|a| = 1$ 时，分 $a = 1$ 和 $a = -1$ 两种情况分别代入到级数中

考虑.

当 $a = 1$ 时，级数为 $\displaystyle\sum_{n=1}^{\infty} \frac{(-1)^n}{n}$，是条件收敛级数.

当 $a = -1$ 时，级数为 $\displaystyle\sum_{n=1}^{\infty} \frac{1}{n}$，是发散级数.

综上所述，当 $|a| < 1$ 时，$\displaystyle\sum_{n=1}^{\infty} \frac{(-1)^n a^n}{n}$ 绝对收敛；当 $a = 1$

时，$\displaystyle\sum_{n=1}^{\infty} \frac{(-1)^n a^n}{n}$ 条件收敛；当 $|a| > 1$ 或 $a = -1$ 时，$\displaystyle\sum_{n=1}^{\infty} \frac{(-1)^n a^n}{n}$

发散.

10.3.3　绝对收敛与条件收敛级数的特性

绝对收敛级数有很好的运算性质，以下不加证明地给出绝对
收敛级数的特性.

定理 10.3.3　绝对收敛级数中交换任意（或无穷）多项的次
序，所得到的新级数仍然绝对收敛，且其和不变.

该定理表明绝对收敛级数可以像有限项求和一样具有加法的
交换律. 这个看似直观的结论对条件收敛级数却是不成立的.

例如，我们知道 $\displaystyle\sum_{n=1}^{\infty} \frac{(-1)^{n-1}}{n}$ 是条件收敛级数，不妨记其和

为 S，即

$$S = 1 - \frac{1}{2} + \frac{1}{3} - \frac{1}{4} + \frac{1}{5} - \frac{1}{6} + \frac{1}{7} - \frac{1}{8} + \frac{1}{9} - \frac{1}{10} + \frac{1}{11} - \frac{1}{12} + \cdots.$$

$$(10.3.2)$$

对式 (10.3.2) 两端同乘 $\dfrac{1}{2}$，得

$$\frac{1}{2}S = \frac{1}{2} - \frac{1}{4} + \frac{1}{6} - \frac{1}{8} + \frac{1}{10} - \frac{1}{12} + \cdots. \qquad (10.3.3)$$

在式 (10.3.3) 右侧表达式中，每两项之间插入一个 0，将式

(10.3.3)变形为

$$\frac{1}{2}S=0+\frac{1}{2}+0-\frac{1}{4}+0+\frac{1}{6}+0-\frac{1}{8}+0+\frac{1}{10}+0-\frac{1}{12}+\cdots.$$

$$(10.3.4)$$

将式(10.3.2)和式(10.3.4)的等式两端对应项分别相加,即

$$S=1-\frac{1}{2}+\frac{1}{3}-\frac{1}{4}+\frac{1}{5}-\frac{1}{6}+\frac{1}{7}-\frac{1}{8}+\frac{1}{9}-\frac{1}{10}+\frac{1}{11}-\frac{1}{12}+\cdots$$

$$+)\ \frac{1}{2}S=0+\frac{1}{2}+0-\frac{1}{4}+0+\frac{1}{6}+0-\frac{1}{8}+0+\frac{1}{10}+0-\frac{1}{12}+\cdots$$

$$\overline{\frac{3}{2}S=1+0+\frac{1}{3}-\frac{1}{2}+\frac{1}{5}+0+\frac{1}{7}-\frac{1}{4}+\frac{1}{9}+0+\frac{1}{11}-\frac{1}{6}+\cdots}$$

即,$\frac{3}{2}S=1+\frac{1}{3}-\frac{1}{2}+\frac{1}{5}+\frac{1}{7}-\frac{1}{4}+\frac{1}{9}+\frac{1}{11}-\frac{1}{6}+\cdots$. 这个级数是

由原级数 $\displaystyle\sum_{n=1}^{\infty}\frac{(-1)^{n-1}}{n}$ 交换了无穷多项的次序后得到的,该新级数

的和为 $\frac{3}{2}S$,由于 $S\neq0$,所以它与原级数的和 S 是不同的. 这说明,

对一个条件收敛级数的项进行重排得到的新级数,可能与原级数的

和不同. 更一般地,我们不加证明地给出条件收敛级数的特性,即

如下黎曼定理.

定理 10.3.4 （**黎曼定理**） 设级数 $\displaystyle\sum_{n=1}^{\infty}u_n$ 条件收敛,则对于

任意给定的实数 A,都可以通过适当交换该级数项的次序后得到一

个新的级数 $\displaystyle\sum_{n=1}^{\infty}u_n^*$,使其收敛且 $A=\displaystyle\sum_{n=1}^{\infty}u_n^*$,也可以使其发散.

习题 10.3

1. 判断下列级数的敛散性,若收敛,指出是绝对收敛还是条件
收敛.

(1) $\displaystyle\sum_{n=1}^{\infty}(-1)^n\frac{1}{n\sqrt{n}}$；(2) $\displaystyle\sum_{n=2}^{\infty}(-1)^n\frac{1}{n\ln n}$；

(3) $\displaystyle\sum_{n=1}^{\infty}\frac{(-1)^{n+1}}{2n+1}$；(4) $\displaystyle\sum_{n=1}^{\infty}\left(\frac{n}{n+1}\right)^n$；

(5) $\displaystyle\sum_{n=1}^{\infty}\frac{(-1)^n n}{n+4}$；(6) $\displaystyle\sum_{n=1}^{\infty}(-1)^n(\sqrt{n+1}-\sqrt{n})$.

2. 设 $u_n=(-1)^n\ln\left(1+\dfrac{1}{\sqrt{n}}\right)$,讨论级数 $\displaystyle\sum_{n=1}^{\infty}u_n$ 及 $\displaystyle\sum_{n=1}^{\infty}u_n^2$ 的敛

散性.

3. 设 $\lambda>0$,且级数 $\displaystyle\sum_{n=1}^{\infty}a_n^2$ 收敛,证明级数 $\displaystyle\sum_{n=1}^{\infty}(-1)^n\frac{|a_n|}{\sqrt{n^\alpha+\lambda}}$

当 $\alpha > 1$ 时绝对收敛.

10.4　幂级数

掌握了常数项级数敛散性的判断方法，我们就可以研究如何通过无穷多个函数的叠加产生新的函数，即研究函数项级数的和函数. 而幂级数(power series)是函数项级数中最基本且应用最为广泛的一类级数.

10.4.1　函数项级数的概念

定义 10.4.1　设函数列 $\{u_n(x)\}$ 的定义域为 D，$n=1$，2，$\cdots$. 称和式

$$u_1(x) + u_2(x) + \cdots + u_n(x) + \cdots \tag{10.4.1}$$

为定义在 D 上的**函数项级数**，该级数可简写为 $\sum\limits_{n=1}^{\infty} u_n(x)$.

关于函数项级数，有以下相关概念：

(1) 称 $S_n(x) = u_1(x) + u_2(x) + \cdots + u_n(x)$ 为函数项级数 (10.4.1) 的**部分和函数**.

(2) 若 $x_0 \in D$，且使得数项级数 $\sum\limits_{n=1}^{\infty} u_n(x_0)$ 收敛，则称 x_0 为函数项级数 $\sum\limits_{n=1}^{\infty} u_n(x)$ 的**收敛点**.

(3) 若 $x_0 \in D$，且使得数项级数 $\sum\limits_{n=1}^{\infty} u_n(x_0)$ 发散，则称 x_0 为函数项级数 $\sum\limits_{n=1}^{\infty} u_n(x)$ 的**发散点**.

(4) 全体收敛点构成的集合称为函数项级数的**收敛域**.

(5) 全体发散点构成的集合称为函数项级数的**发散域**.

(6) 收敛域内的每一点 x，都对应着一个值 $S(x) = \sum\limits_{n=1}^{\infty} u_n(x)$，

因而 $S(x)$ 是收敛域上的一个函数，称 $S(x)$ 为函数项级数 $\sum\limits_{n=1}^{\infty} u_n(x)$ 的**和函数**.

由定义 10.4.1 可知，判断函数项级数在某区域上的敛散性，就是判断函数项级数在该区域内每一点的敛散性. 而判断函数项级数在某点的收敛性就是判断函数项级数在该点取值后得到的常数项级数的收敛性. 这为利用常数项级数敛散性的判别方法来研究函数项级数的敛散性提供了依据.

例 10.4.1　计算函数项级数 $\sum\limits_{n=1}^{\infty} x^{n-1}$ 的收敛域与和函数.

解 $\sum\limits_{n=1}^{\infty} x^{n-1}$ 是定义在 $(-\infty, +\infty)$ 上的函数项级数. 该级数也是以变量 x 为公比的几何级数. 依据几何级数敛散性的判断可知, 该级数的收敛域为 $(-1, 1)$. 在收敛域内的和函数为:

$$S(x) = \lim_{n \to \infty} \sum_{i=1}^{n} x^{i-1} = \lim_{n \to \infty} \frac{1-x^n}{1-x} = \frac{1}{1-x}, x \in (-1, 1), \text{即}$$

$$\sum_{n=1}^{\infty} x^{n-1} = \frac{1}{1-x}, x \in (-1, 1). \tag{10.4.2}$$

这里给出的几何级数求和公式(10.4.2)在后续计算函数项级数的和函数中有着广泛的应用. 大家在掌握公式(10.4.2)的同时, 还需要熟悉和掌握该公式的一些变形形式, 如

(1) $\sum\limits_{n=0}^{\infty} x^n = \dfrac{1}{1-x}, x \in (-1, 1)$;

(2) $\sum\limits_{n=1}^{\infty} x^n = \dfrac{x}{1-x}, x \in (-1, 1)$;

(3) $\sum\limits_{n=0}^{\infty} (-1)^n x^n = \sum\limits_{n=0}^{\infty} (-x)^n = \dfrac{1}{1-(-x)} = \dfrac{1}{1+x}, x \in (-1, 1)$;

(4) $\sum\limits_{n=0}^{\infty} (x^2)^n = \dfrac{1}{1-x^2}, x \in (-1, 1)$.

10.4.2 幂级数及其收敛域

作为函数项级数中最基本且应用最为广泛的一类级数, 幂级数的形式为

$$\sum_{n=0}^{\infty} a_n (x-x_0)^n = a_0 + a_1(x-x_0) + \cdots + a_n(x-x_0)^n + \cdots. \tag{10.4.3}$$

其中, $x_0, a_n(n=1, 2, \cdots)$ 均为常数. 同时约定 $(x-x_0)^0 = 1, 0^0 = 1$.

特别地, 当 $x_0 = 0$ 时, 幂级数(10.4.3)简化为:

$$\sum_{n=0}^{\infty} a_n x^n = a_0 + a_1 x + \cdots + a_n x^n + \cdots. \tag{10.4.4}$$

若 $x_0 \neq 0$, 可通过变量代换 $t = x - x_0$, 将幂级数(10.4.3)简化为 $\sum\limits_{n=0}^{\infty} a_n (x-x_0)^n = \sum\limits_{n=0}^{\infty} a_n t^n$, 该表达式与公式(10.4.4)形式一致, 因此, 后续我们将主要针对形如(10.4.4)的幂级数展开研究, 重点讨论其收敛域与和函数.

对于幂级数 $\sum\limits_{n=0}^{\infty} a_n x^n$, 显然当 $x=0$ 时收敛, 且 $\sum\limits_{n=0}^{\infty} a_n 0^n = a_0$. 这说明幂级数的收敛域一定不是空集. 另外, 从例 10.4.1 可以发

现，幂级数 $\sum\limits_{n=1}^{\infty} x^{n-1}$ 的收敛域为 $(-1,1)$，恰好是一个以 $x=0$ 为中心，以 $R=1$ 为半径的区间.

这里自然会产生一个疑问？是不是所有的形如(10.4.4)的幂级数，其收敛域都是一个以 0 为中心的区间呢？阿贝尔定理表明该结论是成立的.

定理 10.4.1 如果幂级数 $\sum\limits_{n=0}^{\infty} a_n x_0^n (x_0 \neq 0)$ 收敛，则满足 $|x| < |x_0|$ 的一切 x，幂级数 $\sum\limits_{n=0}^{\infty} a_n x^n$ 绝对收敛.

证明 因为 $\sum\limits_{n=0}^{\infty} a_n x_0^n (x_0 \neq 0)$ 收敛，所以 $\lim\limits_{n \to \infty} a_n x_0^n = 0$. 因此存在 $N > 0$，使得当 $n > N$ 时，恒有：$|a_n x_0^n| < 1$. 从而

$$|a_n x^n| = \left| a_n x x_0^n \cdot \frac{x^n}{x_0^n} \right| = |a_n x_0^n| \cdot \left| \frac{x}{x_0} \right|^n < \left| \frac{x}{x_0} \right|^n.$$

$$(10.4.5)$$

当 $|x| < |x_0|$ 时，$\left| \dfrac{x}{x_0} \right| < 1$，即级数 $\sum\limits_{n=0}^{\infty} \left| \dfrac{x}{x_0} \right|^n$ 收敛. 由正项级数的比较判别法可知，级数 $\sum\limits_{n=0}^{\infty} |a_n x^n|$ 收敛，也就是级数 $\sum\limits_{n=0}^{\infty} a_n x^n$ 绝对收敛.

推论 10.4.1 如果幂级数 $\sum\limits_{n=0}^{\infty} a_n x_0^n (x_0 \neq 0)$ 发散，则满足 $|x| > |x_0|$ 的一切 x，幂级数 $\sum\limits_{n=0}^{\infty} a_n x^n$ 发散.

证明 用反证法. 假设级数 $\sum\limits_{n=0}^{\infty} a_n x^n$ 收敛，因为 $|x| > |x_0|$，由定理 10.4.1 可知级数 $\sum\limits_{n=0}^{\infty} a_n x_0^n$ 绝对收敛，而已知该级数是发散的，从而导出矛盾. 因此级数 $\sum\limits_{n=0}^{\infty} a_n x^n$ 发散.

定理 10.4.1 和推论 10.4.1 说明，当级数 $\sum\limits_{n=0}^{\infty} a_n x^n$ 的收敛点集合既不是全体实数，也不是仅仅包含 $\{0\}$ 时，收敛点的全体将是以原点为中心的区域(开的、闭的或半开半闭的)，如图 10-4-1 所示. 形象地看，在图 10-4-1 的正半轴，若靠近原点的某点(A 点)为收敛点，远离原点的某点(B 点)为发散点，那么在 A 点和 B 点之间一定存在这样一个临界点，使得在正半轴上小于这个临界点的点均是收敛点，而大于这个点的点均是发散点. 在图 10-4-1 的负半轴也有对应的临界点.

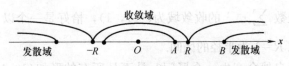

图 10-4-1 幂级数收敛域示意图

我们就把这个临界点与原点的距离称为级数 $\sum_{n=0}^{\infty} a_n x^n$ 的**收敛半径**(radius of convergence)，如图 10-4-1 中的 R. 级数 $\sum_{n=0}^{\infty} a_n x^n$ 在区间 $(-R,R)$ 内一定是绝对收敛的，我们把 $(-R,R)$ 称为幂级数的**收敛区间**(convergence interval). 在点 $x=R$ 和 $x=-R$ 处，幂级数级数可能收敛，也可能发散. 若收敛，则可能绝对收敛，也可能条件收敛. 具体的敛散性，可以通过将 $x=R$ 和 $x=-R$ 分别代入到幂级数中，对得到的常数项级数进行敛散性的判断.

特别地，如果幂级数的收敛点是全体实数，规定收敛半径 $R=+\infty$；如果幂级数只在 $x=0$ 点收敛，规定收敛半径 $R=0$.

因此，求幂级数收敛域就需要先求出收敛半径 R，得到收敛区间 $(-R,R)$，再讨论幂级数在 $x=R$ 和 $x=-R$ 处的敛散性，从而得到收敛域. 这其中的关键在于收敛半径的求法. 下面以定理的形式给出收敛半径的计算方法.

定理 10.4.2 设幂级数 $\sum_{n=0}^{\infty} a_n x^n (a_n \neq 0)$ 的收敛半径为 R，如果 $\lim\limits_{n \to \infty} \left| \dfrac{a_{n+1}}{a_n} \right| = \rho$, 则

(1) 当 $0 < \rho < +\infty$ 时，$R = \dfrac{1}{\rho}$；

(2) 当 $\rho = 0$ 时，$R = +\infty$；

(3) 当 $\rho = +\infty$ 时，$R = 0$.

证明 考虑绝对值级数 $\sum_{n=0}^{\infty} |a_n x^n|$，令 $u_n(x) = |a_n x^n|$，由比值判别法可得

$$\lim_{n \to \infty} \left| \frac{u_{n+1}(x)}{u_n(x)} \right| = \lim_{n \to \infty} \left| \frac{a_{n+1} x^{n+1}}{a_n x^n} \right| = \lim_{n \to \infty} \left| \frac{a_{n+1}}{a_n} \right| |x| = \rho |x|.$$

$$(10.4.6)$$

(1) 当 $0 < \rho < +\infty$ 时，只要 $\rho |x| < 1$，即 $|x| < \dfrac{1}{\rho}$，就有级数 $\sum_{n=0}^{\infty} a_n x^n$ 绝对收敛. 另一方面，若 $|x| > \dfrac{1}{\rho}$，即 $\rho |x| > 1$，则 $\lim\limits_{n \to \infty} \left| \dfrac{u_{n+1}(x)}{u_n(x)} \right| > 1$，这说明在某项之后，$|u_n(x)|$ 也就是 $|a_n x^n|$ 是严格单调增加的，从而级数 $\sum_{n=0}^{\infty} a_n x^n$ 的通项 $a_n x^n$ 不可能趋于 0,

由级数收敛的必要条件可知级数 $\sum\limits_{n=0}^{\infty} a_n x^n$ 发散. 所以，$|x|=\dfrac{1}{\rho}$ 是

$\sum\limits_{n=0}^{\infty} a_n x^n$ 收敛与发散的临界点与原点的距离，从而 $R=\dfrac{1}{\rho}$.

(2) 当 $\rho=0$ 时，对任意的 $x\in \mathbf{R}$，公式(10.4.6)中的 $\rho|x|=0<$

1，即级数 $\sum\limits_{n=0}^{\infty} a_n x^n$ 绝对收敛，从而 $R=+\infty$.

(3) 当 $\rho=+\infty$ 时，对任意的 $x\neq 0$，公式(10.4.6)中的 $\rho|x|=$

$+\infty$，因此级数 $\sum\limits_{n=0}^{\infty} a_n x^n$ 只在 $x=0$ 点收敛，从而 $R=0$.

例 10.4.2　求下列幂级数的收敛半径与收敛域.

(1) $\sum\limits_{n=1}^{\infty} \dfrac{2^n x^n}{n}$；　　　　(2) $\sum\limits_{n=1}^{\infty} \dfrac{x^n}{n!}$；

(3) $\sum\limits_{n=0}^{\infty} \dfrac{(x-2)^n}{n+1}$；　　(4) $\sum\limits_{n=0}^{\infty} \dfrac{x^{2n+1}}{2^n}$.

解　(1) 由 $\lim\limits_{n\to\infty}\left|\dfrac{a_{n+1}}{a_n}\right|=\lim\limits_{n\to\infty}\left|\dfrac{\frac{2^{n+1}}{n+1}}{\frac{2^n}{n}}\right|=2$，可知级数的收敛半

径为 $R=\dfrac{1}{2}$. 即级数在收敛区间 $\left(-\dfrac{1}{2},\dfrac{1}{2}\right)$ 内是绝对收敛. 当 $x=$

$\dfrac{1}{2}$ 时，级数为 $\sum\limits_{n=1}^{\infty}\dfrac{1}{n}$，是调和级数，故发散. 当 $x=-\dfrac{1}{2}$ 时，级数

为 $\sum\limits_{n=1}^{\infty}\dfrac{(-1)^n}{n}$，是交错项级数，由莱布尼茨判别法可知其收敛. 因

此，级数 $\sum\limits_{n=1}^{\infty}\dfrac{2^n x^n}{n}$ 的收敛域为 $\left[-\dfrac{1}{2},\dfrac{1}{2}\right)$.

(2) 由 $\lim\limits_{n\to\infty}\left|\dfrac{a_{n+1}}{a_n}\right|=\lim\limits_{n\to\infty}\left|\dfrac{\frac{1}{(n+1)!}}{\frac{1}{n!}}\right|=0$，可知级数的收敛半

径为 $R=+\infty$. 因此，级数 $\sum\limits_{n=1}^{\infty}\dfrac{x^n}{n!}$ 的收敛域为 $(-\infty,+\infty)$.

(3) 令 $t=x-2$，即 $\sum\limits_{n=0}^{\infty}\dfrac{(x-2)^n}{n+1}=\sum\limits_{n=0}^{\infty}\dfrac{t^n}{n+1}$，而 $\lim\limits_{n\to\infty}\left|\dfrac{a_{n+1}}{a_n}\right|=$

$\lim\limits_{n\to\infty}\left|\dfrac{\frac{1}{n+2}}{\frac{1}{n+1}}\right|=1$，可知级数 $\sum\limits_{n=0}^{\infty}\dfrac{t^n}{n+1}$ 的收敛半径为 1. 即当 $|t|<1$

时，也就是 $|x-2|<1$ 时，级数绝对收敛，收敛区间为 $(1,3)$. 当

$x=3$ 时，级数为 $\sum\limits_{n=0}^{\infty}\dfrac{1}{n+1}$，是调和级数，故发散. 当 $x=1$ 时，

级数为 $\sum\limits_{n=0}^{\infty}\dfrac{(-1)^n}{n+1}$，是交错项级数，由莱布尼茨判别法可知其收敛. 因此，级数 $\sum\limits_{n=0}^{\infty}\dfrac{(x-2)^n}{n+1}$ 的收敛域为 $[1,3)$.

（4）幂级数 $\sum\limits_{n=0}^{\infty}\dfrac{x^{2n+1}}{2^n}=x+\dfrac{x^3}{2}+\dfrac{x^5}{4}+\cdots$，可以发现该级数的偶次幂项 x^{2n} 的系数 $a_{2n}=0$，不满足 10.4.2 的条件，因此不能直接用定理 10.4.2 的结论得到此类幂级数的收敛半径. 但可以考虑用比值判别法计算该级数的收敛半径，或者利用换元法将该级数转换成满足定理 10.4.2 条件的级数，再直接应用定理 10.4.2 的结论得到此类幂级数的收敛半径. 以下分别给出这两种方法的求解过程.

解法1　令 $u_n(x)=\left|\dfrac{x^{2n+1}}{2^n}\right|$，由比值判别法得：$\lim\limits_{n\to\infty}\left|\dfrac{\frac{x^{2n+3}}{2^{n+1}}}{\frac{x^{2n+1}}{2^n}}\right|=$

$\lim\limits_{n\to\infty}\left|\dfrac{x^2}{2}\right|=\dfrac{x^2}{2}$. 因此，只要 $\dfrac{x^2}{2}<1$，即 $x^2<2$，也就是 $|x|<\sqrt{2}$，级数 $\sum\limits_{n=0}^{\infty}\dfrac{x^{2n+1}}{2^n}$ 绝对收敛. 另一方面，当 $\dfrac{x^2}{2}>1$ 时级数 $\sum\limits_{n=0}^{\infty}\dfrac{x^{2n+1}}{2^n}$ 发散. 因此该级数的收敛半径 $R=\sqrt{2}$，收敛区间为 $(-\sqrt{2},\sqrt{2})$.

当 $x=\sqrt{2}$ 时，级数为 $\sum\limits_{n=0}^{\infty}\sqrt{2}$，是发散级数；当 $x=-\sqrt{2}$ 时，级数为 $\sum\limits_{n=0}^{\infty}(-\sqrt{2})$，也是发散级数.

因此，级数 $\sum\limits_{n=0}^{\infty}\dfrac{x^{2n+1}}{2^n}$ 的收敛域为 $(-\sqrt{2},\sqrt{2})$.

解法2　因为 $\sum\limits_{n=0}^{\infty}\dfrac{x^{2n+1}}{2^n}=x\sum\limits_{n=0}^{\infty}\dfrac{x^{2n}}{2^n}=x\sum\limits_{n=0}^{\infty}\dfrac{(x^2)^n}{2^n}$，所以级数 $\sum\limits_{n=0}^{\infty}\dfrac{x^{2n+1}}{2^n}$ 与级数 $\sum\limits_{n=0}^{\infty}\dfrac{(x^2)^n}{2^n}$ 有相同的收敛半径.

令 $t=x^2$，则 $\sum\limits_{n=0}^{\infty}\dfrac{(x^2)^n}{2^n}=\sum\limits_{n=0}^{\infty}\dfrac{t^n}{2^n}$. 由 $\lim\limits_{n\to\infty}\left|\dfrac{a_{n+1}}{a_n}\right|=\lim\limits_{n\to\infty}\left|\dfrac{\frac{1}{2^{n+1}}}{\frac{1}{2^n}}\right|=$

$\dfrac{1}{2}$，可知级数 $\sum\limits_{n=0}^{\infty}\dfrac{t^n}{2^n}$ 的收敛半径为 2. 即当 $|t|<2$ 时，也就是 $x^2<2$，即 $|x|<\sqrt{2}$ 时，级数绝对收敛，收敛区间为 $(-\sqrt{2},\sqrt{2})$.

当 $x=\sqrt{2}$ 时，级数为 $\sum\limits_{n=0}^{\infty}\sqrt{2}$，是发散级数；当 $x=-\sqrt{2}$ 时，级数为 $\sum\limits_{n=0}^{\infty}(-\sqrt{2})$，也是发散级数.

因此，级数 $\displaystyle\sum_{n=0}^{\infty}\dfrac{x^{2n+1}}{2^n}$ 的收敛域为 $(-\sqrt{2},\sqrt{2})$.

10.4.3　幂级数的运算性质与和函数求法

由幂级数的收敛性质可知，幂级数在收敛域内的每一点 x，都对应着一个值 $S(x)=\displaystyle\sum_{n=0}^{\infty}a_n x^n$，因而构成了定义在收敛域上的和函数 $S(x)$，那么，如何求 $S(x)$ 呢？

由于和函数是定义在收敛域上的，所以在计算幂级数的和函数之前，我们需要了解幂级数的收敛性在代数运算和分析运算下能否保持. 以 $\displaystyle\sum_{n=0}^{\infty}a_n x^n=S(x)$，$\displaystyle\sum_{n=0}^{\infty}b_n x^n=\sigma(x)$ 为例，设它们的收敛半径分别为 R_1 和 R_2，并记 $R=\min\{R_1,R_2\}$. 以下不加证明地给出如下性质：

（1）代数运算性质

性质 10.4.1　两级数相加 $\displaystyle\sum_{n=0}^{\infty}a_n x^n+\sum_{n=0}^{\infty}b_n x^n$，所得新级数仍然收敛，且

$$\sum_{n=0}^{\infty}(a_n+b_n)x^n=S(x)+\sigma(x),x\in(-R,R).$$

性质 10.4.2　两级数相乘 $\displaystyle\sum_{n=0}^{\infty}a_n x^n\cdot\sum_{n=0}^{\infty}b_n x^n$ 所得新级数仍然收敛，且

$$\sum_{n=0}^{\infty}(a_0 b_n+a_1 b_{n-1}+\cdots+a_n b_0)x^n=S(x)\cdot\sigma(x),x\in(-R,R).$$

注意，性质 10.4.1 和性质 10.4.2 中均要求 $x\in(-R,R)$，这只是表明在开区间 $(-R,R)$ 内等式关系成立，新级数在 $(-R,R)$ 内是绝对收敛的. 但这并不表明两个级数相加、相乘后形成的新级数的收敛半径为 R，事实上新级数的收敛半径可以大于等于 R. 例如级数 $\displaystyle\sum_{n=0}^{\infty}x^n$ 和级数 $\displaystyle\sum_{n=0}^{\infty}(-x^n)$ 收敛半径均为 1，但其和构成的新级数为 $\displaystyle\sum_{n=0}^{\infty}0$，其收敛半径为 $+\infty$.

（2）分析运算性质

设级数 $\displaystyle\sum_{n=0}^{\infty}a_n x^n$ 的收敛半径为 R，收敛域为 D，且 $\displaystyle\sum_{n=0}^{\infty}a_n x^n=S(x)$，$\forall x\in D$，则以下性质成立：

性质 10.4.3　和函数 $S(x)$ 在 D 上连续.

性质 10.4.4　$\displaystyle\int_0^x\Big(\sum_{n=0}^{\infty}a_n x^n\Big)\mathrm{d}x=\sum_{n=0}^{\infty}\int_0^x a_n x^n\mathrm{d}x$，即幂级数可

以**逐项积分**. 得

$$\int_0^x S(x)\mathrm{d}x = \sum_{n=0}^{\infty} \frac{a_n}{n+1} x^{n+1},$$

且级数 $\sum\limits_{n=0}^{\infty} \frac{a_n}{n+1} x^{n+1}$ 与级数 $\sum\limits_{n=0}^{\infty} a_n x^n$ 的收敛半径相同，均为 R.

性质 10.4.5 $\left(\sum\limits_{n=0}^{\infty} a_n x^n\right)' = \sum\limits_{n=0}^{\infty} (a_n x^n)'$，即幂级数可以**逐项求导**. 得

$$(S(x))' = \sum_{n=1}^{\infty} n a_n x^{n-1},$$

且级数 $\sum\limits_{n=1}^{\infty} n a_n x^{n-1}$ 与级数 $\sum\limits_{n=0}^{\infty} a_n x^n$ 的收敛半径相同，均为 R.

注 1 性质 10.4.4 和性质 10.4.5 表明，逐项积分与逐项求导后得到的新级数与原级数具有相同的收敛半径 R，也就具有相同的收敛区间 $(-R,R)$，但收敛域可能会改变. 因此，在利用分析运算性质得到新的级数后，需要重新讨论收敛区间端点处的敛散性.

注 2 求幂级数的和函数，目前可用的主要是几何级数求和公式(10.4.2). 因此，幂级数求和函数的思路之一就是将待求的幂级数适当变形成几何级数的形式，然后借助几何级数求和公式求出和函数；思路之二就是利用级数运算的分析性质(性质 10.4.4 和性质 10.4.5)，通过逐项积分或逐项求导的方法，将待求的幂级数适当变形成几何级数的形式，然后借助几何级数求和公式求出和函数.

例 10.4.3 求幂级数 $\sum\limits_{n=0}^{\infty} \frac{x^{2n+1}}{2^n}$ 的和函数.

解 由例 10.4.2 可知，该级数的收敛半径为 $\sqrt{2}$，收敛域为 $(-\sqrt{2},\sqrt{2})$. 把级数变形，并利用等比级数求和公式，可得

$$S(x) = \sum_{n=0}^{\infty} \frac{x^{2n+1}}{2^n} = x\sum_{n=0}^{\infty} \frac{x^{2n}}{2^n} = x\sum_{n=0}^{\infty} \left(\frac{x^2}{2}\right)^n$$

$$= x \cdot \frac{1}{1-\frac{x^2}{2}} = \frac{2x}{2-x^2}, x \in (-\sqrt{2},\sqrt{2}).$$

例 10.4.4 求幂级数 $\sum\limits_{n=1}^{\infty} \frac{x^n}{n}$ 的和函数.

解 由 $\lim\limits_{n \to \infty} \left|\frac{a_{n+1}}{a_n}\right| = \lim\limits_{n \to \infty} \left|\frac{\frac{1}{n+1}}{\frac{1}{n}}\right| = 1$，可知级数的收敛半径为 $R=1$. 将收敛区间 $(-1,1)$ 的端点代入到原级数，可知收敛域为 $[-1,1)$. 由于该级数并不是等比级数，因此考虑通过逐项求导将

其变形为等比级数，然后求其和函数，具体如下：

设 $S(x) = \sum\limits_{n=1}^{\infty} \dfrac{x^n}{n}$，则

$$S'(x) = \left(\sum_{n=1}^{\infty} \frac{x^n}{n}\right)' = \sum_{n=1}^{\infty} \left(\frac{x^n}{n}\right)' = \sum_{n=1}^{\infty} x^{n-1} = \frac{1}{1-x}.$$

因为 0 是收敛区间内的点，因此对上述等式两边分别从 0 到 x 积分(这里要求 x 为收敛区间内任一点)，得

$$\int_0^x S'(x)\mathrm{d}x = \int_0^x \frac{1}{1-x}\mathrm{d}x.$$

即

$$S(x) - S(0) = -\ln(1-x).$$

由 $S(x) = \sum\limits_{n=1}^{\infty} \dfrac{x^n}{n}$，可得 $S(0)=0$，所以 $S(x)=-\ln(1-x)+S(0)=$ $-\ln(1-x), x \in (-1, 1)$.

又因为 $S(x)$ 在 $x=-1$ 处连续，$S(-1) = \lim\limits_{x \to -1^+} S(x) = -\ln 2$.

所以，$\sum\limits_{n=1}^{\infty} \dfrac{x^n}{n}$ 的和函数为

$$S(x) = -\ln(1-x), x \in [-1, 1).$$

注 例 10.4.4 中的和函数还蕴含了一个有意思的结果，就是 $S(-1)=-\ln 2$. 即，

$$\sum_{n=1}^{\infty} \frac{(-1)^n}{n} = -1 + \frac{1}{2} - \frac{1}{3} + \frac{1}{4} - \frac{1}{5} + \cdots = -\ln 2.$$

这恰好是该交错项级数的和. 不仅如此，在收敛域内的每一点 $x_0 \in [-1, 1)$，其函数值 $S(x_0)$ 都对应着一个常数项级数的和. 这为我们提供了一种求常数项级数和的方法.

例如，要求常数项级数 $\sum\limits_{n=0}^{\infty} \dfrac{n+1}{2^n}$ 的和，可以先根据待求级数构造出一个幂级数，如 $\sum\limits_{n=0}^{\infty}(n+1)x^n$，进而借助级数的分析运算性质得到其和函数 $S(x)$，而待求的常数项级数的和就是和函数 $S(x)$ 在点 $x_0 = \dfrac{1}{2}$ 的取值 $S(x_0)$.

例 10.4.5 求幂级数 $\sum\limits_{n=0}^{\infty}(n+1)x^n$ 的和函数，并求数项级数 $\sum\limits_{n=0}^{\infty} \dfrac{n+1}{2^n}$ 的和.

解 由 $\lim\limits_{n \to \infty} \left|\dfrac{a_{n+1}}{a_n}\right| = \lim\limits_{n \to \infty} \left|\dfrac{n+1}{n}\right| = 1$，可知级数的收敛半径为 $R=1$. 将收敛区间 $(-1, 1)$ 的端点代入到原级数，可知收敛域为 $(-1, 1)$. 由于该级数并不是等比级数，因此通过逐项积分将其

变形为等比级数，然后求其和函数；也可以通过逐项求导将其变形为等比级数，然后求其和函数. 具体如下：

(1) 利用逐项积分法. 设 $S(x) = \sum\limits_{n=0}^{\infty} (n+1)x^n$，因为 0 是收敛区间内的点，因此对上述等式两边分别从 0 到 x 积分(这里要求 x 为收敛区间内任一点)，得

$$\int_0^x S(x)\,\mathrm{d}x = \int_0^x \sum_{n=0}^{\infty} (n+1)x^n \mathrm{d}x$$
$$= \sum_{n=0}^{\infty} \int_0^x (n+1)x^n \mathrm{d}x$$
$$= \sum_{n=0}^{\infty} x^{n+1} \mathrm{d}x$$
$$= \frac{x}{1-x}, x \in (-1,1).$$

为了得到和函数 $S(x)$ 的表达式，还需要对上述两端关于 x 求导，即

$$S(x) = \left(\int_0^x S(x)\,\mathrm{d}x\right)' = \left(\frac{x}{1-x}\right)' = \frac{1}{(1-x)^2}.$$

所以，$\sum\limits_{n=0}^{\infty} (n+1)x^n = \dfrac{1}{(1-x)^2}, x \in (-1,1)$.

而数项级数 $\sum\limits_{n=0}^{\infty} \dfrac{n+1}{2^n}$ 的和就是和函数 $S(x)$ 在 $x = \dfrac{1}{2}$ 点处的取值，即 $\sum\limits_{n=0}^{\infty} \dfrac{n+1}{2^n} = S\left(\dfrac{1}{2}\right) = 4$.

(2) 利用逐项求导法. 设 $S(x) = \sum\limits_{n=0}^{\infty} (n+1)x^n$，则

$$S(x) = \sum_{n=0}^{\infty} (x^{n+1})'$$
$$= \left(\sum_{n=0}^{\infty} x^{n+1}\right)'$$
$$= \left(\frac{x}{1-x}\right)'$$
$$= \frac{1}{(1-x)^2}.$$

所以，$\sum\limits_{n=0}^{\infty} (n+1)x^n = \dfrac{1}{(1-x)^2}, x \in (-1,1)$. 而数项级数

$\sum\limits_{n=0}^{\infty} \dfrac{n+1}{2^n} = S\left(\dfrac{1}{2}\right) = 4$.

例 10.4.6 求幂级数 $\sum\limits_{n=2}^{\infty} \dfrac{3n+5}{n(n-1)} x^n$ 的和函数，并求数项

级数 $\sum\limits_{n=2}^{\infty} (-1)^n \dfrac{3n+5}{n(n-1)}$ 的和.

解　令 $a_n = \dfrac{3n+5}{n(n-1)}$，则 $\lim\limits_{n\to\infty}\left|\dfrac{a_{n+1}}{a_n}\right| = \lim\limits_{n\to\infty}\left|\dfrac{3(n+1)+5}{(n+1)n}\right.$ ·

$\left.\dfrac{n(n-1)}{3n+5}\right| = 1$，可知级数的收敛半径为 $R=1$. 将收敛区间 $(-1,1)$

的端点代入到原级数，可知收敛域为 $[-1,1)$. 由于该级数并不是

等比级数，因此利用级数的分析运算性质，将其变形为等比级数，

然后求其和函数. 具体如下：

设 $S(x) = \sum\limits_{n=2}^{\infty} \dfrac{3n+5}{n(n-1)} x^n$，则

$$S'(x) = \sum_{n=2}^{\infty} \dfrac{3n+5}{(n-1)} x^{n-1}$$

$$= \sum_{n=2}^{\infty} 3x^{n-1} + \sum_{n=2}^{\infty} \dfrac{8}{n-1} x^{n-1}$$

$$= \dfrac{3x}{1-x} + \sum_{n=2}^{\infty} \dfrac{8}{n-1} x^{n-1}.$$

进一步设 $h(x) = \sum\limits_{n=2}^{\infty} \dfrac{8}{n-1} x^{n-1}$，则

$$h'(x) = \sum_{n=2}^{\infty} 8x^{n-2} = \dfrac{8}{1-x},$$

所以，

$$h(x) = \int_0^x h'(x)\mathrm{d}x + h(0) = \int_0^x \dfrac{8}{1-x}\mathrm{d}x + 0$$

$$= -8\ln(1-x).$$

从而，

$$S(x) = \int_0^x S'(x)\mathrm{d}x + S(0)$$

$$= \int_0^x \left(\dfrac{3x}{1-x} - 8\ln(1-x)\right)\mathrm{d}x + 0$$

$$= 5x + 5\ln(1-x) - 8x\ln(1-x), x \in [-1,1).$$

相应地，$\sum\limits_{n=2}^{\infty}(-1)^n \dfrac{3n+5}{n(n-1)} = S(-1) = 13\ln 2 - 5$.

习题 10.4

1. 求下列幂级数的收敛半径与收敛域.

(1) $\sum\limits_{n=1}^{\infty} n x^n$;

(2) $\sum\limits_{n=1}^{\infty} (-1)^n \dfrac{x^n}{n 2^n}$;

(3) $\sum\limits_{n=1}^{\infty} \dfrac{(x-5)^n}{\sqrt{n}}$;

(4) $\sum\limits_{n=1}^{\infty} \dfrac{(x-2)^{2n}}{n 4^n}$;

(5) $\sum\limits_{n=1}^{\infty} n! x^n$;

(6) $\sum\limits_{n=1}^{\infty} \dfrac{x^n}{n!}$.

2. 求下列幂级数的收敛域及和函数.

(1) $\sum\limits_{n=1}^{\infty}(n^2+n)x^n$; (2) $\sum\limits_{n=1}^{\infty}\dfrac{2^n}{2n-1}x^{2n}$;

(3) $\sum\limits_{n=0}^{\infty}\dfrac{x^n}{n+2}$; (4) $\sum\limits_{n=0}^{\infty}\dfrac{(n+1)^2}{n!}x^n$.

3. 设幂级数 $\sum\limits_{n=1}^{\infty}a_nx^n$ 的收敛半径为 2, 求级数 $\sum\limits_{n=1}^{\infty}na_n(x-1)^n$ 的收敛区间.

4. 求幂级数 $\sum\limits_{n=1}^{\infty}n(x-1)^n$ 的收敛域及和函数.

5. 求幂级数 $\sum\limits_{n=1}^{\infty}\dfrac{2n-1}{2^n}x^{2n-2}$ 的和函数, 并求级数 $\sum\limits_{n=1}^{\infty}\dfrac{2n-1}{2^n}$ 的和.

10.5 函数的幂级数展开

利用幂级数的代数运算性质和分析运算性质, 可以求出某些幂级数在其收敛域上的和函数. 本节考虑与之相反的问题, 即对给定的一个函数 $f(x)$, 要找到一个相应的幂级数, 使其在某区间上收敛, 且其和函数就是给定的函数 $f(x)$. 如果能找到这样的幂级数, 则该幂级数就称为函数 $f(x)$ 的幂级数展开式. 从而在给定区间上, 函数 $f(x)$ 就可用幂级数来表示, 函数的运算也就可以变成了幂级数的运算, 这为用幂级数的代数运算性质和分析运算性质来研究函数提供了途径. 本节将讨论函数展开成幂级数的理论和方法, 以及它在研究函数方面的一些简单应用.

10.5.1 泰勒级数

由泰勒公式可知, 如果函数 $f(x)$ 在点 x_0 的某一邻域内有 $n+1$ 阶导数, 则在该邻域内, 函数 $f(x)$ 可以表示为一个多项式与余项的和, 即

$$f(x)=f(x_0)+f'(x_0)(x-x_0)+\dfrac{f''(x_0)}{2!}(x-x_0)^2$$

$$+\cdots+\dfrac{f^{(n)}(x_0)}{n!}(x-x_0)^n+R_n(x).$$

$$(10.5.1)$$

其中, $R_n(x)=\dfrac{f^{(n+1)}(\xi)}{(n+1)!}(x-x_0)^{n+1}$, ξ 介于 x 和 x_0 之间.

如果函数 $f(x)$ 在点 x_0 的某一邻域内有任意阶导数, 或者说无穷阶导数, 即 n 可以任意大, 则公式 (10.5.1) 中的 $\dfrac{f^{(n)}(x_0)}{n!}$

$(x-x_0)^n$ 可以一直写下去, 此时, 公式 (10.5.1) 的右端就成了

一个幂级数，并称该级数是由函数 $f(x)$ **产生的泰勒级数**（Taylor series），即

$$f(x) \sim \sum_{n=0}^{\infty} a_n (x-x_0)^n. \qquad (10.5.2)$$

其中，$a_n = \dfrac{f^{(n)}(x_0)}{n!}, n=0,1,2,\cdots,$ 称为 $f(x)$ 在点 x_0 的**泰勒系数**（Taylor coefficient），并规定 $f^{(0)}(x_0) = f(x_0)$.

　　注意，在公式（10.5.2）中用到的不是等号"$=$"，而是符号"$\sim$"，这表示泰勒级数是由函数 $f(x)$ 产生的，但未必是相等的. 那么，等号是否成立或者说在什么条件下成立呢？为此，我们需要研究其部分和. 考察泰勒级数 $\sum\limits_{n=0}^{\infty} \dfrac{f^{(n)}(x_0)}{n!}(x-x_0)^n$ 的前 $n+1$ 项和.

$$S_n(x) = f(x_0) + f'(x_0)(x-x_0) + \frac{f''(x_0)}{2!}(x-x_0)^2$$
$$+ \cdots + \frac{f^{(n)}(x_0)}{n!}(x-x_0)^n.$$

$$(10.5.3)$$

由泰勒公式（10.5.1）可知 $f(x) = S_n(x) + R_n(x)$，设泰勒级数 $\sum\limits_{n=0}^{\infty} \dfrac{f^{(n)}(x_0)}{n!}(x-x_0)^n$ 的收敛域为 D. 显然对收敛区域 D 内的任一点 x，若余项 $R_n(x)$ 满足条件 $\lim\limits_{n\to\infty} R_n(x) = 0$，即 $\lim\limits_{n\to\infty}[f(x)-S_n(x)] = 0$，则下列**等式**成立

$$f(x) = \sum_{n=0}^{\infty} \frac{f^{(n)}(x_0)}{n!}(x-x_0)^n, x \in D. \qquad (10.5.4)$$

此时，称 $\sum\limits_{n=0}^{\infty} \dfrac{f^{(n)}(x_0)}{n!}(x-x_0)^n$ 为函数 $f(x)$ 在点 x_0 处展开的**泰勒级数**. 特别的，当 $x_0 = 0$ 时，公式（10.5.4）为

$$f(x) = \sum_{n=0}^{\infty} \frac{f^{(n)}(0)}{n!}x^n, x \in D. \qquad (10.5.5)$$

此时，称 $\sum\limits_{n=0}^{\infty} \dfrac{f^{(n)}(0)}{n!}x^n, x \in D$ 为函数 $f(x)$ 的**麦克劳林级数**（Maclaurin series）.

　　一般情况下，验证 $\lim\limits_{n\to\infty} R_n(x) = 0$ 是比较困难的，只有当 $f(x)$ 的任意阶导数具有很好的性质，方便对其大小进行估计时，才相对容易验证当 $n\to\infty$ 时，余项 $R_n(x) \to 0$. 此外，余项 $R_n(x)$ 不趋于 0 的情况确实存在，不过，在本书中，我们不加讨论.

　　本书中讨论的函数，若其能产生泰勒级数，则其产生的泰勒级数在该级数的收敛域上的和函数就是（或者说等于）函数本身.

公式(10.5.4)给出了函数 $f(x)$ 在点 x_0 处的泰勒级数.还有没有其他形式的幂级数,其在收敛域 D 上的和函数也等于 $f(x)$ 呢?也就是说,泰勒级数是不是函数幂级数展开的唯一形式呢?答案是肯定的,即,函数幂级数展开的形式具有唯一性.以下给出简要证明:

设函数 $f(x)$ 的幂级数展开一般式为:

$$f(x) = \sum_{n=0}^{\infty} a_n (x-x_0)^n$$
$$= a_0 + a_1(x-x_0) + \cdots + a_n(x-x_0)^n + \cdots, x \in D.$$
$$(10.5.6)$$

要证明形式唯一,只需证明 a_n 等于泰勒系数即可,也就是证明: $a_n = \dfrac{f^{(n)}(x_0)}{n!}$.为此,由幂级数可逐项求导的分析运算性质,对等式两边分别关于 x 求导得

$$f'(x) = a_1 + 2a_2(x-x_0) + \cdots + na_n(x-x_0)^{n-1} + \cdots,$$
$$(10.5.7)$$

$$f''(x) = 2a_2 + 2 \cdot 3a_3(x-x_0) + \cdots + n \cdot (n-1)a_n(x-x_0)^{n-2} + \cdots,$$
$$(10.5.8)$$

$$\vdots$$

$$f^{(n)}(x) = n! \, a_n + (n+1)! \, a_{n+1}(x-x_0) + \cdots. \quad (10.5.9)$$

取 $x = x_0$ 并代入式(10.5.6)~式(10.5.9),得

$$a_0 = f(x_0), a_1 = f'(x_0), a_2 = \frac{1}{2!}f''(x_0), \cdots, a_n = \frac{1}{n!}f^{(n)}(x_0), \cdots.$$

从而说明若函数 $f(x)$ 可幂级数展开,则幂级数通项的系数 a_n 一定是泰勒系数,即

$$a_n = \frac{1}{n!}f^{(n)}(x_0). \quad (10.5.10)$$

这为函数的幂级数展开提供了理论保障和计算方法.

10.5.2　函数的幂级数展开

把函数 $f(x)$ 展开为幂级数,可以按泰勒级数的形式(10.5.4)或者麦克劳林级数的形式(10.5.5)直接展开,也可以用其他方法间接展开.

1. 直接展开法

所谓直接展开法,就是利用公式(10.5.4)把 $f(x)$ 展开为 $(x-x_0)$ 的幂级数,即在点 x_0 处展开为泰勒级数的形式,或者利用公式(10.5.5)把 $f(x)$ 展开为 x 的幂级数,即展开为麦克劳林级数的形式.因此,直接展开法的关键在于计算泰勒系数: $a_n = \dfrac{1}{n!}f^{(n)}(x_0)$.

直接展开法的基本步骤如下:

(1) 求出各阶导数 $f^{(n)}(x)$ 及其在 $x=x_0$ 处的值 $f^{(n)}(x_0)$.

(2) 写出函数 $f(x)$ 生成的幂级数 $\sum\limits_{n=0}^{\infty} \dfrac{f^{(n)}(x_0)}{n!}(x-x_0)^n$.

(3) 求出幂级数的收敛域 D.

(4) 验证 $\lim\limits_{n \to \infty} R_n(x) = 0, x \in D$.

(5) 得出结果 $f(x) = \sum\limits_{n=0}^{\infty} \dfrac{f^{(n)}(x_0)}{n!}(x-x_0)^n, x \in D$.

由于本书中讨论的函数, 若其能产生泰勒级数, 则其产生的泰勒级数在该级数的收敛域上的和函数就是函数本身. 因此, 在后续的研究中, 步骤(4)通常被省略.

例 10.5.1 将函数 $f(x) = \mathrm{e}^x$ 展开成 x 的幂级数.

解 因为 $f^{(n)}(x) = \mathrm{e}^x$, 所以 $f^{(n)}(0) = 1, (n = 0, 1, 2, \cdots)$, 系数 $a_n = \dfrac{f^{(n)}(0)}{n!} = \dfrac{1}{n!}$. 因此由 $f(x) = \mathrm{e}^x$ 生成的幂级数为: $\sum\limits_{n=0}^{\infty} \dfrac{1}{n!}x^n$. 容易计算出其收敛半径 $R = +\infty$. 因此,

$$
\begin{aligned}
\mathrm{e}^x &= \sum_{n=0}^{\infty} \frac{1}{n!}x^n \\
&= 1 + x + \frac{1}{2!}x^2 + \cdots + \frac{1}{n!}x^n + \cdots, x \in (-\infty, +\infty).
\end{aligned}
$$

$$(10.5.11)$$

例 10.5.2 将函数 $f(x) = \sin x$ 展开成 x 的幂级数.

解 因为 $f^{(n)}(x) = \sin\left(x + \dfrac{n\pi}{2}\right), (n = 0, 1, 2, \cdots)$, 所以 $f^{(n)}(0) = $

$$
\sin \frac{n\pi}{2} = \begin{cases} 0, & n = 4k, \\ 1, & n = 4k+1, \\ 0, & n = 4k+2, \\ -1, & n = 4k+3, \end{cases}
$$
其中 $k = 0, 1, 2, \cdots$. 由系数 $a_n = \dfrac{f^{(n)}(0)}{n!}$

可知, 由 $f(x) = \sin x$ 生成的幂级数为

$$
\begin{aligned}
\sin x &\sim \sum_{n=0}^{\infty} (-1)^n \frac{x^{2n+1}}{(2n+1)!} \\
&= x - \frac{1}{3!}x^3 + \cdots + (-1)^n \frac{x^{2n+1}}{(2n+1)!} + \cdots.
\end{aligned}
$$

容易计算出其收敛半径 $R = +\infty$. 因此,

$$
\begin{aligned}
\sin x &= \sum_{n=0}^{\infty} (-1)^n \frac{x^{2n+1}}{(2n+1)!} \\
&= x - \frac{1}{3!}x^3 + \cdots + (-1)^n \frac{x^{2n+1}}{(2n+1)!} + \cdots, x \in (-\infty, +\infty).
\end{aligned}
$$

$$(10.5.12)$$

同样, 还可以得到 $\cos x$ 的幂级数展开式

$$
\cos x = \sum_{n=0}^{\infty} (-1)^n \frac{x^{2n}}{(2n)!}
$$

$$= 1 - \frac{1}{2!}x^2 + \cdots + (-1)^n \frac{x^{2n}}{(2n)!} + \cdots, x \in (-\infty, +\infty).$$

$$(10.5.13)$$

例 10.5.3 将函数 $f(x) = \ln(1+x)$ 展开成 x 的幂级数.

解 因为 $f'(x) = \frac{1}{1+x}$, $f''(x) = -\frac{1}{(1+x)^2}$, $f'''(x) = \frac{2}{(1+x)^3}$, $\cdots$, $f^{(n)}(x) = \frac{(-1)^{n-1}(n-1)!}{(1+x)^n}$, $\cdots$.

所以, $f(0) = 0, f^{(n)}(0) = (-1)^{n-1}(n-1)!, n = 1, 2, \cdots$. 系数 $a_0 = 0$,

$a_n = \frac{(-1)^{n-1}}{n}$.

由 $f(x) = \ln(1+x)$ 生成的幂级数为

$$\ln(1+x) \sim \sum_{n=1}^{\infty} \frac{(-1)^{n-1}}{n}x^n = x - \frac{1}{2}x^2 + \cdots + (-1)^{n-1}\frac{x^n}{n} + \cdots.$$

该级数的收敛半径 $R = 1$, 分别将 $x = 1$, $x = -1$ 代入, 可知其收敛域为 $(-1, 1]$, 因此,

$$\ln(1+x) = \sum_{n=1}^{\infty} \frac{(-1)^{n-1}}{n}x^n$$

$$= x - \frac{1}{2}x^2 + \cdots + (-1)^{n-1}\frac{x^n}{n} + \cdots, x \in (-1, 1].$$

$$(10.5.14)$$

此外, 利用直接法, 还可以得到函数 $f(x) = (1+x)^\alpha$ 生成的幂级数

$$(1+x)^\alpha \sim 1 + \sum_{n=1}^{\infty} \frac{\alpha(\alpha-1)\cdots(\alpha-n+1)}{n!}x^n$$

$$= 1 + \alpha x + \frac{\alpha(\alpha-1)}{2!}x^2 + \cdots + \frac{\alpha(\alpha-1)\cdots(\alpha-n+1)}{n!}x^n + \cdots,$$

这里, α 为实数, 且 $\alpha \neq 0$. 生成幂级数的收敛域与 α 的取值有关:

(1) 当 $\alpha \leqslant -1$ 时, 收敛域为 $(-1, 1)$.

(2) 当 $-1 < \alpha < 0$ 时, 收敛域为 $(-1, 1]$.

(3) 当 $\alpha > 0$ 时, 收敛域为 $[-1, 1]$.

例如, $\alpha = -1$ 时, 函数 $f(x) = \frac{1}{1+x}$ 展开成 x 的幂级数为

$$\frac{1}{1+x} = 1 - x + x^2 - x^3 + \cdots + (-1)^n x^n + \cdots, x \in (-1, 1).$$

$$(10.5.15)$$

再例如, $\alpha = \frac{1}{2}$, $\alpha = -\frac{1}{2}$ 时函数 $f(x) = (1+x)^\alpha$ 分别展开成 x 的幂级数为

$$\sqrt{1+x} = 1 + \frac{1}{2}x - \frac{1}{2 \cdot 4}x^2 + \cdots + (-1)^{n-1}\frac{(2n-3)!!}{(2n)!!}x^n + \cdots,$$

$$x \in [-1, 1], \qquad (10.5.16)$$

$$\frac{1}{\sqrt{1+x}}=1-\frac{1}{2}x+\frac{1\cdot3}{2\cdot4}x^2+\cdots+(-1)^n\frac{(2n-1)!!}{(2n)!!}x^n+\cdots,$$
$$x\in(-1,1].\qquad(10.5.17)$$

其中，符号 !! 称为双阶乘，$(2n-1)!!=1\cdot3\cdot5\cdot\cdots\cdot(2n-1)$；$(2n)!!=2\cdot4\cdot6\cdot\cdots\cdot(2n)$.

2. 间接展开法

直接展开法需要计算泰勒系数，只有少数简单函数容易通过直接计算得到其泰勒系数．更多函数需要根据幂级数展开式的唯一性，利用已有函数的幂级数展开式，通过**变量代换，四则运算，恒等变形，逐项求导，逐项积分**等方法，间接地求出其幂级数展开式．这种方法称为幂级数的间接展开法．尽管间接法是建立在直接法基础之上的，但运用间接法不必再去求相应幂级数的收敛半径，也不用分析余项R_n，因此有其方便之处，是函数幂级数展开的主要方法.

例 10.5.4 将函数 $f(x)=\dfrac{x}{1-x^2}$ 展开成 x 的幂级数.

解 因为 $\dfrac{x}{1-x^2}=x\cdot\dfrac{1}{1-x^2}$，而由公式(10.5.15)可知

$$\frac{1}{1+x}=\sum_{n=0}^{\infty}(-1)^nx^n$$
$$=1-x+x^2-x^3+\cdots+(-1)^nx^n+\cdots,x\in(-1,1),$$

所以，

$$\frac{1}{1-x^2}=\frac{1}{1+(-x^2)}=\sum_{n=0}^{\infty}x^{2n}$$
$$=1+x^2+x^4+x^6+\cdots+x^{2n}+\cdots,x\in(-1,1),$$

因此，

$$\frac{x}{1-x^2}=x\cdot\frac{1}{1-x^2}=\sum_{n=0}^{\infty}x^{2n+1}=x+x^3+x^5+x^7+\cdots+x^{2n+1}+\cdots,x\in(-1,1).$$

例 10.5.5 将函数 $f(x)=\arctan x$ 展开成 x 的幂级数.

解 因为 $(\arctan x)'=\dfrac{1}{1+x^2}$，同样利用公式(10.5.15)，有

$$\frac{1}{1+x^2}=\sum_{n=0}^{\infty}(-1)^nx^{2n}$$
$$=1-x^2+x^4-x^6+\cdots+(-1)^nx^{2n}+\cdots,x\in(-1,1),$$

所以，

$$\arctan x=\int_0^x(\arctan x)'\mathrm{d}x+\arctan0$$
$$=\int_0^x\frac{1}{1+x^2}\mathrm{d}x+0$$

$$= \int_0^x \sum_{n=0}^{\infty} (-1)^n x^{2n} \mathrm{d}x + 0$$

$$= \sum_{n=0}^{\infty} \int_0^x (-1)^n x^{2n} \mathrm{d}x + 0$$

$$= \sum_{n=0}^{\infty} (-1)^n \frac{1}{2n+1} x^{2n+1}$$

$$= x - \frac{1}{3}x^3 + \frac{1}{5}x^5 - \frac{1}{7}x^7 + \cdots + (-1)^n \frac{1}{2n+1} x^{2n+1} + \cdots.$$

$$(10.5.18)$$

在求解过程中,用到了逐项积分. 逐项积分可以保持级数的收敛半径,但收敛区间端点的收敛性可能会发生改变. 因此,在利用间接法进行幂级数展开时,需要对收敛区间端点的收敛性重新讨论. 为此,将 $x=-1$ 和 $x=1$ 分别代入 $\arctan x$ 的幂级数表达式(10.5.18),可以发现均为交错项级数,利用莱布尼茨判别法可知均收敛. 因此, $\arctan x$ 的幂级数展开式为

$$\arctan x = \sum_{n=0}^{\infty} (-1)^n \frac{1}{2n+1} x^{2n+1}$$

$$= x - \frac{1}{3}x^3 + \cdots + (-1)^n \frac{1}{2n+1} x^{2n+1} + \cdots, x \in [-1,1].$$

例 10.5.6 将函数 $f(x) = \dfrac{x-1}{4-x}$ 在 $x=1$ 处展开成泰勒级数(展开成 $x-1$ 的幂级数),并求 $f^{(n)}(1)$.

解 因为

$$f(x) = \frac{x-1}{4-x} = (x-1) \cdot \frac{1}{4-x} = (x-1) \cdot \frac{1}{3-(x-1)}$$

$$= (x-1) \cdot \frac{1}{3} \cdot \frac{1}{1 - \dfrac{x-1}{3}}.$$

由公式(10.5.15),即

$$\frac{1}{1+x} = \sum_{n=0}^{\infty} (-1)^n x^n, x \in (-1,1)$$

可知

$$\frac{1}{1 - \dfrac{x-1}{3}} = \sum_{n=0}^{\infty} (-1)^n \left(-\frac{x-1}{3}\right)^n$$

$$= \sum_{n=0}^{\infty} \left(\frac{x-1}{3}\right)^n, \frac{x-1}{3} \in (-1,1),$$

所以,

$$f(x) = \frac{x-1}{3} \sum_{n=0}^{\infty} \left(\frac{x-1}{3}\right)^n = \sum_{n=0}^{\infty} \left(\frac{x-1}{3}\right)^{n+1}, x \in (-2,4).$$

因为泰勒系数 $a_n = \dfrac{f^{(n)}(1)}{n!}$,而由 $f(x)$ 在 $x=1$ 处展开的泰勒级数可

知，$(x-1)^n$的系数为$\frac{1}{3^n}$. 因此，$\frac{f^{(n)}(1)}{n!}=\frac{1}{3^n}$，即$f^{(n)}(1)=\frac{n!}{3^n}$.

10.5.3* 幂级数的应用

以下简单说明幂级数在函数值近似计算、积分近似计算以及求解微分方程中的应用.

1. 函数值近似计算

复杂函数在某点值的近似计算在实际中有着广泛的应用，而求函数近似值通常采用的方法就是利用该函数对应的幂级数.

例如，要计算$\sqrt{2}$的近似值，由公式(10.5.16)可知函数$f(x)=\sqrt{1+x}$的幂级数展开为

$$\sqrt{1+x}=1+\frac{1}{2}x-\frac{1}{2\cdot4}x^2+\cdots+(-1)^{n-1}\frac{(2n-3)!!}{(2n)!!}x^n+\cdots,$$

$x\in[-1,1]$.

因为幂级数在$x=1$处收敛，因此，$\sqrt{2}$就是$\sqrt{1+x}$在$x=1$处的值. 即

$$\sqrt{2}=\sqrt{1+1}=1+\frac{1}{2}-\frac{1}{2\cdot4}+\cdots+(-1)^{n-1}\frac{(2n-3)!!}{(2n)!!}+\cdots.$$

$$(10.5.19)$$

公式(10.5.19)中级数是收敛的，所以可用其前n项(或前$n+1$项)部分和作为$\sqrt{2}$的近似值：

$$\sqrt{2}\approx1+\frac{1}{2}-\frac{1}{2\cdot4}+\cdots+(-1)^{n-1}\frac{(2n-3)!!}{(2n)!!}.$$

其误差就是该级数的余项.

当级数为交错项级数，且满足莱布尼茨定理条件，则容易对其余项的范围进行估计，即实现误差估计. 当级数不是交错项级数时，可以考虑运用放缩的技巧，实现误差估计. 但误差估计的前提是：级数收敛，即余项趋于0，$(n\to\infty)$.

误差估计在近似计算中发挥着重要作用，因为一旦能够对近似计算中的误差进行估计，则可以解决：(1) 利用问题中要求的计算精度，确定项数，即用前多少项的部分和作为函数值的近似值；(2) 给定了前n项部分和作为函数值的近似值，估计近似值的精度.

例 10.5.7 计算$\sqrt{2}$的近似值，使其误差的绝对值不超过10^{-2}.

解 由展开式$\sqrt{1+x}=1+\frac{1}{2}x-\frac{1}{2\cdot4}x^2+\cdots+(-1)^{n-1}$ $\frac{(2n-3)!!}{(2n)!!}x^n+\cdots,x\in[-1,1]$. 令$x=1$，得

$$\sqrt{2}=1+\frac{1}{2}-\frac{1}{2\cdot4}+\cdots+(-1)^{n-1}\frac{(2n-3)!!}{(2n)!!}+\cdots.$$

取前 n 项，作为 $\sqrt{2}$ 的近似值

$$\sqrt{2} \approx 1 + \frac{1}{2} - \frac{1}{2 \cdot 4} + \cdots + (-1)^{n-1} \frac{(2n-3)!!}{(2n)!!}.$$

由于 $\sqrt{1+x}$ 的幂级数展开式在 $x=1$ 处是收敛的交错项级数，且满足莱布尼茨定理的条件，所以，误差的绝对值

$$|R_n| \leqslant \frac{(2n-3)!!}{(2n)!!}.$$

取 $n=10$，则 $|R_{10}| \leqslant \dfrac{2431}{262144} < 10^{-2}$. 得

$$\sqrt{2} \approx 1 + \frac{1}{2} - \frac{1}{2 \cdot 4} + \cdots - \frac{(2 \cdot 8 - 3)!!}{(2 \cdot 8)!!} + \frac{(2 \cdot 9 - 3)!!}{(2 \cdot 9)!!}$$

$$= \frac{93009}{65536} \approx 1.419.$$

例 10.5.8 利用 $e^x \approx 1 + x + \dfrac{x^2}{2!} + \dfrac{x^3}{3!} + \dfrac{x^4}{4!} + \dfrac{x^5}{5!} + \dfrac{x^6}{6!} + \dfrac{x^7}{7!} + \dfrac{x^8}{8!}$ 求 e 的近似值，并估计误差.

解 令 $x=1$，则

$$1 + x + \frac{x^2}{2!} + \frac{x^3}{3!} + \frac{x^4}{4!} + \frac{x^5}{5!} + \frac{x^6}{6!} + \frac{x^7}{7!} + \frac{x^8}{8!} \Big|_{x=1} = \frac{109601}{40320} \approx 2.71828.$$

由于

$$e^x = \sum_{n=0}^{\infty} \frac{1}{n!} x^n = 1 + x + \frac{1}{2!} x^2 + \cdots + \frac{1}{n!} x^n + \cdots, x \in (-\infty, +\infty),$$

所以用 $1 + 1 + \dfrac{1}{2!} + \dfrac{1}{3!} + \dfrac{1}{4!} + \dfrac{1}{5!} + \dfrac{1}{6!} + \dfrac{1}{7!} + \dfrac{1}{8!}$ 近似表示 e 时，其误差的绝对值

$$|R_8| = \frac{1}{9!} + \frac{1}{10!} + \cdots + \frac{1}{n!} + \cdots$$

$$\leqslant \frac{1}{9!} \left(1 + \frac{1}{10} + \frac{1}{10 \cdot 11} + \frac{1}{10 \cdot 11 \cdot 12} + \cdots \right)$$

$$\leqslant \frac{1}{9!} \left(1 + \frac{1}{10} + \frac{1}{10^2} + \frac{1}{10^3} + \cdots \right)$$

$$\leqslant \frac{1}{9!} \cdot \frac{1}{1 - \dfrac{1}{10}}$$

$$\leqslant \frac{10}{9 \cdot 9!}$$

$$= \frac{1}{326592}$$

$$\approx 3.06 \times 10^{-6}.$$

在一元函数积分学中，我们知道连续函数一定存在原函数，然而有些连续函数，如 e^{-x^2}，$\dfrac{\sin x}{x}$，$\dfrac{1}{\ln x}$，$\sqrt{1+x^3}$ 等等，其原函数未必是初等函数，因此就不能利用牛顿-莱布尼茨公式计算其定积

分. 但若这些函数在积分区间上可以展开成幂级数, 例如 $e^{-x^2} = \sum_{n=0}^{\infty} \frac{(-1)^n}{n!} x^{2n}, x \in (-\infty, +\infty)$, 则计算这些函数的定积分时, 就可以利用幂级数的逐项积分性质, 用逐项积分后得到的幂级数表示被积函数的原函数, 然后近似计算待求积分.

例 10.5.9 计算 $\int_0^1 \frac{\sin x}{x} \mathrm{d}x$ 的近似值, 精确到 10^{-6}.

解 由于

$$\frac{\sin x}{x} = \sum_{n=0}^{\infty} (-1)^n \frac{x^{2n}}{(2n+1)!} = 1 - \frac{1}{3!}x^2 + \frac{1}{5!}x^4 - \frac{1}{7!}x^6 + \cdots,$$

$x \in (-\infty, +\infty)$.

所以,

$$\begin{aligned}
\int_0^1 \frac{\sin x}{x} \mathrm{d}x &= \int_0^1 \sum_{n=0}^{\infty} (-1)^n \frac{x^{2n}}{(2n+1)!} \mathrm{d}x \\
&= \sum_{n=0}^{\infty} (-1)^n \int_0^1 \frac{x^{2n}}{(2n+1)!} \mathrm{d}x \\
&= \sum_{n=0}^{\infty} \frac{(-1)^n}{(2n+1) \cdot (2n+1)!} \\
&= 1 - \frac{1}{3 \cdot 3!} + \frac{1}{5 \cdot 5!} - \frac{1}{7 \cdot 7!} + \frac{1}{9 \cdot 9!} - \frac{1}{11 \cdot 11!} \cdots.
\end{aligned}$$

显然, 这是一个收敛的交错项级数, 可将余项中的首项绝对值作为误差上限. 由于第 5 项

$$\left| \frac{1}{9 \cdot 9!} \right| = \frac{1}{3265920} \approx 3 * 10^{-7} < 10^{-6},$$

故取前 4 项作为题设积分的近似值, 即可保证计算结果精确到 10^{-6}, 此时,

$$\begin{aligned}
\int_0^1 \frac{\sin x}{x} \mathrm{d}x &= 1 - \frac{1}{3 \cdot 3!} + \frac{1}{5 \cdot 5!} - \frac{1}{7 \cdot 7!} \\
&= \frac{166889}{176400} \approx 0.9460828.
\end{aligned}$$

函数的幂级数展开, 不仅可用于积分的近似计算, 还可用于求解微分方程与幂级数求和.

例 10.5.10 设有幂级数 $\sum_{n=1}^{\infty} \frac{1}{(2n)!} x^{2n}$, 验证此级数的和函数 $S(x) = \sum_{n=1}^{\infty} \frac{1}{(2n)!} x^{2n}$ 满足微分方程 $S''(x) - S(x) = 1$, 并求 $S(x)$.

解 容易证明该幂级数的收敛域为 $(-\infty, +\infty)$. 由幂级数的逐项求导性质, 得

$$\begin{aligned}
S'(x) &= \left(\sum_{n=1}^{\infty} \frac{1}{(2n)!} x^{2n} \right)' \\
&= \sum_{n=1}^{\infty} \left(\frac{1}{(2n)!} x^{2n} \right)'
\end{aligned}$$

$$= \sum_{n=1}^{\infty} \frac{1}{(2n-1)!} x^{2n-1},$$

$$S''(x) = \Big(\sum_{n=1}^{\infty} \frac{1}{(2n-1)!} x^{2n-1} \Big)'$$

$$= \sum_{n=1}^{\infty} \frac{1}{(2n-2)!} x^{2n-2}$$

$$= 1 + \sum_{n=2}^{\infty} \frac{1}{(2n-2)!} x^{2n-2}$$

$$= 1 + \sum_{n=2}^{\infty} \frac{1}{(2(n-1))!} x^{2(n-1)}$$

$$= 1 + \sum_{n=1}^{\infty} \frac{1}{(2n)!} x^{2n},$$

所以,$S''(x) - S(x) = 1$. 即级数的和函数 $S(x)$ 满足微分方程 $S''(x) - S(x) = 1$. 因此,求解微分方程即可求出 $S(x)$. 考虑到该方程是二阶常系数线性非齐次微分方程,

特征方程为

$$r^2 - 1 = 0.$$

特征根为

$$r_1 = 1, r_2 = -1$$

故,齐次微分方程的通解为

$$\bar{S}(x) = C_0 e^x + C_1 e^{-x}.$$

由非齐次项的特征,可设特解 $S^*(x) = a$,代入方程 $S''(x) - S(x) = 1$ 可得 $a = -1$.

因此,该方程的通解为

$$S(x) = \bar{S}(x) + S^*(x) = C_0 e^x + C_1 e^{-x} - 1.$$

容易计算 $S(0) = 0, S'(0) = 0$,所以,$C_0 + C_1 = 1, C_0 - C_1 = 0$,即 $C_0 = \frac{1}{2}, C_1 = \frac{1}{2}$. 所以

$$S(x) = \frac{1}{2}(e^x + e^{-x}) - 1.$$

习题 10.5

1. 把函数 $f(x) = \dfrac{1}{x(x-3)}$ 展开为 $(x-1)$ 的幂级数,并指出收敛域.

2. 把函数 $f(x) = \dfrac{1}{x^2 + 4x + 3}$ 展开为 $(x-1)$ 的幂级数,并指出收敛域.

3. 把函数 $f(x) = (x^2 + 1)\arctan x$ 展开为 x 的幂级数,并指

出收敛域.

4. 计算 ln3 的近似值, 使其误差的绝对值不超过 10^{-4}.

5. 设有幂级数 $\sum\limits_{n=0}^{\infty} \dfrac{1}{(3n)!} x^{3n}$, 验证此级数的和函数 $S(x) = \sum\limits_{n=0}^{\infty} \dfrac{1}{(3n)!} x^{3n}$ 满足微分方程 $S''(x) + S'(x) + S(x) = e^x$, 并求 $S(x)$.

6. 已知 $f_n(x)$ 满足 $x f'_n(x) = (nx + 1) f_n(x)$, 其中 n 为正整数, 且 $f_n(1) = \dfrac{e^n}{n}$, 求函数项级数 $\sum\limits_{n=1}^{\infty} f_n(x)$ 的和函数.

7. 设数列 $\{b_n\}$ 满足: $b_1 = 1$, $(n+1) b_{n+1} = \left(n + \dfrac{1}{3}\right) b_n$ $(n = 1, 2, \cdots)$. 证明: 当 $|x| < 1$ 时幂级数 $\sum\limits_{n=1}^{\infty} b_n x^n$ 收敛, 并求其和函数.

附 录

附录 A　常用初等代数公式

1. 一元二次方程 $ax^2+bx+c=0$

根的判别式 $\Delta=b^2-4ac$.

当 $\Delta>0$ 时，方程有两个相异实根；

当 $\Delta=0$ 时，方程有两个相等实根；

当 $\Delta<0$ 时，方程有共轭复根.

求根公式为 $x_{1,2}=\dfrac{-b\pm\sqrt{b^2-4ac}}{2a}$.

2. 对数的运算性质

(1) $a^y=x$，则 $y=\log_a x$；

(2) $\log_a a=1$，$\log_a 1=0$，$\ln e=1$，$\ln 1=0$；

(3) $\log_a(x-y)=\log_a x+\log_a y$；

(4) $\log_a\dfrac{x}{y}=\log_a x-\log_a y$；

(5) $\log_a x^b=b-\log_a x$；

(6) $a^{\log_a x}=x$，$e^{\ln x}=x$.

3. 指数的运算性质

(1) $a^m\cdot a^n=a^{m+n}$；

(2) $\dfrac{a^m}{a^n}=a^{m-n}$；

(3) $(a^m)^n=a^{m\cdot n}$；

(4) $(a\cdot b)^m=a^m\cdot b^m$；

(5) $\left(\dfrac{a}{b}\right)^m=\dfrac{a^m}{b^m}$.

4. 常用二项展开及分解公式

(1) $(a+b)^2=a^2+2ab+b^2$；

(2) $(a-b)^2=a^2-2ab+b^2$；

(3) $(a+b)^3=a^3+3a^2b+3ab^2+b^3$；

(4) $(a-b)^3=a^3-3a^2b+3ab^2-b^3$；

(5) $a^2-b^2=(a+b)(a-b)$;

(6) $a^3-b^3=(a-b)(a^2+ab+b^2)$;

(7) $a^3+b^3=(a+b)(a^2-ab+b^2)$;

(8) $a^n-b^n=(a-b)(a^{n-1}+a^{n-2}b+a^{n-3}b^2+\cdots+b^{n-1})$;

(9) $(a+b)^n=C_n^0a^n+C_n^1a^{n-1}b+C_n^2a^{n-2}b^2+\cdots+C_n^ka^{n-k}b^k+\cdots+C_n^nb^n$,

其中组合系数 $C_n^m=\dfrac{n(n-1)(n-2)\cdots(n-m+1)}{m!}$, $C_n^0=1$, $C_n^n=1$.

5. 常用不等式及其运算性质

如果 $a>b$, 则有

(1) $a\pm c>b\pm c$;

(2) $ac>bc(c>0),ac<bc(c<0)$;

(3) $\dfrac{a}{c}>\dfrac{b}{c}(c>0),\dfrac{a}{c}<\dfrac{b}{c}(c<0)$;

(4) $a^n>b^n(n>0,a>0,b>0),a^n<b^n(n<0,a>0,b>0)$;

(5) $\sqrt[n]{a}>\sqrt[n]{b}$(n 为正整数,$a>0,b>0$);

对于任意实数 a, b, 均有:

(6) $|a|-|b|\leqslant|a+b|\leqslant|a|+|b|$;

(7) $a^2+b^2\geqslant2ab$.

6. 常用数列公式

(1) 等差数列 a_1, a_1+d, a_1+2d, $\cdots$, $a_1+(n-1)d$, 其公差为 d, 前 n 项的和为

$$s_n=a_1+(a_1+d)+(a_1+2d)+\cdots+[a_1+(n-1)d]=\dfrac{a_1+[a_1+(n-1)d]}{2}\cdot n.$$

(2) 等比数列 a_1, a_1q, a_1q^2, $\cdots$, a_1q^{n-1}, 其公比为 q, 前 n 项的和为

$$s_n=a_1+a_1q+a_1q^2+\cdots+a_1q^{n-1}=\dfrac{a_1(1-q^n)}{1-q}.$$

(3) 一些常见数列的前 n 项和

$1+2+3+\cdots+n=\dfrac{1}{2}n(n+1)$;

$2+4+6+\cdots+2n=n(n+1)$;

$1+3+5+\cdots+(2n-1)=n^2$;

$1^2+2^2+3^2+\cdots+n^2=\dfrac{1}{6}n(n+1)(2n+1)$;

$1^2+3^2+5^2+\cdots+(2n-1)^2=\dfrac{1}{3}n(4n^2-1)$;

$$1 \cdot 2 + 2 \cdot 3 + 3 \cdot 4 + \cdots + n(n+1) = \frac{1}{3} n(n+1)(n+2);$$

$$\frac{1}{1 \cdot 2} + \frac{1}{2 \cdot 3} + \frac{1}{3 \cdot 4} + \cdots + \frac{1}{n(n+1)} = 1 - \frac{1}{n+1}.$$

7. 阶乘 $n! = n(n-1)(n-2)\cdots 2 \times 1.$

附录 B　常用基本三角公式

1. 基本公式

$$\sin^2 x + \cos^2 x = 1; \quad 1 + \tan^2 x = \sec^2 x; \quad 1 + \cot^2 x = \csc^2 x.$$

2. 倍角公式

$$\sin 2x = 2 \sin x \cos x;$$

$$\cos 2x = \cos^2 x - \sin^2 x = 1 - 2\sin^2 x = 2\cos^2 x - 1;$$

$$\tan 2x = \frac{2 \tan x}{1 - \tan^2 x}.$$

3. 半角公式

$$\sin^2 \frac{x}{2} = \frac{1 - \cos x}{2}; \quad \cos^2 \frac{x}{2} = \frac{1 + \cos x}{2}; \quad \tan \frac{x}{2} = \frac{1 - \cos x}{\sin x}.$$

4. 加法公式

$$\sin(x \pm y) = \sin x \cos y \pm \cos x \sin y;$$

$$\cos(x \pm y) = \cos x \cos y \mp \sin x \sin y;$$

$$\tan(x \pm y) = \frac{\tan x \pm \tan y}{1 \mp \tan x \tan y}.$$

5. 和差化积公式

$$\sin x + \sin y = 2 \sin \frac{x+y}{2} \cos \frac{x-y}{2};$$

$$\sin x - \sin y = 2 \cos \frac{x+y}{2} \sin \frac{x-y}{2};$$

$$\cos x + \cos y = 2 \cos \frac{x+y}{2} \cos \frac{x-y}{2};$$

$$\cos x - \cos y = -2 \sin \frac{x+y}{2} \sin \frac{x-y}{2}.$$

6. 积化和差公式

$$\sin x \cos y = \frac{1}{2} [\sin(x+y) + \sin(x-y)];$$

$$\cos x \sin y = \frac{1}{2} [\sin(x+y) - \sin(x-y)];$$

$$\cos x \cos y = \frac{1}{2} [\cos(x+y) + \cos(x-y)];$$

$$\sin x \sin y = -\frac{1}{2} [\cos(x+y) - \cos(x-y)].$$

附录 C　常用曲线

1. 笛卡儿叶形线

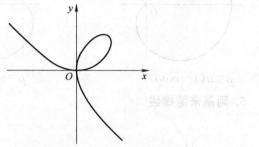

$$x^3 + y^3 - 3axy = 0,\ 或 \begin{cases} x = \dfrac{3at}{1+t^3}, \\ y = \dfrac{3a\,t^2}{1+t^3}. \end{cases}$$

2. 星形线

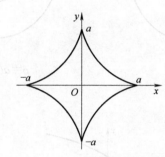

$$x^{\frac{2}{3}} + y^{\frac{2}{3}} = a^{\frac{2}{3}},\ 或 \begin{cases} x = a\cos^3\theta, \\ y = a\sin^3\theta, \end{cases} (0 \leqslant \theta \leqslant 2\pi).$$

3. 摆线

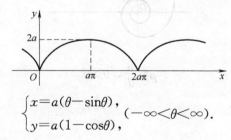

$$\begin{cases} x = a(\theta - \sin\theta), \\ y = a(1 - \cos\theta), \end{cases} (-\infty < \theta < \infty).$$

4. 心形线

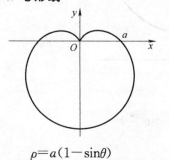

$\rho = a(1 - \sin\theta)$　　　　　$\rho = a(1 + \sin\theta)$

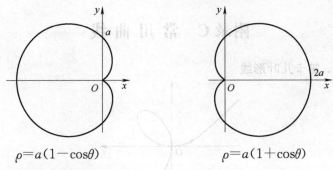

$\rho=a(1-\cos\theta)$　　　　　　$\rho=a(1+\cos\theta)$

5. 阿基米德螺线

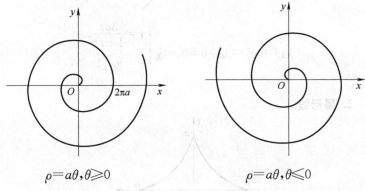

$\rho=a\theta,\theta\geqslant0$　　　　　　$\rho=a\theta,\theta\leqslant0$

6. 双曲螺线

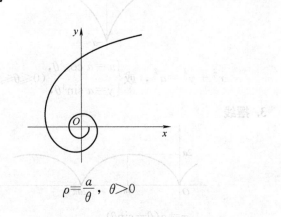

$\rho=\dfrac{a}{\theta},\ \theta>0$

7. 悬链线

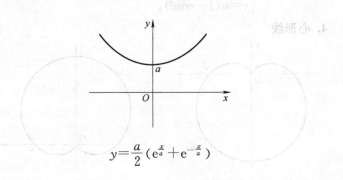

$y=\dfrac{a}{2}(\mathrm{e}^{\frac{x}{a}}+\mathrm{e}^{-\frac{x}{a}})$

8. 伯努利双纽线

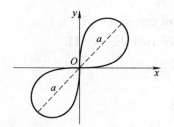

$\rho^2 = a^2 \sin 2\theta$

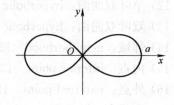

$\rho^2 = a^2 \cos 2\theta$

9. 三叶玫瑰线

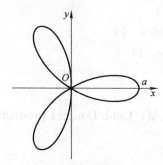

$\rho = a\cos 3\theta$

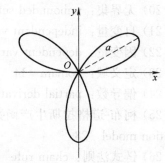

$\rho = a\sin 3\theta$

10. 四叶玫瑰线

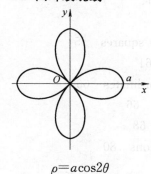

$\rho = a\cos 2\theta$

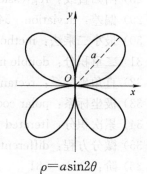

$\rho = a\sin 2\theta$

附录 D 专业术语中英文对照表及出现页码

1）空间直角坐标系：space rectangular coordinates　1

2）曲面：surface　5

3）曲线：curve　6

4）柱面：cylinder　7

5）抛物柱面：parabolic cylinder　7

6）椭圆柱面：elliptic cylinder　8

7）双曲柱面：hyperbolic cylinder　8

8）椭球面：ellipsoid　8

9）椭圆抛物面：elliptic paraboloid　9

部分习题答案与提示

第 7 章

习题 7.1

1. (1) Ⅲ卦限;　　　　　　(2) Ⅴ卦限;
   (3) Ⅶ卦限;　　　　　　(4) Ⅷ卦限.

2. $(x,y,-z),(x,-y,-z),(-x,y,-z),(-x,-y,z),$
$(-x,-y,-z).$

3. 到 x,y,z 轴的距离分别为 $\sqrt{34},\sqrt{41},5.$

4. 提示:计算三边的长度.

习题 7.2

1. 表示的是通过 Z 轴且通过 xOy 平面上 $y=-x$ 直线的平面.

2. 表示的是顶点在坐标原点,开口向上的圆锥面.

3. 表示以 xOy 坐标面上的圆 $(x-2)^2+y^2=4$ 为准线,母线平行于 z 轴的圆柱面.

4. $(x-2)^2+(y+2)^2+(z-1)^2=9.$

5. (1) 球面方程;　　　　　(2) 椭圆抛物面;
   (3) 单叶(旋转)双曲;　　(4) 双叶(旋转)双曲面.

习题 7.3

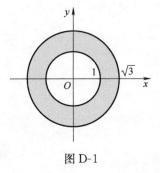

图 D-1

1. (1) 因为函数 arccos 的定义域为 $[-1,1]$,即 $-1\leqslant 2-x^2-y^2\leqslant 1$,所以函数 $z=\arccos(2-x^2-y^2)$ 的定义域为:D:$1\leqslant x^2+y^2\leqslant 3.$ 其图形如图 D-1.

   (2) 定义域为:$D=\{(x,y)|x\geqslant 0,y\geqslant 0,x^2\geqslant y\}$ 或 $\{(x,y)|y\geqslant 0,x\geqslant\sqrt{y}\}$,图略.

   (3) 定义域为:$D=\{(x,y,z)|x^2+y^2+z^2>9\}$,图略.

2. (1) $\dfrac{3}{2}$;　　(2)2;　　(3)1;　　(4)e$^{-2}.$

3. (1) 提示:令 $y=kx(k\neq -1)$ 可得极限值与 k 有关,故极

限不存在.

(2)提示：令 $y=kx^2$ 可得极限值与 k 有关，故极限不存在.

4. $\lim\limits_{\substack{x\to 0 \\ y\to 0}}\dfrac{x^2 y}{x^2+y^2}=0\neq 1$，所以函数 $f(x,y)$ 在点 $(0,0)$ 不连续.

5. 因为当 $x=0$，$y\neq 0$ 时，$f(0,y)=0$，

但 $\lim\limits_{\substack{x\to 0 \\ y\to b}}\dfrac{\sin(xy)}{x}=\lim\limits_{\substack{x\to 0 \\ y\to b}}\left[\dfrac{\sin(xy)}{xy}\cdot y\right]=b\neq f(0,b)$，这里 $b\neq 0$，

因此，函数 $f(x,y)=\begin{cases}\dfrac{\sin(xy)}{x}, & x\neq 0, \\ 0, & x=0\end{cases}$ 的间断点为 $\{(x,y)\,|\,x=0,$

$y\neq 0\}$，其余点为连续点.

习题 7.4

1. 求下列函数的偏导数.

(1) $\dfrac{\partial z}{\partial x}=2x+3y, \dfrac{\partial z}{\partial y}=3x+2y$；

(2) $\dfrac{\partial z}{\partial x}=\mathrm{e}^{xy}(xy+y^2+1), \dfrac{\partial z}{\partial y}=\mathrm{e}^{xy}(xy+x^2+1)$；

(3) $\dfrac{\partial z}{\partial x}=\dfrac{1}{y\sin\dfrac{x}{y}\cdot\cos\dfrac{x}{y}}, \dfrac{\partial z}{\partial y}=\dfrac{-x}{y^2\sin\dfrac{x}{y}\cdot\cos\dfrac{x}{y}}$；

(4) $\dfrac{\partial z}{\partial x}=y(\cos(xy)-\sin(2xy)), \dfrac{\partial z}{\partial y}=x(\cos(xy)-\sin(2xy))$.

2. $\dfrac{\partial z}{\partial x}\Big|_{(0,1)}=3\ln 2, \dfrac{\partial z}{\partial y}\Big|_{(0,\mathrm{e}^{-1})}=\mathrm{e}$.

3. $f'_x(2,1)=\dfrac{7}{4}$.

4. $f'_x(0,0)=1, f'_y(0,0)=1$.

5. $f'_x(0,0)=2, f'_y(0,0)=-3$.

6. $E_{11}=-\alpha, E_{12}=-\beta, E_{1y}=\gamma$.

7. (1) $\dfrac{\partial^2 z}{\partial x^2}=12x^2-8y^2, \dfrac{\partial^2 z}{\partial x\partial y}=-16xy, \dfrac{\partial^2 z}{\partial y^2}=12y^2-8x^2$；

(2) $\dfrac{\partial^2 z}{\partial x^2}=2y(2y-1)x^{2y-2}, \dfrac{\partial^2 z}{\partial x\partial y}=2x^{2y-1}(1+2y\ln x), \dfrac{\partial^2 z}{\partial y^2}=$

$4x^{2y}\ln^2 x$.

8. $\dfrac{\partial^2 u}{\partial y\partial x}\Big|_{(2,1)}=2$.

9. $f''_{xy}(0,0)=0, f''_{yx}(0,0)=1$.

习题 7.5

1. (1) $\mathrm{d}z=\left(y+\dfrac{1}{y}\right)\mathrm{d}x+x\left(1-\dfrac{1}{y^2}\right)\mathrm{d}y$；

$(2)\ dz=-\dfrac{y}{x^2}e^{\frac{y}{x}}dx+\dfrac{1}{x}e^{\frac{y}{x}}dy;$

$(3)\ dz=\dfrac{y}{1+x^2y^2}dx+\dfrac{x}{1+x^2y^2}dy;$

$(4)\ dz=\dfrac{2x}{1+x^2+y^2}dx+\dfrac{2y}{1+x^2+y^2}dy.$

2. $\Delta z\approx-0.204$，$dz=-0.2$.

3. $dz|_{(1,1)}=(1+2\ln2)dx-(1+2\ln2)dy.$

4. 略.

5. 0.49.

6. -2.8mm，$-0.014\ \text{m}^2$.

习题 7.6

1. $\dfrac{\partial z}{\partial x}=y\arctan v+\dfrac{u}{1+v^2}2x\sin y,\dfrac{\partial z}{\partial y}=x\arctan v+\dfrac{u}{1+v^2}x^2\cos y.$

2. $\dfrac{dz}{dt}=2^x(x\ln2+\sin x\cdot\ln2+\cos x+1).$

3. $\dfrac{dz}{dx}=\dfrac{(1+x)e^x}{1+x^2e^{2x}}.$

4. $\dfrac{\partial z}{\partial s}=e^{\frac{s}{t}}\left(t\cos\sqrt{s^2+t^2}-\dfrac{s}{\sqrt{s^2+t^2}}\sin\sqrt{s^2+t^2}\right),$

$\dfrac{\partial z}{\partial t}=e^{\frac{s}{t}}\left(s\cos\sqrt{s^2+t^2}-\dfrac{t}{\sqrt{s^2+t^2}}\sin\sqrt{s^2+t^2}\right).$

5. $dz=\dfrac{\cos x}{1+e^z}dx+\dfrac{3}{1+e^z}dy.$

6. $\dfrac{\partial z}{\partial x}=\dfrac{x}{2-z},\dfrac{\partial^2 z}{\partial x^2}=\dfrac{(2-z)^2+x^2}{(2-z)^3}.$

7. $\dfrac{\partial z}{\partial x}=2x\dfrac{\partial z}{\partial u}+ye^{xy}\dfrac{\partial z}{\partial v},\dfrac{\partial z}{\partial y}=-2y\dfrac{\partial z}{\partial u}+xe^{xy}\dfrac{\partial z}{\partial v}.$

8. $\dfrac{\partial^2 z}{\partial x^2}=2z(1+2x^2),\dfrac{\partial^2 z}{\partial x\partial y}=4xyz,\dfrac{\partial^2 z}{\partial y^2}=2z(1+2y^2).$

9. $\dfrac{\partial z}{\partial x}+\dfrac{\partial z}{\partial y}=1.$

10. $\dfrac{du}{dx}=f_1'+\dfrac{y^2}{1-xy}f_2'+\dfrac{z}{xz-x}f_3'.$

11. $\dfrac{du}{dx}=f_1'-\dfrac{y}{x}f_2'+\left(1-\dfrac{e^x(x-z)}{\sin(x-z)}\right)f_3'.$

12. 证明(略).

13. $\dfrac{\partial z}{\partial x}=\dfrac{u^2}{2(u^2-v^2)}(2\ln v-1),\dfrac{\partial z}{\partial y}=\dfrac{u(u^2-2v^2\ln v)}{2(u^2-v^2)v}.$

习题 7.7

1. (1)：$(0,1)$是极小值点，极小值为$-\dfrac{1}{2}$；

(2)：$(1,1)$ 是极小值点，极小值为 -1.

(3)：$(18,6)$ 是极小值点，极小值为 -108；

(4)：$\left(\dfrac{1}{3},\dfrac{1}{3}\right)$ 是极大值点，极大值为 $\dfrac{1}{27}$.

2. $(9,3)$ 是极小值点，极小值为 3；$(-9,-3)$ 是极大值点，极大值为 -3.

3. $(0,0)$ 是极小值点，对应极小值为 -2；$(-2,\pi)$ 不是极值点.

4. $\dfrac{36}{13}$.

5. $\sqrt{9+5\sqrt{3}}$，$\sqrt{9-5\sqrt{3}}$.

6. 略.

习题 7.8

1. $y=\dfrac{5}{14}x+\dfrac{2}{7}$.

2. $y=1.739x-4.326$.

第 8 章

习题 8.1

1. $\dfrac{2}{3}\pi R^3$.

2. $\displaystyle\iint_D y\,\mathrm{d}\sigma = 0$.

3. $\displaystyle\iint_D \left(\sin(xy^2)+y\sin(x^2)\right)\mathrm{d}\sigma = 0$.

4. 证明（略）.

5. 证明（略）.

习题 8.2

1. (1) $\displaystyle\int_0^1 \mathrm{d}x\int_{x^2}^x f(x,y)\,\mathrm{d}y$；

(2) $\displaystyle\int_{-\frac{1}{4}}^0 \mathrm{d}y\int_{-\frac{1}{2}-\frac{\sqrt{1+4y}}{2}}^{-\frac{1}{2}+\frac{\sqrt{1+4y}}{2}} f(x,y)\,\mathrm{d}x + \int_0^2 \mathrm{d}y\int_{y-1}^{-\frac{1}{2}+\frac{\sqrt{1+4y}}{2}} f(x,y)\,\mathrm{d}x$；

(3) $\displaystyle\int_0^1 \mathrm{d}y\int_{2-y}^{1+\sqrt{1-y^2}} f(x,y)\,\mathrm{d}x$；

(4) $\displaystyle\int_0^2 \mathrm{d}x\int_{\frac{x}{2}}^{3-x} f(x,y)\,\mathrm{d}y$.

2. (1) $\dfrac{20}{3}$；   (2) $\dfrac{6}{55}$；   (3) $\mathrm{e}-\mathrm{e}^{-1}$；

(4) $\dfrac{5}{3}+\dfrac{\pi}{2}$;　　　　　(5) 18.

3. $1-\sin 1$.

习题 8.3

1. (1) $\dfrac{R^3}{3}\left(\pi-\dfrac{4}{3}\right)$;　　　　(2) 40π;

(3) $15\left(\dfrac{\pi}{4}-\dfrac{\sqrt{3}}{8}\right)$.

2. $(8+\pi)$.

3. 1.

4. $\dfrac{\pi}{6}$.

5. 提示：利用奇偶性.

第 9 章

习题 9.1

1. (1) 2 阶;　　(2) 1 阶;　　(3) 1 阶.

2. (1) 是;　　(2) 是;　　(3) 是.

3. $y=4(1-2x)\mathrm{e}^{2x}$.

习题 9.2

1. (1) $y=Cx$;

(2) $\arctan y-\ln|\sin x|=C$;

(3) $2\arcsin x-y^2=C$.

2. $y=x\mathrm{e}^{2x+1}$.

3. $x^2+\cos(x^2+y^2)=C$.

4. $\ln|x|+\mathrm{e}^{-\frac{x}{y}}=C$.

5. $C(x^2+2y^2-2x-2y-2xy+5)=1$.

6. $y=\tan(x+C)-x$.

习题 9.3

1. (1) $y=C\mathrm{e}^{-x}+x-1$;　　(2) $y=\dfrac{1}{2}x^3+Cx$;

(3) $x=\dfrac{1}{y}\left(\dfrac{\mathrm{e}^y}{2}+C\mathrm{e}^{-y}\right)$.

2. $y=x\mathrm{e}^{-\frac{x^2}{2}}$.

3. $y=\mathrm{e}^{-x}\sin x$.

4. $\sqrt{xy}=x+C$.

5. $f(x)=-\dfrac{3}{4}x^2+\dfrac{3}{4x^2}$.

习题 9.4

1. $y=x\arctan x-\dfrac{1}{2}\ln(1+x^2)+C_1x+C_2$.

2. $y=C_1\mathrm{e}^{-x}+\dfrac{1}{2}x^2-x+C_2$.

3. $y=C_1x^3+C_2+\dfrac{x^4}{4}$.

4. $y=C_2\mathrm{e}^{C_1x}+\dfrac{1}{C_1}$.

5. $y=\arcsin(C_2\mathrm{e}^x)+C_1$.

6. $f(x)=\dfrac{x^3}{6}-\sin x+2x$.

习题 9.5

1. $y=C_1\cos 2x+C_2\sin 2x$.

2. $y=C_1\mathrm{e}^{2x}+C_2\mathrm{e}^{3x}+6x+5$.

习题 9.6

1. $y=C_1\mathrm{e}^x+C_2\mathrm{e}^{-2x}$.

2. $y=(C_1+C_2x)\mathrm{e}^{-2x}$.

3. $y=\mathrm{e}^{-2x}(C_1\cos\sqrt{2}x+C_2\sin\sqrt{2}x)$.

4. $y=C_1\mathrm{e}^{2x}+C_2\mathrm{e}^{-2x}+C_3\cos 2x+C_4\sin 2x$.

习题 9.7

1. (1) $y=C_1\mathrm{e}^{-x}+C_2\mathrm{e}^{-3x}-\mathrm{e}^{-2x}$;

   (2) $y=C_1\mathrm{e}^{-x}+C_2\mathrm{e}^{3x}-x+\dfrac{2}{3}$;

   (3) $y=C_1\mathrm{e}^{2x}+C_2\mathrm{e}^{3x}-\left(x+\dfrac{1}{2}x^2\right)\mathrm{e}^{2x}$.

2. $y=C_1\mathrm{e}^x+C_2\mathrm{e}^{-2x}-\dfrac{1}{3}x\mathrm{e}^{-2x}$.

3. $y_0=-\dfrac{1}{2}\sin x$.

4. $y=C_1\mathrm{e}^x+C_2\mathrm{e}^{-2x}-\dfrac{1}{3}x\mathrm{e}^{-2x}-\dfrac{3}{10}\cos x+\dfrac{1}{10}\sin x$.

5. $y=-x\mathrm{e}^x+x+2$.

6. $a=2,\ b=1,\ c=4$.

7. 微分方程为 $2y''+y'-y=2e^x$，通解为 $y=C_1e^{-x}+C_2e^{\frac{x}{2}}+e^x$.

8. $f(x)=\dfrac{1}{4}e^x+\dfrac{3}{4}e^{-x}-\dfrac{1}{2}xe^{-x}$.

9. $f(x)=e^x$.

10. $y=C_1x+\dfrac{C_2}{x}+x^3$.

11. $y=C_1x+C_2x\ln x+\dfrac{1}{8}x^3$.

习题 9.8

1. $N(t)=\dfrac{375}{1+74e^{-2.309t}}$.

2. $y(t)=\dfrac{1000\cdot 3^{\frac{t}{3}}}{9+3^{\frac{t}{3}}}$，$y(6)=500$(尾).

3. 公元 130 年左右.

4. 60 分钟.

5. $6\ln3$.

习题 9.9

1. (1) $\Delta y_t=2t+1$;　　　　　(2) $\Delta y_t=\ln\left(1+\dfrac{1}{t}\right)$;

　　(3) $\Delta y_t=e^t(e-1)$;　　　(4) $\Delta y_t=-2\sin a\left(t+\dfrac{1}{2}\right)\sin\dfrac{a}{2}$.

2. (1) $y_t=C\cdot(-1)^t$;　　(2) $y_t=C\cdot 3^t$.

3. (1) $y_t=C+2t^2-t$;

　　(2) $y_t=C\cdot 3^t-t^2-t-1$;

　　(3) $y_t=C\cdot 2^t+\dfrac{3}{2}\cdot 4^t$;

　　(4) $y_t=\left(-\dfrac{3}{4}t^2+\dfrac{3}{4}t+C\right)\cdot(-2)^t$.

4. $y_t=C+\left(\dfrac{1}{6}t-\dfrac{1}{4}\right)\cdot 3^t+\dfrac{1}{3}$.

5. $y_t^*=\left(\dfrac{9}{4}+\dfrac{t}{5}\right)\cdot 5^t-t-\dfrac{1}{4}$.

6. $y_t=C_1\cdot 3^t+C_2\cdot(-2)^t$.

7. $y_t=(C_1+C_2t)\cdot 3^t$.

8. $y_t=C_1+C_2t+2t^2$.

9. $y_t=C_1 3^t+C_2(-2)^t+\left(\dfrac{1}{15}t^2-\dfrac{2}{25}t\right)3^t$.

10. 18 年内共要筹措 136842.11 元，每月要存入 352.69 元.

11. 略.

第 10 章

习题 10.1

1. 收敛，和为 1.

2. 收敛，和为 $\dfrac{7}{4}$.

3. $u_n = \dfrac{2}{n(n+1)}$，收敛.

4. $a + \dfrac{2ar}{1-r}$.

习题 10.2

1. (1) 发散；　(2) 收敛；　(3) 收敛；　(4) 收敛；

   (5) 收敛；　(6) 收敛；　(7) 收敛；　(8) 收敛；

   (9) 收敛；　(10) 收敛；　(11) 发散；　(12) 收敛.

2. 提示：由 $a_n \leqslant c_n \leqslant b_n$ 可知 $0 \leqslant c_n - a_n \leqslant b_n - a_n$，再利用正项级数收敛的判别法.

3. 提示：借助不等式 $|ab| \leqslant \dfrac{1}{2}(a^2 + b^2)$.

4. $a > 1$.

习题 10.3

1. (1) 绝对收敛；　(2) 条件收敛；

   (3) 条件收敛；　(4) 发散；

   (5) 发散；　(6) 条件收敛.

2. $\displaystyle\sum_{n=1}^{\infty} u_n$ 条件收敛，$\displaystyle\sum_{n=1}^{\infty} u_n^2$ 发散.

3. 证明略.

习题 10.4

1. (1) 收敛半径为 1，收敛域为 $(-1,1)$；

   (2) 收敛半径为 2，收敛域为 $(-2,2]$；

   (3) 收敛半径为 1，收敛域为 $[4,6)$；

   (4) 收敛半径为 2，收敛域为 $(0,4)$；

   (5) 收敛半径为 0，收敛域为 $x=0$；

   (6) 收敛半径为 $+\infty$，收敛域为 $(-\infty,+\infty)$.

2. 求下列幂级数的收敛域及和函数.

   (1) 收敛域为 $(-1,1)$，和函数 $S(x) = \dfrac{2x}{(1-x)^3}$.

(2) 收敛域为 $\left(-\dfrac{\sqrt{2}}{2},\dfrac{\sqrt{2}}{2}\right)$，和函数 $S(x)=\dfrac{x}{\sqrt{2}}\ln\dfrac{1+\sqrt{2}x}{1-\sqrt{2}x}$.

(3) 收敛域为 $[-1,1)$，和函数 $S(x)=$

$$\begin{cases} -\dfrac{1}{x}-\dfrac{1}{x^2}\ln(1-x), x\in[-1,1), x\neq 0, \\ \dfrac{1}{2}, x=0; \end{cases}$$

(4) 收敛域为 $(-\infty,+\infty)$，和函数 $S(x)=x^2\mathrm{e}^x+3x\mathrm{e}^x+\mathrm{e}^x$.

3. $(-1,3)$.

4. 收敛域：$(0,2)$，和函数：$\dfrac{x-1}{(2-x)^2}$.

5. 和函数 $S(x)=\dfrac{2+x^2}{(2-x^2)^2}, x\in(-\sqrt{2},\sqrt{2})$，且 $\displaystyle\sum_{n=1}^{\infty}\dfrac{2n-1}{2^n}=$

$S(1)=3$.

习题 10.5

1. $\displaystyle\sum_{n=0}^{\infty}\dfrac{1}{3}\left[(-1)^{n+1}-\dfrac{1}{2^{n+1}}\right](x-1)^n, 0<x<2$.

2. $\dfrac{1}{4}\displaystyle\sum_{n=0}^{\infty}(-1)^n\left(\dfrac{x-1}{2}\right)^n-\dfrac{1}{8}\displaystyle\sum_{n=0}^{\infty}(-1)^n\left(\dfrac{x-1}{4}\right)^n, -1<x<3$.

3. $x+2\displaystyle\sum_{n=1}^{\infty}\dfrac{(-1)^{n-1}}{4n^2-1}x^{2n+1}, -1\leqslant x\leqslant 1$.

4. $\ln 3\approx 1.0987$.

5. $S(x)=\dfrac{1}{3}\mathrm{e}^x+\dfrac{2}{3}\mathrm{e}^{-\frac{x}{2}}\cos\dfrac{\sqrt{3}}{2}x$.

6. $-x\ln(1-\mathrm{e}^x), -\infty<x<0$.

7. 略.

参 考 文 献

[1] BARNETT R A，ZIEGLER MR，BYLEEN KE. 微积分及其在商业、经济、生命科学及社会科学中的应用：第 9 版[M]. 影印版. 北京：高等教育出版社，2005.

[2] 吴传生. 微积分[M]. 北京：高等教育出版社，2017.

[3] 陈一宏，张润琦. 微积分[M]. 2 版. 北京：机械工业出版社，2017.

[4] 吴赣昌. 微积分[M]. 5 版. 北京：中国人民大学出版社，2017.

[5] 卓越数学联盟. 卓越联盟高等数学期末试题全解[M]. 北京：科学出版社，2016.

[6] 莫里斯·克莱因. 古今数学思想[M]. 英文版. 上海：上海科学技术出版社，2014.

[7] 宋承先，许强. 现代西方经济学[M]. 3 版. 上海：复旦大学出版社，2004.

[8] 平狄克，鲁宾菲尔德. 微观经济学[M]. 高远，译. 北京：中国人民大学出版社，2009.